Autotechnik heute

Hans-Joachim Schilder
Eberhard Kittler

Autotechnik heute

Motor
buch
Verlag

Einbandgestaltung: Dos Luis Santos

Eine Haftung des Autors oder des Verlages und seiner Beauftragten für Personen-, Sach- und Vermögensschäden ist ausgeschlossen
Alle Angaben zu diesem Buch wurden sorgfältig und mit bestem Wissen und Gewissen bearbeitet. Dennoch kann für die Richtigkeit der Angaben keine Gewähr übernommen werden.
Die Bezeichnungen und Abkürzungen mancher in diesem Buch beschriebenen Produkte sind rechtlich geschützt. Geschützte Warenzeichen werden allerdings nicht besonders gekennzeichnet. Aus dem Fehlen einer entsprechenden Angabe im Text kann also nicht geschlossen werden, dass es sich um einen freien Warennamen handele.

ISBN 3-613-02537-X
ISBN 978-3-613-02537-0

1. Auflage 2005

Ein Unternehmen der Paul Pietsch Verlage GmbH + Co.

Sie finden uns im Internet unter www.motorbuch-verlag.de

Lektorat: Joachim Kuch
Druck und Bindung: Rung-Druck, 73033 Göppingen
Satz und Gestaltung: Jürgen Knopf, Medien und Printprodukte, 74321 Bietigheim

Printed in Germany

Vorwort

Bei uns aktuell angebotene Autos sind in den allermeisten Fällen über jeden Zweifel erhaben. Kaufempfehlungen zu geben, kann darum nicht Thema dieses Buches sein. Denn tatsächlich stimmt die Qualität der Fahrzeuge (oder sie sollte baldestmöglich stimmen), ihre Technik entspricht dem neuesten Stand, bei Sicherheitsfeatures und Abgasverhalten sind sie Weltspitze. Gründe dafür sind nicht allein die besonderen Ingenieursleistungen deutscher Techniker, sondern auch der immer härtere Wettbewerb, der schwache Konkurrenten erbarmungslos hinwegfegt.

Darum stehen ästhetisch gestylte, windschnittige und technisch überzeugende Fahrzeuge bei den Händlern. Und die lassen mittlerweile erfreulich entgegenkommend mit sich reden, wenn es um den Preis geht. Denn der ist in den letzten Jahren stetig gestiegen. Andererseits ist auch die Ausstattung der Autos immer besser geworden, von ihrer passiven und aktiven Sicherheit einmal ganz abgesehen. Kompaktfahrzeuge sind heute auf einem Niveau, das noch vor zehn, zwölf Jahren allenfalls Autos der Luxusklasse zugemessen schien.

Angesichts der Vielfalt verschiedenster technischer Lösungen ist es schwer, den Überblick zu behalten. Dieses Buch will darum Wirkungsweise und Hintergründe erklären, neue Innovationen vorstellen, Ausstattungsoptionen bewerten. In den Kapiteln Karosserie, Sicherheit, Komfort, Antrieb, Fahrwerk sowie Forschung und Entwicklung werden in lexikalischer Form die wichtigsten Fachbegriffe in Wort und Bild abgehandelt. Aus aktuellem Anlass findet sich ein weiterer Abschnitt mit Tipps für eine besonders verbrauchsarme Fahrweise. Um die Einzelbegriffe schneller auffinden zu können, sind sie im Stichwortverzeichnis nochmals mit Seitenzahl aufgelistet.

Wer noch mehr wissen will, sollte zu diesem Fachbuch greifen. In diesem Buch geht es lediglich darum, in verständlicher Form komplizierte Sachverhalte vereinfacht darzustellen. Ein Grundkurs der Automobiltechnik würde diesen Rahmen sprengen. Sie – lieber Leser – sollen den Überblick über den Markt behalten, Sie sollen zumindest einmal gelesen haben, was sich unter solch kryptischen Kürzeln wie ALWR, BLIS, CGI oder DVE verbirgt. Relativ viel Raum eingeräumt wurde dem Thema der Besteuerung gemäß der aktualisierten Abgasnormen.

Sie werden fasziniert sein von der Fülle und Breite des heutigen automobilen Angebots. Und erfahren, dass es in Riesenschritten weitergeht, gerade auch vor dem Hintergrund des immer größeren Elektronikanteils im Automobil. Eines ist aber sicher: Die Diskussion um Feinstaub und hohe Kraftstoffpreise wird nicht zur Abschaffung des Autos führen. Und die Freude am Selber-Fahren wird noch viele Jahre bleiben; die fremdgelenkte Fortbewegung und Fahrbedienungs-Eingriffe von außen sind Gottseidank kein wirkliches Thema. Die Verantwortung bleibt beim Fahrer selbst. Für ihn ist es gut zu wissen, welche Möglichkeiten das eigene Fahrzeug bietet und welche (physikalischen) Grenzen nicht überschritten werden können.

Viel Spaß beim Lesen und viel Freude beim Fahren!

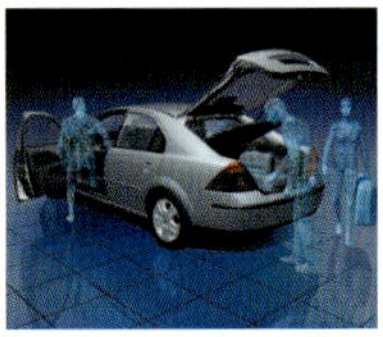

Karosserie

Sicherheit

Komfort

Antrieb

Fahrwerk

Forschung & Entwicklung

Auto & Verbraucher

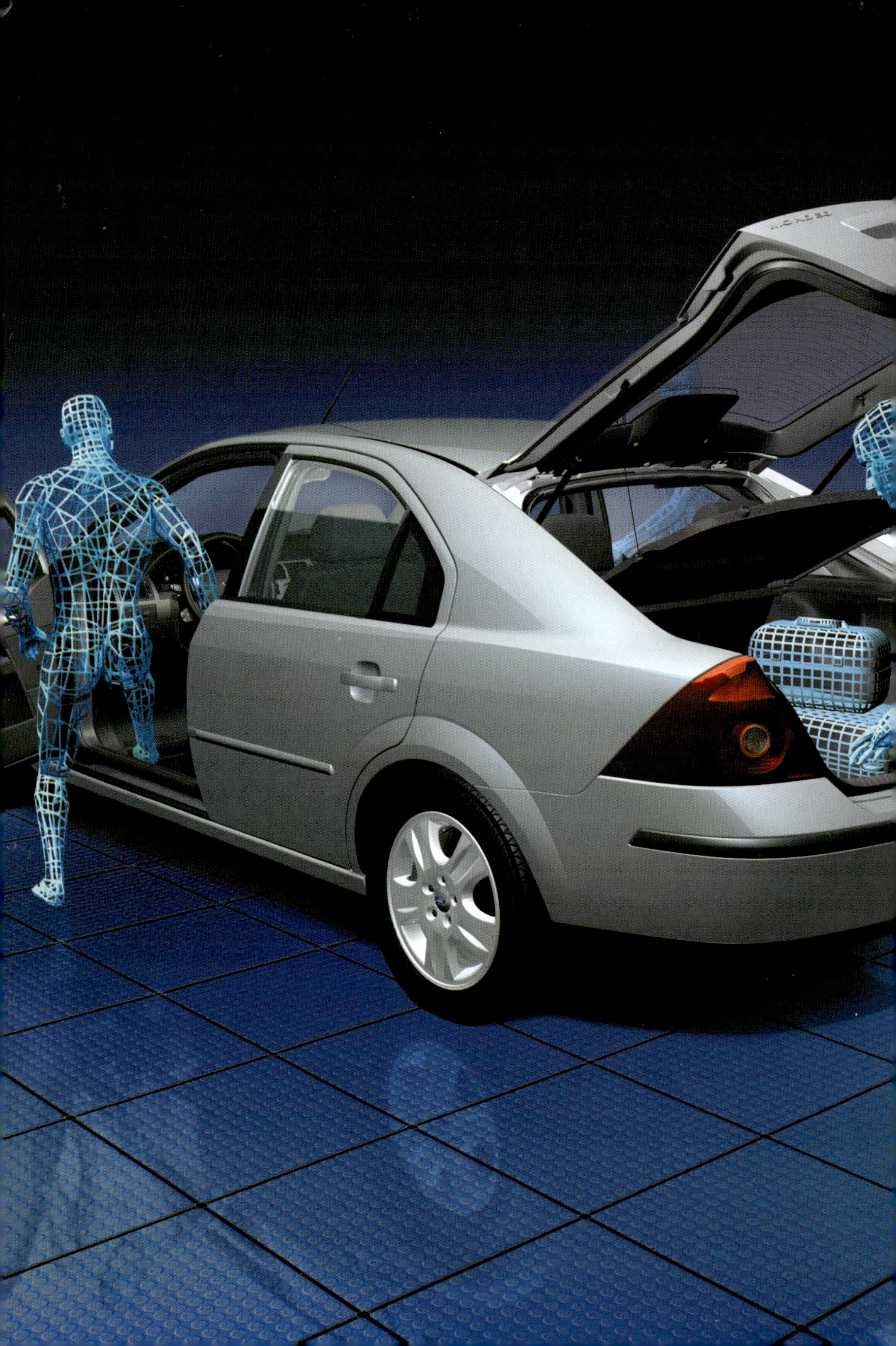

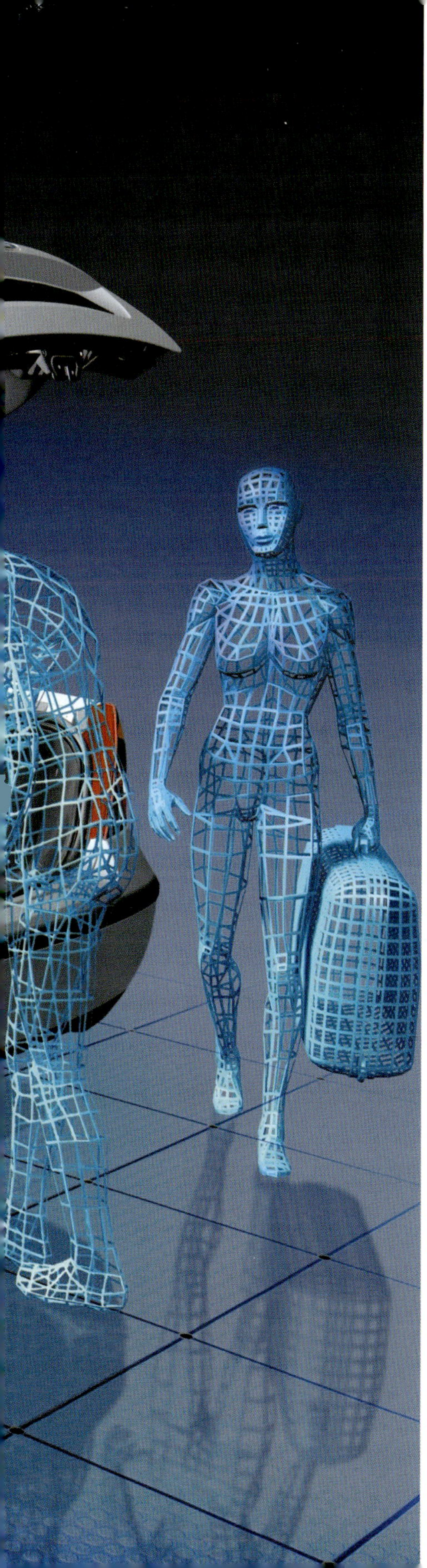

Für zwei, vier oder mehr?

Zu Zeiten des VW-Käfers reichte es noch, ein einziges Automodell zu bauen. Mittlerweile wurden neue Marktnischen entdeckt und von den Automobilherstellern gefüllt – vom Microcar über den Van bis zu den Spaßfahrzeugen zum sportlichen Offenfahren oder fürs Gelände. Für jeden Platzbedarf und jeden individuellen Wunsch lässt sich heute ein Auto finden.

Die Klassengesellschaft der Automobile

Die Modellvielfalt bei den Pkws wächst ständig. Die Bezeichnung „Limousine“ alleine verrät noch wenig über die Art eines Automobils. Sie dient lediglich zur Unterscheidung von einem Kombifahrzeug oder einem sportlichen Zweisitzer. Tatsächlich unterscheidet die Automobilindustrie je nach Karosserieform und Größe heute sehr viel mehr Fahrzeugfamilien. Sie sind auf spezielle Zielgruppen und für bestimmte Aufgabenbereiche zugeschnitten und sollen die individuellen Bedürfnisse der Autokäufer so passend wie möglich abdecken. Die Übergänge zwischen den einzelnen Klassen sind allerdings fließend.

Microcars

Das ist die kleinste und gleichzeitig eine der jüngsten Pkw-Klassen. Darunter wird im Allgemeinen ein Fahrzeug mit weniger als drei Metern Außenlänge verstanden, das deshalb auch nur zwei Passagieren Platz bietet. Der Smart ist der typische Vertreter dieser Klasse. Andere Automobilfirmen entwickeln aber ähnliche Modelle. Microcars sind vor allem für den Stadt- und Nahverkehr konzipiert und begnügen sich mit deutlich kürzeren Parkplätzen als alle anderen Pkw-Modelle. In einigen Städten gibt es sogar für Microcars reservierte Parkplätze. Microcars sind im Verbrauch meist sehr sparsam und zählen auch bei der Anschaffung zu den preisgünstigen Fahrzeugen. Diese Wagenkategorie hat trotz der räumlichen Einschränkungen bereits viele Anhänger gewonnen. Ja, man kann diesen Fahrzeugen sogar durchaus schon Kultstatus zuschreiben.

Der Smart braucht kaum Raum zum Parken

Kleinstwagen

Dies sind preisgünstige Fahrzeuge mit relativ kleinen Motoren und ebenso kurzer wie kompakter Karosserie. Das Innenraumangebot ist deshalb naturgemäß nicht sehr groß, aber für vier Personen und wenig Gepäck auf kürzeren Strecken ausreichend. Zu dieser Klasse zählen beispielsweise der VW Lupo oder der Fiat Cinquecento. Die Beschränkung in der äußeren Größe bedeutet aber nicht, dass diese Fahrzeuge auch technisch wenig zu bieten hätten – im Gegenteil. Darunter befinden sich Automobile, die mit glänzenden Verbrauchswerten aufwarten und modernste Leichtbautechnik bieten. Dies wirkt sich natürlich auch preissteigernd aus.

Der Agyo von Toyota, ein typischer Vertreter der Kleinstwagen-Klasse

Kleinwagen

Wagen dieser Klasse bieten ein wenig mehr Innenraum für Insassen und Zuladung, beanspruchen aber dennoch nicht viel Verkehrsraum. Zu dieser Kategorie zählen beispielsweise der Renault Twingo oder der VW Polo. Sie sind ebenfalls eher noch für den Nahverkehr ausgelegt, bieten aber eine akzeptable Transportkapazität und eignen sich deshalb auch für Reisen mit zwei Personen. Im Preis sind sie nur wenig über den Kleinstwagen angesiedelt.

Wer keine großen Reisen plant, ist mit Kleinwagen wie dem VW Polo gut bedient.

Untere Mittelklasse

Hierbei handelt es sich um eine nach Stückzahlen sehr bedeutende Autoklasse. In diese Gruppe gehört beispielsweise der Bestseller VW Golf. Aus diesem Grund wird diese Klasse oft auch Golf-Klasse genannt. Weitere Vertreter sind beispielsweise der Ford Focus oder der Opel Astra. Automobile dieser Kategorie sind in jeder Hinsicht vollwertige Autos, bieten fünf Personen Platz und verfügen auch über einen ausreichend großen Kofferraum. Die Leistung der Motoren reicht von zirka 60 PS bis weit über 150 PS. Das zeigt, dass in dieser Klasse eine Vielzahl von Modellen angeboten wird, die vom funktionalen Familienfahrzeug bis hin zum extrem sportlichen Flitzer reichen. Die Preise sind meist deutlich über denen der Kleinwagen angesiedelt.

VW Golf, der Bestseller auf dem deutschen Markt

Der 3er BMW gehört zur Mittelklasse

Mittelklasse

Dies ist der Name für Fahrzeuge in der Größe eines Mercedes-Benz der C-Klasse, eines 3er BMWs oder eines Audi A4. Die Modelle dieser Kategorie sind ausgewachsene Pkws und für die meisten Zwecke geeignet. Zudem bieten sie in der Regel bei noch ziemlich knappen Außenabmessungen deutlich höheren Komfort als Fahrzeuge der unteren Mittelklasse.

Der A6 von Audi spielt in der oberen Mittelklasse eine große Rolle

Obere Mittelklasse

So heißt die Fahrzeugkategorie, der beispielsweise der Opel Omega, der Citroën C5, der 5er BMW, die Mercedes-Benz E-Klasse oder der Audi A6 zugerechnet werden. Bei größeren Außenabmessungen darf hier auch ein größerer und komfortablerer Innenraum erwartet werden.

Der 7er von BMW: Komfort kombiniert mit HighTech und schierer Größe

Oberklasse und Luxusklasse

Beide gehen nahezu nahtlos ineinander über. Dazu zählen der Audi A8, der 7er BMW oder die S-Klasse von Mercedes-Benz. Diese Fahrzeuge sind mit umfangreicher Technik ausgestattet und bieten einen herausragenden Fahrkomfort.

Limousine oder Kombi?

In den meisten dieser Pkw-Klassen werden zusätzlich mehrere Karosserievarianten angeboten. In den kleinen Klassen überwiegen allerdings die Schrägheckversionen. Die große Heckklappe, die bis zur Dachkante öffnet, ermöglicht ein bequemes Beladen. Durch Umklappen der hinteren Sitzbank ist die Ladefläche variabel nutzbar und auch für sperrige Transporte geeignet. Geteiltes Umklappen der Rücksitzbank ist meist auch möglich. Dann bleiben je nach Transportbedarf zusätzlich noch ein oder zwei Sitzplätze nutzbar. Der Heckscheibenwischer verbessert die Sichtverhältnisse und erhöht die Sicherheit.

Schrägheckversionen werden aber auch in den oberen Pkw-Klassen angeboten.

Dort ist jedoch eher das Stufenheck vertreten. Diese Modelle haben in der Regel vier Türen. Bei voll besetztem Fahrzeug bieten sie meist einen großen Kofferraum, der vom Fahrgastraum getrennt ist. Bei zahlreichen Modellen kann zwar bis zu den Vordersitzen durchgeladen werden, große sperrige Teile lassen sich aber nicht verstauen.

Eine Alternative bei viel Platzbedarf sind Kombifahrzeuge. Sie haben ein verlän-

Die Heckklappe und das Umklappen der Sitzlehnen machen auch aus einer Schrägheck-Limousine ein vielseitiges Transportfahrzeug

Der Kombi ist der Klassiker für Familien

gertes Dach und damit mehr Innenraum, meistens vier seitliche Türen und eine große Heckklappe. Bei einigen Typen lässt sich eine dritte Sitzreihe einbauen, was besonders für die große Familie interessant sein kann. Ausgeklügelte Kofferraumlösungen wie das Easy-Pack-System im T-Modell der Mercedes E-Klasse erlauben die unterschiedlichsten Nutzungsmöglichkeiten. So kann die elektrisch betätigte Heckklappe in verschiedenen Positionen fixiert werden, lässt sich der Ladeboden herausfahren, bewegt sich die Laderaumabdeckung beim Öffnen des Kofferraums automatisch nach oben, lassen sich Kleinigkeiten in Ablageboxen oder mittels Ladesicherungsgurten fixieren.

Open Air und Sportlichkeit

Daneben gewinnen Automobile immer mehr Bedeutung, die weniger praktischen Nutzen als eher erlebte Fahrfreude versprechen. Dazu zählen beispielsweise Cabriolets, deren Stoffdach bei gutem Wetter zurückgeklappt werden kann, sodass die Passagiere nicht von einem Dach über dem Kopf eingeengt werden.
Cabriolets gibt es als Vier- oder als Zweisitzer. Passen nur zwei Personen hinein, werden sie meist der Kategorie Roadster oder auch Speedster zugerechnet. Ursprünglich sind Roadster allerdings sehr einfache Fahrzeuge, denen oft nicht mehr als eine einfache Plane als höchst primitiver Wetterschutz zugestanden wurde. Und die Seitenfenster mussten eingesteckt werden, um den Kurbelmechanismus zu sparen – wenn überhaupt welche mitgeliefert wurden. Das hat sich geändert, denn Luxus und Fahrkomfort sind Attribute, auf die auch „Roadster"-Fahrer heute nicht mehr verzichten wollen.
Das gilt ebenso für die Kategorie der Sportwagen, zu denen die Roadster eigentlich auch gehören. Heute wird unter diesem Begriff allerdings meistens ein zweisitziges (maximal gibt es noch zwei Notsitze), niedriges Fahrzeug verstanden, das besonders durch hohe Motorleistung glänzt und auf hohe erreichbare Kurvengeschwindigkeiten ausgelegt ist.

Vierradantrieb fürs Gelände

Obwohl sie oft nie wirklich ein Gelände abseits der befestigten Straßen bewältigen müssen, erfreuen sich Geländewagen steigender Gunst. Die beruhigende

Der Mazda MX-5 – Wunschauto für viele

Spaß im Gelände und auf der Straße mit dem Cayenne von Porsche

Gewissheit, im Notfall einen Vierradantrieb zur Verfügung zu haben, überzeugt viele Käufer. Hinzu kommt, dass Geländefahrzeuge derzeit einfach „in“ sind, weil sie auf ihrem hochbeinigen Fahrwerk und mit ihrer eher martialischen Karosseriegestaltung interessant aussehen. Zudem bieten viele Geländewagen mehr und bessere Zuladungsmöglichkeiten als herkömmliche Pkws. Und das ist ein Argument, das in unserer zunehmenden Freizeitgesellschaft immer mehr Leute überzeugt.

Wie groß das Interesse an Geländewagen ist, zeigt sich an der Vielzahl der Kategorien, die in den vergangenen Jahren für geländegängige Fahrzeuge geschaffen wurden. Neben dem klassischen, knochenharten und extrem stabil aufgebauten Geländewagen mit stabilem Leiterrahmen, der tatsächlich für schwierigstes Gelände ausgelegt ist, gibt es

Kleine SUVs wie der Kia Sportage sind mittlerweile Bestseller

mehrere Arten von leichten Geländefahrzeugen. Dazu zählen die relativ großen SUVs (Sport Utility Vehicle). Sie sind ideale Kombifahrzeuge, um einen Pferdeanhänger zu ziehen, eine Segeljolle oder eine umfangreiche Taucherausrüstung an einen etwas entlegeneren Strand zu transportieren. Ungeachtet der – eingeschränkten – Geländegängigkeit müssen die Passagiere nicht auf Pkw-üblichen Komfort im Innenraum verzichten.

Für in den Außenabmessungen kleinere, leichte Geländewagen, die aber ansonst ganz ähnliche Eigenschaften aufweisen,

Neuwagenkauf

Bestellung

Meist wird ein neues Auto wegen der individuellen Ausstattungswünsche schriftlich bestellt. Erst wenn der Händler die Bestellung schriftlich bestätigt oder das Fahrzeug ausliefert, wird das Bestellformular zum Kaufvertrag. Der Händler muss die Bestellung innerhalb von vier Wochen bestätigen. Während dieser Frist kann er von dem Vertrag zurücktreten. Der Käufer hingegen ist mit seiner Unterschrift sofort an seine Bestellung gebunden.

Den Kaufpreis aushandeln

Neuwagenhändler halten sich selten an die unverbindliche Preisempfehlung ihres Fahrzeugherstellers, sondern handeln ihren eigenen Preis aus. Nutzen Sie diese Handlungsfreiheit. Teilweise sind über fünfzehn Prozent Preisnachlass erreichbar. Ist der Händler nicht bereit, den Kaufpreis zu reduzieren, können auch Zusatzausstattungen ohne Aufpreis zum gewünschten Preis führen. Die Fahrzeugzulassungskosten sollten auf jeden Fall vom Händler übernommen werden.

Liefertermin

Einen verbindlichen Liefertermin bestätigen die Händler nur ungern. Meistens wird der schnellstmögliche Liefertermin schriftlich festgehalten. Das bedeutet, dass nach Bestätigung der verbindlichen Bestellung durch den Händler bis zur Auslieferung in der Regel eine Frist von sechs bis zwölf Wochen nicht überschritten werden darf. Lassen Sie sich nicht auf einen unverbindlichen Liefertermin ein. Machen Sie den Kauf möglichst von einem verbindlichen Liefertermin abhängig, um lange Wartezeiten zu vermeiden.

Preiserhöhung während der Lieferzeit

Der Händler ist vier Monate an den im Kaufvertrag vereinbarten Preis gebunden. Erst danach kann der Preis um maximal fünf Prozent angehoben werden. Wird der Kaufpreis stärker angehoben, können Sie vom Kaufvertrag zurücktreten.

Den Kauf rückgängig machen – Wandlung

Tritt bei einem Neuwagen immer wieder der gleiche Mangel auf, können Sie nach zwei vergeblichen Reparaturversuchen verlangen, dass der Kaufvertrag rückgängig gemacht wird. Für die Nutzung werden aber pro 1000 Kilometer mindestens 0,67 Prozent des Kaufpreises abgezogen.

wurden die Begriffe LAV (Light Activity Vehicle), MAV (Multi Activity Vehicle) und SAV (Sport Activity Vehicle) geprägt. Sie sind für Leute gedacht, die vor allem Wert auf eine aktive Freizeitgestaltung legen und deshalb von ihrem Fahrzeug breit gefächerte Einsatzmöglichkeiten und gute Transporteigenschaften verlangen. Die Geländeeigenschaften dieser Wägen sind nicht immer sehr ausgeprägt; manche verfügen ungeachtet der vorgeschobenen Geländewagenoptik nur über Frontantrieb. Sie sind gleichermaßen beliebt wegen ihrer hohen Sitzposition – was die trendigen, kleinen SUVs überraschenderweise auch zu Seniorenautos gemacht hat.

Trend zum Van

Ebenfalls stark im Trend liegen Vans. Diese Fahrzeugvariante ist eine Großlimousine, die bis zu drei Sitzreihen haben kann. Die Sitzanordnung ist sehr variabel, teilweise sind die Sitze auch drehbar. Ein Van oder MPV hat damit das Platzangebot eines Kleinbusses, bietet aber den Fahrkomfort eines Pkws.
In diese Kategorie müssen auch Mini- und Microvans gerechnet werden. Sie haben ähnliche Eigenschaften wie Vans, sind aber kleiner und bieten deswegen auch einen kleineren Innenraum. Vorreiter waren auch hier die Franzosen, beispielsweise Renault mit dem Scénic, Citroën mit dem Berlingo oder Peugeot mit dem Partner. Einige dieser Autos bieten inzwischen variable Innenraum-Konzepte wie das Flex-7-Sitzsystem mit versenk- bzw. verschiebbarer zweiter und dritter Reihe im Opel Zafira. Derartige Lösungen sind mittlerweile stark im Kommen; Vielzweckautos stehen ganz oben auf der Wunschliste der Kunden.
Schließlich gibt es noch eine Reihe von Automodellen, die zu den Crossovers gerechnet werden. Das sind Mischungen von zwei oder mehreren Fahrzeugtypen – meist zwischen Van und Geländewagen, künftig auch zwischen Coupé oder Cabrio und Geländewagen.

Den Opel Zafira gibt es inzwischen in zweiter Generation

Der Van – für Familien und Freizeitsportler die neue Alternative zu Kombi und Kleinbus

Testfahrt

Prüfen Sie auf einer ausführlichen Testfahrt, ob das von Ihnen gewählte Modell auch wirklich zu Ihnen passt. Beachten Sie dabei vor allem:

- ☑ Reicht der Platz aus?
- ☑ Sitzen die Sicherheitsgurte einwandfrei, auch hinten?
- ☑ Lässt sich der Fahrersitz in eine bequeme Stellung bringen?
- ☑ Reicht die Kopffreiheit aus?
- ☑ Sind die Bedienungselemente gut erreichbar?
- ☑ Sind alle Anzeigen und Kontrollleuchten gut sichtbar?
- ☑ Fühlen Sie sich in dem Auto wohl (Sonneneinstrahlung, Sitze, Geruchsbelästigung durch Materialausdünstungen)?
- ☑ Kommen Sie im Stadtverkehr gut zurecht, auch beim Einparken?
- ☑ Reicht der Federungskomfort, auch auf einer holprigen Straße?
- ☑ Ist das Fahrverhalten bei höheren Geschwindigkeiten akzeptabel, auch auf der Autobahn?
- ☑ Sind Wind- und Fahrgeräusche erträglich?

Aerodynamik

Einer der entscheidenden Entwicklungsschritte hin zum modernen Auto war die Aerodynamik. Dank windschlüpfig geformter Karosserien können Fahrleistungen und Verbrauch optimiert werden. Längst ist dieses Thema wettbewerbsentscheidend geworden, weil frühere windkanalgeglättete Formen wegen ihrer uniformen Gestaltung in die Kritik kamen. Ein weiteres Manko zu strömungsgünstiger Karossen war die starke Aufheizung der Fahrgastzelle infolge der schräggestellten Frontscheibe.

Tests im Windkanal zeigen, wo während der Fahrt störende Verwirblungen entstehen

Heute erreichen selbst Kleinwagen und überdimensionierte Geländekombis sehr gute Windwiderstandsbeiwerte (cW-Werte) um 0,30 – ohne die erwähnten Nachteile. Dazu tragen u.a. geglättete, verkleidete Unterböden und Details wie speziell geformte Außenspiegel oder versenkte Scheibenwischer bei. Erfreulicher Nebeneffekt ist die aeroakustische Optimierung, die störende Windgeräusche an Karosserieteilen minimiert.

Wie weit aerodynamische Maßnahmen gehen können, zeigen Sportwagen wie der Mercedes McLaren SLR: Sie bekommen sogar einen als Diffusor ausgebildeten Unterboden (reduziert den Auftrieb) und einen sich steil aufstellenden Heckspoiler, der als Luftbremse (Airbrake) beim Verzögern aus sehr hoher Geschwindigkeit dient.

Leichtmetall

Aluminium wird wegen seiner Gewichtsvorteile im Automobilbau immer öfter eingesetzt. Denn nur wenn das Gewicht eines Fahrzeugs in Grenzen gehalten wird, kann es beim Kraftstoffverbrauch günstige Werte erzielen. Und natürlich wirkt sich geringes Gewicht auch positiv bei den Werten für Beschleunigung und Bremsen aus.

Aluminium hat aber auch Nachteile. Der gravierendste gegenüber Stahlblech sind die höheren Kosten. Außerdem ist das leichtgewichtige Material relativ schwer zu verarbeiten. Das wirkt sich auch nach einem eventuellen Unfall aus: Denn die Reparaturkosten sind bei Alukarosserien meist deutlich höher als bei herkömmlichen Stahlblechkonstruktionen.

Aus diesen Gründen werden letztlich auch nur wenige Fahrzeugkarosserien ganz aus Aluminium gebaut. Audi ist Vorreiter mit dem Alu Space Frame (ASF). Meistens begnügen sich die Hersteller aber damit, einzelne Komponenten, die strukturell nicht hoch belastet sind, aus dem leichten Werkstoff zu fertigen – beispielsweise Türen oder Hauben.

Auch im Fahrwerksbereich findet Aluminium immer mehr Verwendung. Denn damit lassen sich die ungefederten Massen deutlichen senken, das wirkt sich positiv auf das Ansprechen der Federung und die Dämpfung aus. Inzwischen wird zunehmend auch Magnesium im Motoren-, Getriebe- und sogar im Karosseriebau (Heckklappe des 3-Liter-Lupo) eingesetzt. Dieses teure Material hat jedoch auch einige Nachteile, zum Beispiel seine Korrosionsempfindlichkeit.

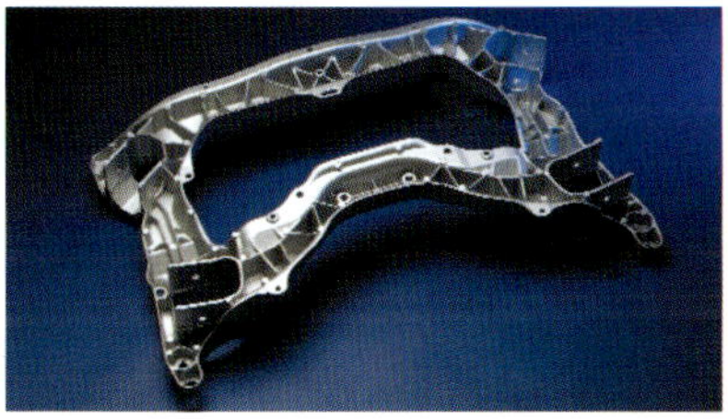

Integralträger aus Aluminium

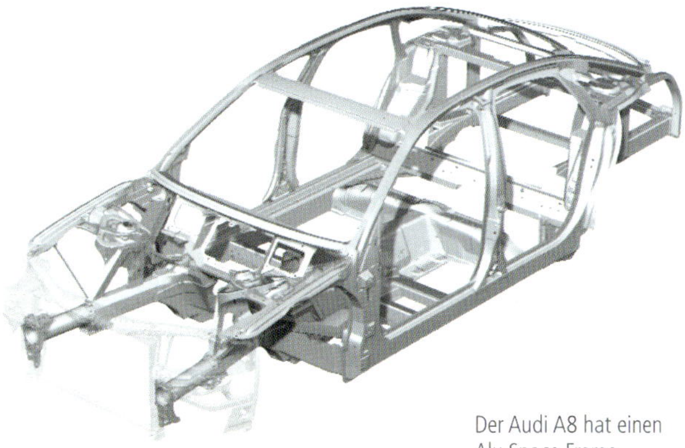

Der Audi A8 hat einen Alu Space Frame

Cab forward

Der Begriff Cab forward bezeichnet eine bestimmte Auslegung einer Automobilkarosserie. Dabei rückt der Passagierraum möglichst weit nach vorn, um viel Innenraum zu schaffen. Die Cab-forward-Philosophie wird aber immer weniger verwendet. Sie wurde abgelöst durch die Van-Bauart, die den großen Innenraum dadurch schafft, dass sie die Fahrzeug-Gesamthöhe angehoben hat.

Carbonfaser/CFK

Dünne Fasern aus Kohlenstoff werden miteinander verwoben und in Harz gebettet: So entsteht corbonfaserverstärkter Kunststoff (CFK). Dieses zunächst in der Luft- und Raumfahrt eingesetzte belastungsstarke und extrem leichte Material dient inzwischen auch als Werkstoff für Karosserieteile teurer Supersportwagen

Wie bei einem Formel-1-Monoposto besteht das Monocoque des Mercedes McLaren SLR aus carbonfaserverstärktem Kunststoff

und in der Formel 1. Großer Vorteil ist die hervorragende Energieabsorption im Crashfalle. Serienanwendungen gibt es u.a. für Ferrari Enzo, Mercedes McLaren SLR und Porsche Carrera GT, aber auch für das federleichte Dach des BMW M3 CSL und des M6. Manche Hersteller finden es heute schick, sogenanntes Sicht-Carbon als Schmuckelement beispielsweise im Cockpit einzusetzen – allerdings handelt es sich hier um schnöden Kunststoff.

Dual frame

Pkws werden heute fast ausschließlich mit selbsttragender Karosserie gebaut. Das heißt, das Blech umhüllt nicht nur schützend den Innenraum, sondern sorgt als geschlossene Form zugleich für die Steifigkeit und Verwindungsfestigkeit, sodass das Fahrwerk dort direkt montiert werden kann. Mittlerweile werden zunehmend gezielt verstärkte Karosserien mit hoch- und höherfesten Stahlblechen eingesetzt – besonders beanspruchte Partien sind durch den Verbund von Material in unterschiedlicher Stärke besonders versteift (Tailored Blanks).
Die meisten Geländewagen haben noch einen von der Karosserie unabhängigen speziellen Rahmen, um besonders hohe Steifigkeit zu erzielen. Die Dual-frame-Technik geht einen ähnlichen Weg. Sie unterteilt eine herkömmliche selbsttragende Karosserie in einen leichten unteren Rahmen, der das Fahrwerk trägt, und eine darauf aufgesetzte Karosserie. Das verspricht Vorteile bei Plattformsystemen. Sie dienen dazu, hohe Entwicklungskosten besser auszunutzen und Fahrzeugkomponenten für mehrere Modelle mit unterschiedlichem Charakter zu verwenden.

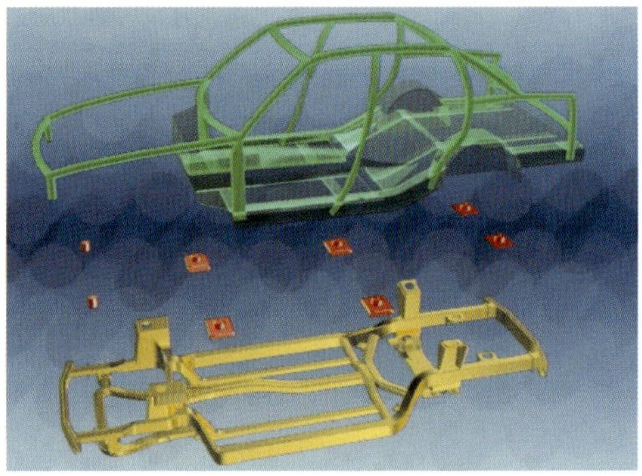

Dual frame – der Rahmen ist getrennt

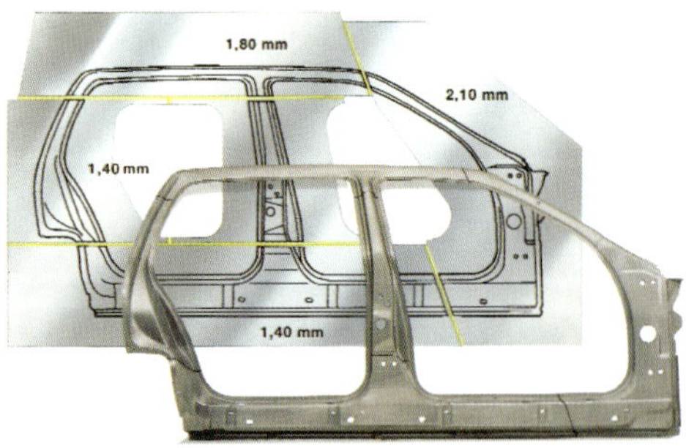

Tailored Blanks verstärken die Karosserie zielgerichtet genau dort, wo die größten Kräfte ansetzen

Elektrisches Hardtop CC, Variodach, Twin-TOP

Bereits vor rund 50 Jahren machten Automobilhersteller die ersten Versuche, Fahrzeuge mit einem festen Blechdach (Retractable Hardtop) zu bauen, das sich bei schönem Wetter vollständig öffnen lässt. Sie verwendeten bereits damals den Kniff, das Dach sozusagen in einzelnen Abschnitten in sich selbst zusammenzufalten und im Kofferraum abzulegen. Die Mechanik dafür erwies sich allerdings als sehr kompliziert und störanfällig, sodass diese Modelle bald wieder eingestellt wurden. Ein ähnliches Prinzip verwenden heute Roadster wie Mercedes-Benz SLK und SL, die ihr Vario-Dach auf Knopfdruck elektrohydraulisch unter dem Kofferraumdeckel verschwinden lassen und das Auto somit zu einem Verwandlungskünstler auf Rädern machen. Vorteil der Konstruktion: Die Passagiere sind durch ein stabiles Festdach, das den Roadster zum Coupé

So wird auf Knopfdruck aus dem offenen Roadster ein geschlossenes Coupé

Die gewölbten Flächen von Dach und Scheibe liegen im Kofferraum eng aneinander

Für andere Dinge bleibt im Kofferraum nicht mehr viel Platz, wenn das Dach geöffnet ist

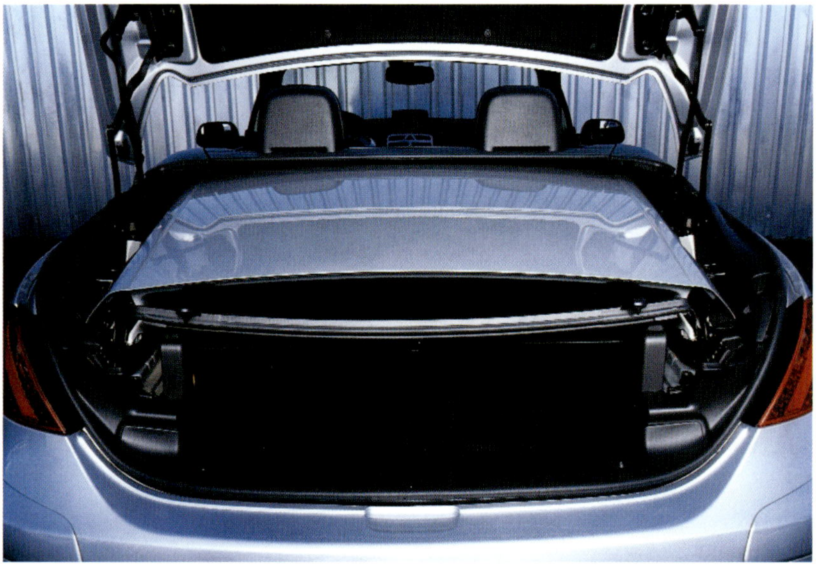

macht, optimal vor Wind, Wetter und Kälte geschützt. Bei schönem Wetter lässt sich das Dach dann in weniger als 30 Sekunden problemlos öffnen. Das Vario-Dach macht so ein Cabrio damit ohne Abstriche zu einem Ganzjahres-Auto.

Das SLK-Hardtop besteht aus einer zweischaligen Stahlblech-Konstruktion, die quer zur Fahrtrichtung zweigeteilt ist. Innenteil und Außenbeplankung der vorderen Hälfte sind fest miteinander verbunden und werden durch einen umlaufenden Dachrahmen verstärkt. Die beiden C-Säulen und die Heckscheibe des SLK bilden die hintere Hälfte des Dachs. Hier übernimmt eine mehrteilige, umlaufende Innenschale die Verstärkungsfunktion. Beide Dachpartien sind mittels einer Kinematik verbunden und in geschlossenem Zustand durch spezielle Schieber verriegelt. Sie sorgen für Halt und verhindern, dass sich das Dach während der Fahrt anhebt. Beim Öffnen übernehmen Bowdenzüge die Entriegelung der beiden Dachhälften.Nachteil der Konstruktion: Bei geöffnetem Dach ist dieses im Kofferraum untergebracht und beschneidet diesen deutlich in seinem nutzbaren Volumen.

Ein weiterer Nachteil der Dachkonstruktion ist, dass der vordere Scheibenrahmen bei Fahrzeugen wie dem Peugeot 206/307 CC extrem stark geneigt ist. Hier kontern Newcomer wie Volkswagen mit dem neuen EOS auf Golf/Passat-Basis, der Opel Astra Twin Top oder BMW mit dem offenen 3er: Diese Klappdach-Autos haben mehrteilig faltbare Dächer, die weiter über den Innenraum reichen, eine steiler stehende A-Säule ermöglichen und sich dennoch platzsparend zusammenfalten. Bislang als Einziger bietet Renault ein von Karmann entwickeltes Klapp-Hardtop aus Glas.

Freiflächen-Reflektoren

Früher wurden für die Scheinwerfer generell Parabolid-Reflektoren verwendet, die das Licht der im Brennpunkt angebrachten Lampenwendel bündelten und nach vorn abstrahlten. Dies erwies sich jedoch nicht als optimale Lösung. Um eine möglichst große Lichtausbeute der Frontscheinwerfer zu erzielen, setzen Automobilhersteller deshalb Computer ein und berechnen damit die optimale Form der Reflektoren. Der Rechner teilt dabei die Reflektor-Oberfläche in Tausende kleiner Spiegelelemente auf und schiebt sie so lange hin und her, bis sie für jeden Einsatzzweck die optimale Position einnehmen. Weil diese optimierten Reflektorsegmente unterschiedliche Formen haben, sprechen die Techniker von einem Freiflächen-Reflektor. Sie sind Voraussetzung für vielfältige Gestaltungsmöglichkeiten der Frontscheinwerfer.

HP-Glühlampe

Für die Heckleuchten wird inzwischen eine Lampenart angeboten, die über eine halbe Million Kilometer ohne Defekt übersteht und ein ganzes Autoleben lang leuchtet, denn ihre Lebensdauer ist zwölf mal höher als die herkömmlicher Glühlampen. Überdies ist diese HP-Lampe (High Performance) nur 30 Millimeter lang und misst lediglich 16,6 Millimeter im Durchmesser. Damit ist sie nur etwa halb so groß wie die heutigen Glühlampen für das Brems- und Rücklicht. Dadurch können die Gehäuse der Heckleuchten künftig kleiner werden. Das kommt dem Kofferraumvolumen zugute und gibt den Designern neue Möglichkeiten bei der Heckgestaltung.
Die HP-Lampe basiert auf dem Röhrenprinzip und zeichnet sich durch einen rundum geschlossenen Glaskolben aus, der mit Xenon-Gas gefüllt ist. Dadurch erreicht die neue Glühlampe bei nur 16 Watt Leistungsaufnahme die gleichen Lichtwerte wie eine konventionelle 21-Watt-Lampe. Überdies leuchtet die neu entwickelte HP-Lampe beim Tritt aufs Bremspedal schneller auf, sodass nachfolgende Autofahrer noch besser als bisher gewarnt werden.

Die HP-Lampe ist deutlich kleiner

Klarglasscheinwerfer

Die meisten Fahrzeuge sind mit Scheinwerfern ausgerüstet, die vorn mit einer strukturierten Streuscheibe abschließen. Sie ist notwendig, um eine bestimmte Lichtverteilung auf der Straße, zum Beispiel als asymmetrisches Abblendlicht, zu erzielen. Moderne Lampen- und Reflektor-Konstruktionen erlauben es aber, ohne diese Streuscheibe auszukommen – eine glasklare Abdeckung als Witterungsschutz genügt dann. Die deshalb so genannten Klarglasscheinwerfer liegen im Augenblick sehr im Trend.

Klarglasscheinwerfer prägen moderne Autos

Leuchtdioden (LED)

Halbleiter-Lichtelemente mit geringem Platzbedarf, extrem hoher Lebensdauer und Robustheit. Bisher eingesetzt vor allem im Pkw-Innenraum (Instrumenten-Hinterleuchtung, Signalleuchten, Fußraumbeleuchtung), für Rückleuchten, Seitenblinker und Umfeldbeleuchtung sowie inzwischen auch im Frontscheinwerferbereich (Tagfahrlampen im Audi A8). Künftig auch für Abblend- und Fernlicht vorgesehen, wenn Lichtleistung und Kosten deutlich optimiert werden können.

Die LED-Rückleuchten im VW Golf Plus sprechen schneller an als konventionelle Glühlampen

Sonderschutzfahrzeuge

Gewaltbereitschaft, Beschaffungskriminalität und Zufallsbedrohung nehmen weltweit zu. Deshalb werden immer mehr gepanzerte Fahrzeuge – im Fachjargon Sonderschutzfahrzeuge – verlangt. Angeboten werden Fahrzeuge, die bereits während der Rohbauphase direkt vom Hersteller mit der Armierung versehen worden sind, sowie Fahrzeuge, die nachträglich von Spezialunternehmen umgerüstet wurden.

Schutzklassen

Grundsätzlich gibt es unterschiedliche Schutzbedürfnisse, denen die Hersteller von Sonderschutzfahrzeugen mit unterschiedlichen Schutzklassen Rechnung tragen:

- Fahrzeuge der Beschussklasse B4 widerstehen Revolvermunition des Kalibers .44 Magnum und bieten vor allem der steigenden Beschaffungskriminalität und der wachsenden Gewaltbereitschaft von Straßenräubern Paroli. Überprüfung durch Beschussämter.
- Der Bedrohung durch Terroranschläge und Mordversuche setzen Automobile der Widerstandsklassen B6 und B7 eine wirkungsvolle Abwehr entgegen. Ihre Armierung hält sogar Gewehrprojektile aus dem militärischen Bereich auf, die fast doppelt so schnell fliegen wie Revolvergeschosse. Diese strengen Anforderungen überprüfen international anerkannte, unabhängige Institutionen, die darüber hinaus sogar Schutz gegen Splitter von Handgranaten und anderen Sprengsätzen als Forderung vorgeben.

Sonderschutzfahrzeug „Protection" von BMW mit Aramidfaser-Panzerung

Die Armierungen bestehen aus modernsten Werkstoffen wie Glas-Kunststoff-Kombinationen und hochfestem Spezialstahl beziehungsweise Spezialstahl in Verbund mit Kunststoffelementen, welche die Fahrgastzelle umgeben. Der Stahl nimmt den Geschossen die Wirkung, zusätzliche Kunststoff-Fasereinlagen bieten darüber hinaus Splitterschutz für den Innenraum. Ziel ist, eine hohe Schutzwirkung bei möglichst geringem Gewicht zu erreichen.

Nicht nachrüsten, sondern von vornherein integrieren

Hersteller wie BMW und Mercedes-Benz folgen der Philosophie des integrierten Sonderschutzes. Dies bedeutet: Schutzelemente wie zum Beispiel für Türen, Rückwand, Seitenteile, Dachhimmel und Stirnwand werden nicht in ein bereits fertiges Fahrzeug nachgerüstet, sondern von Grund auf im eigenständigen, von der Serie unabhängigen Produktionsprozess in die Rohkarosse integriert. Dadurch können auch Zonen gesichert werden, die beim Nachrüsten von Serienfahrzeugen nicht mehr zu erreichen wären. Außerdem belasten die Schutzelemente nicht, wie bei nachgerüsteten Fahrzeugen, das Grundfahrzeug, sondern verstärken seine Struktur. So entsteht ein Fahrzeug aus einem Guss.

Diese Philosophie ermöglicht auch wirkungsvolle Detaillösungen. Potenzielle Schwachstellen wie Türschlösser, Türspalte und Kabeldurchgänge werden abgesichert.

Verstärkte Karosseriestruktur und Fahrwerk

Der integrierte Aufbau ermöglicht es außerdem, von vornherein alle Verstärkungen in der Karosseriestruktur vorzunehmen, die das höhere Gewicht der zusätzlichen Schutzelemente erfordert. Dazu zählen beispielsweise stabilere Türscharniere und Fensterrahmen. Sie tragen die schweren Seitenscheiben, die, wie auch alle anderen Scheiben, auf der Innenseite zum Schutz vor Splittern mit einer widerstandsfähigen Polycarbonatschicht ausgerüstet sind, sowie die Schutzelemente in den über 100 Kilogramm schweren Türen. Dennoch arbeiten die Scharniere ein ganzes Autoleben lang zuverlässig und sichern eine stets komfortable Bedienung.

Auf diese Weise wird die komplette Karosseriestruktur von Grund auf dem höheren Gewicht angepasst. Großzügig dimensionierte Fahrwerkskomponenten und Bremsen stellen zudem sicher, dass diese Fahrzeuge ein nahezu serienidentisches Fahrverhalten mit großen fahrdynamischen Reserven haben.

Zusätzliche Sicherheits-Features sind beispielsweise geschützte Tanks und Notlaufbereifungen, die es auch nach Beschuss der Pneus erlauben, sich aus einer Gefahrenzone zu entfernen.

Sicherheitsreifen für erhöhten Schutz

Winzling: Glühlampe für Xenonscheinwerfer

Xenonscheinwerfer

Xenon-Autoscheinwerfer sind seit 1991 in Deutschland als Abblendlicht zugelassen. Sie werden wegen der hohen Kosten allerdings bevorzugt in Fahrzeugen der Oberklasse und der oberen Mittelklasse eingesetzt. Im Gegensatz zu den konventionellen Scheinwerfern mit Halogenlampen, deren Licht durch glühende Drähte erzeugt wird, entsteht das Licht bei Xenonlampen durch einen elektrischen Lichtbogen zwischen zwei Hochspannungselektroden in einem Edelgas-Metalldampf-Gemisch. Die spektrale Verteilung des Lichtes entspricht weitgehend der des Tageslichts. Im Vergleich zu Halogenlampen, die Licht mit hohem Rotlichtanteil abstrahlen, erscheint es bläulich.

Xenonlampen liefern, verglichen mit Halogenlampen, bei geringerem Energieverbrauch mit 35 Watt statt 65 Watt einen

So sinnvoll sind Xenonscheinwerfer

Der erhebliche Aufpreis für Xenonscheinwerfer von meist deutlich über 500 Euro lohnt sich kaum. Die Xenontechnik hat sich aber bereits so weit durchgesetzt, dass Umrüstsätze zum nachträglichen Umbau angeboten werden.

Xenonscheinwerfer kurz und bündig

Xenonscheinwerfer am Auto bringen dem Fahrer bessere Sichtverhältnisse. Werden technische Vorgaben eingehalten, ist im Allgemeinen nicht mit erhöhter Gefährdung anderer Verkehrsteilnehmer durch Blendung zu rechnen. Das durchdringende Licht der neuen Lichtquellen im Straßenverkehr ist für manchen anderen Fahrer jedoch gewöhnungsbedürftig.

Bi-Xenon-Scheinwerfer bringen deutlich mehr Licht auf die Straße als herkömmliche Scheinwerfer

wesentlich höheren Lichtstrom von 3200 Lumen statt 1500 Lumen und haben eine weit mehr als doppelt so lange Lebensdauer. Neue Reflektorsysteme erreichen mit diesem mehr als doppelt so großen Lichtstrom eine gleichmäßigere, gezieltere, in den Seitenbereichen breitere, am rechten Fahrbahnrand weitere Ausleuchtung der Straße als mit herkömmlichen Scheinwerfern. Fahrer sehen hiermit nachts deutlich besser und erkennen beispielsweise unbeleuchtete Radfahrer sowie dunkel gekleidete Fußgänger am rechten Fahrbahnrand oder unerwartete Verkehrshindernisse früher. Insbesondere bei älteren Fahrern verbessert sich dadurch die Nachtfahrtauglichkeit.
Mittlerweile sind auch Fernscheinwerfer mit Xenonlicht zugelassen. Vor allem die Hersteller von Premiumfahrzeugen bieten Abblend- und Fernlicht mit Xenon-Technik an. Die sogenannten Bi-Xenon-Systeme bestehen entweder aus zwei Einzelleuchten oder einem Soloscheinwerfer, der eine entsprechende Leuchtweitenveränderung erlaubt.

Gefahr für andere?

Das Licht von Xenonscheinwerfern schädigt zwar nicht die Augen entgegenkommender Verkehrsteilnehmer, aber eine höhere Blendwirkung wird oft beklagt. Die Statistik gibt noch keine Auskünfte darüber, ob Xenonscheinwerfer eine Unfallgefahr darstellen. Tatsache ist aber, dass sie das Risiko senken, bei Nacht einen Fußgänger am Fahrbahnrand zu übersehen.

Lampenwechsel

Achten Sie beim Wechseln von Glühlampen unbedingt darauf, den Glaskolben nicht mit bloßen Fingern anzufassen. Benutzen Sie besser ein Zwischenmedium, etwa ein Papiertaschentuch. Damit vermeiden Sie Schweiß- und Fettrückstände auf der Glühlampe. Denn die können einbrennen und zur Belagbildung auf dem Reflektor führen.
Das mindert die Lichtfülle.

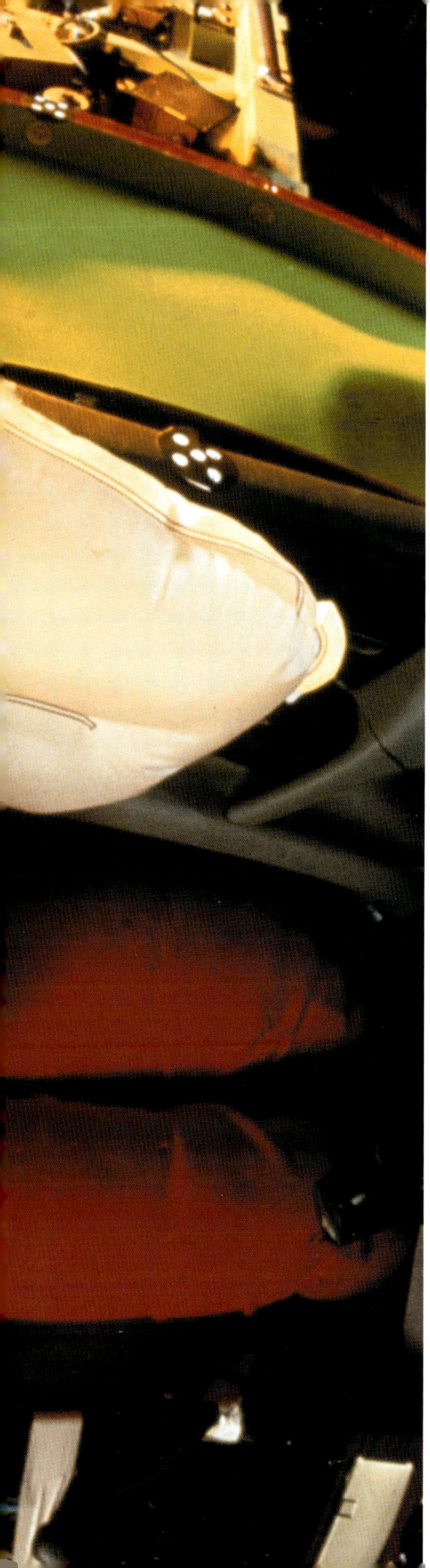

Damit wir nicht den Kopf hinhalten müssen

Gurte und Airbags schützen heute Fahrer und Passagiere wirkungsvoll in fast allen Unfallsituationen. Crashboxen und Knautschzonen nehmen Aufprallkräften die verheerende Wirkung. Für noch mehr Sicherheit sorgen elektronische Assistenz-Systeme, die bei Vollbremsungen Unterstützung leisten oder sich darum kümmern, dass ein Auto nicht mehr ins Schleudern gerät.

Aktiv und passiv – eine sichere Sache

Die Knautschzone wird entwickelt

Auto fahren ist manchmal tödlich. In den Jugendjahren des Automobils nahmen das die Menschen als unvermeidlich hin. Erst in den Zwanzigerjahren des letzten Jahrhunderts entwickelten Ingenieure die ersten Ideen, mit denen sie die Folgen von Unfällen für Autoinsassen abmildern konnten. Der Sicherheitsgedanke war damit geboren.

Zunächst wuchs er noch als zartes Pflänzchen. Eine der ersten Pioniertaten der passiven Sicherheit: die starre Lenksäule entschärfen, die sich schon bei einem leichten Frontalaufprall wie ein Speer in die Brust des Fahrers bohrte und Ursache vieler tödlichen Verletzungen war. Mitte der Zwanzigerjahre hatten Konstrukteure den genialen Einfall, das Lenkgetriebe, das bisher an exponierter Stelle vor der Vorderachse angeordnet war, dahinter zu verlegen und somit aus dem direkten Aufprallbereich heraus zu nehmen. Die Idee funktionierte – leider aber nur bei geringen Geschwindigkeiten. Das änderte sich erst etwa zehn Jahre später, als die ersten Automobile mit geteilter Lenksäule geliefert wurden, die sich bei einem Frontalcrash im eingebauten Gelenk zusammenfaltet. Etwa gleichzeitig begannen die Konstrukteure, sich mit einem stabilen Flankenschutz und einem extrem steifen Fahrzeugboden zu beschäftigen, um die Insassen zu schützen.

Früher dominierten starre, solide Rahmen. An Knautschzonen dachte keiner

Damals entstand auf dem Papier und auch als einzelner Prototyp sogar bereits die Idee der Knautschzone. Der Mercedes-Ingenieur Béla Barényi wollte Autos so bauen, dass deren Insassen auch bei einem schweren Unfall wirklich eine Überlebenschance hatten. Mit dieser Idee vom wirkungsvollen Insassenschutz bei Unfällen stieß er die Entwicklung einer ganz neuen Sicherheitsstrategie an, die Maßstäbe für die gesamte Automobilindustrie setzte. Am 30. Oktober 1952 wurde schließlich das Patent 854 157 für die Knautschzone erteilt und bildet seither das Fundamentalprinzip der passiven Automobilsicherheit.

Wie wirkungsvoll diese Entwicklung war, zeigte sich allerdings erst 1954, als Mercedes-Benz am Rande des Werks in Sindelfingen die ersten Crashversuche unternahm. Diese materialzerstörenden Tests lieferten die entscheidenden Erkenntnisse, auf deren Basis sichere Karosserien gebaut werden konnten. Die Ingenieure lernten in der Praxis, Karosserieteile so zu gestalten, dass sie sich bei Unfällen gezielt verformten. Damit konnten sie erstmals eine steife Fahrgastzelle, die als Überlebensraum wichtig war, mit einer Knautschzone kombinieren, welche einen großen Teil der Aufprallenergie aufnahm und vernichtete. Später ergänzten sie diese Entwicklung durch einen Karosserieboden mit gabelförmigen Trägern, um Kräfte gezielt in der ganzen Struktur zu verteilen.

Erste Crashversuche bei Daimler-Benz zeigen die Wirkung der Knautschzone

Haltesysteme zum Schutz der Insassen

Einem Problem konnten die Automobilkonstrukteure auf diese Weise allerdings nicht beikommen – bei Unfällen wurden die Autoinsassen wie Puppen im Auto herum oder sogar heraus geschleudert. Niemand ist in der Lage, die dabei wirkenden Kräfte mit seinen Armen abzufangen. 1953 führte Pegaso deshalb als erster Hersteller Sicherheitsgurte ein, um die Passagiere an ihrem Sitz zu fixieren. Andere Automobilfirmen statteten ihre Modelle mit Lenkradaufprallflächen, gepolsterter Instrumententafel und einem Sicherheitslenkrad aus, bei dem sich zwei Rohre teleskopartig ineinander verschoben und so den Lanzeneffekt weiter entschärften.
Zu dieser Zeit, etwa um 1960, sprach man noch kaum von Sicherheitsgurten. Sie rückten erst ein halbes Jahrzehnt später in den Mittelpunkt des Interesses. Dann ließen die Verbesserungen allerdings nicht lange auf sich warten. Aus dem einfachen Beckengurt wurde ein automatischer Dreipunktgurt. Danach kamen der Gurtstraffer und der Gurtkraftbegrenzer, um die Insassen bei einem Unfall fest am Sitz zu fixieren und die Gurtkräfte gleichzeitig so gering wie möglich zu halten. Ergänzt wurde das Rückhaltesystem schließlich durch Sicherheitskopfstützen.

Sicherheit auch im Detail

Auch Details trugen dazu bei, den Sicherheitsstandard zu verbessern: Verschiedene Hersteller entwickelten Sicherheitsschlösser, damit bei einem Unfall die Türen nicht mehr aufsprangen, sie sich aber nach dem Crash dennoch öffnen ließen. 1953 erschien der Bentley B7 als erstes Auto mit einer heizbaren Heckscheibe und 1968 war der Chevrolet Corvette das erste Auto, das mit einer Scheinwerfer-Reinigungsanlage zu haben war. 1970 gab es die H4-Scheinwerfer, 1972 die Verbundglasfrontscheibe, später die Leuchtweitenregulierung und den Regensensor. Stoßfänger mit hydrauli-

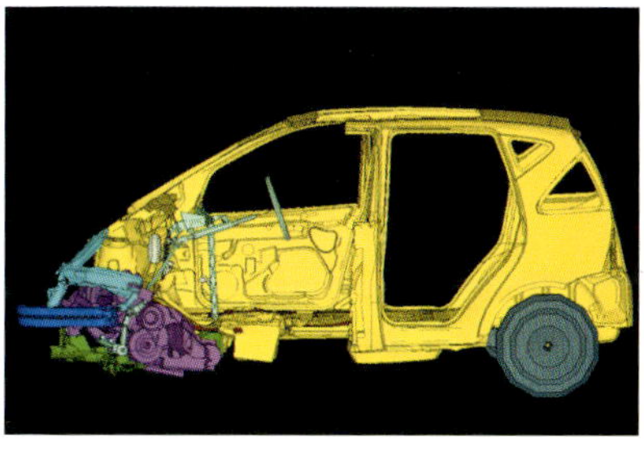

Der Computer zeigt, wie Sicherheitselemente wirken

Schleuderversuche mit ausladenden Messgeräten

schen Dämpfungselementen und automatisch ausfahrende Überrollbügel für Cabrios ergänzten die Sicherheitsanstrengungen. Sicherheitstechnisch schien das Auto ausgereizt.

Aber bereits 1967, als der Sicherheitsgurt für die meisten noch neu war, arbeitete Mercedes-Benz in Sindelfingen an einem utopisch anmutenden Projekt – dem Airbag. Die Sicherheitsspezialisten dachten an einen Ballon, den die Gase einer kontrollierten Explosion bei einem Unfall blitzschnell aufblasen. Die Idee war gut, aber nicht zu verwirklichen. Erst als 1980 die Elektronik zur blitzschnellen Auslösung erfunden wurde, konnte der Airbag seine Weltpremiere feiern. Heute gehören bei vielen Automobilen neben Fahrer- und Beifahrerairbag bereits Seitenairbags und Windowbags zur Ausrüstung.

Aktive Sicherheit durch Elektronik

Der Elektronikboom der Siebzigerjahre zündete aber nicht nur den Airbag, sondern schuf die Voraussetzung, die ganz neue Sicherheitsaspekte in den Vordergrund rückte – die aktive Sicherheit. Plötzlich war es möglich, kritische Fahrzustände elektronisch zu registrieren, auszuwerten und automatisch Gegenmaßnahmen zu ergreifen.

Wieder war es Mercedes, der 1970 die Welt mit einer revolutionären Entwicklung überraschte – dem ABS. Dieses Antiblockiersystem verhindert, dass die Räder bei einer Vollbremsung blockieren und damit unlenkbar einfach geradeaus rutschen. Nur geübte Fahrer konnten diesen kritischen Fahrzustand zuvor durch feinfühliges Stotterbremsen vermeiden. Das ABS übernimmt diese Aufgabe in den meisten Automobilen automatisch.

Vieles ist heute keine Science Fiction mehr. Mikrochips zeigten neue Möglichkeiten der aktiven Sicherheit auf. 1995 war die von der Robert Bosch GmbH und Daimler-Benz gemeinsam entwickelte Fahrdynamikregelung ESP serienreif und wurde zum ersten Mal in den Mercedes S 600 Coupé eingebaut. Dieses System

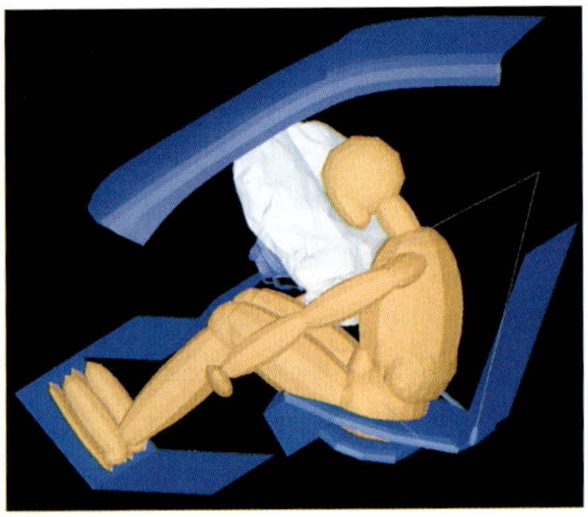

Airbag in der Computerdarstellung

reduziert das Schleuderrisiko während der Kurvenfahrt erheblich und hilft dem Fahrer, kritische Situationen zu meistern. Wenn seine Sensoren melden, dass Schleudergefahr besteht, bremst ESP, das mittlerweile alle Hersteller anbieten, jedes der vier Räder gezielt und einzeln ab und verhindert so ein Ausbrechen. ESP verliert seine Wirksamkeit nur dann, wenn die mögliche Kurvengeschwindigkeit erheblich überschritten ist. Es verhindert Schleudern aber nicht nur bei zu hoher Geschwindigkeit, sondern auch in

Überraschungssituationen, die Regen, Schnee, Eis oder Rollsplitt jederzeit auslösen können.
Elektronisch ebenfalls verwirklicht wurden die Antriebsschlupfregelung, die verhindert, dass Räder durchdrehen, sowie die adaptive Dämpfereinstellung zur Anpassung der Stoßdämpfer an den jeweiligen Fahrbahnzustand.
Den Weg zum intelligenten Auto haben die Konstrukteure längst beschritten. Der elektronische Copilot ist fast schon Normalität. Neben ABS und ESP ist heute schon in vielen Autos ein Bremsassistent mit an Bord, der bei Vollbremsung für den kürzesten Bremsweg sorgt. Bald wird die automatische Abstandsregelung mehr Freunde finden, denn sie überblickt mittels Radarsensor hinter der Kühlermaske den vorausfahrenden Verkehr und leitet automatisch ein Bremsmanöver ein, wenn zu dicht aufgefahren wird.

ESP sorgt dafür, dass die zunächst nicht kippsichere A-Klasse schließlich doch sicher um jede Kurve kommt

Cabrios verfügen heute über adaptive Überrollbügel, Sensoren zur Straßen-Zustandserkennung werden uns vor Glätte und Nässe warnen, und Crash-Sensoren registrieren jede unfallträchtige Situation bereits bevor es wirklich kracht. Dann kann die Elektronik gezielt dafür sorgen, dass bei jeder denkbaren Unfallart die jeweils besten Schutzsysteme rechtzeitig aktiviert werden können und beispielsweise die Airbags bereits Sekundenbruchteile vor dem Aufprall sanft aufblasen.

Technische und gesetzliche Sicherheitsmaßnahmen in Deutschland haben sich gelohnt

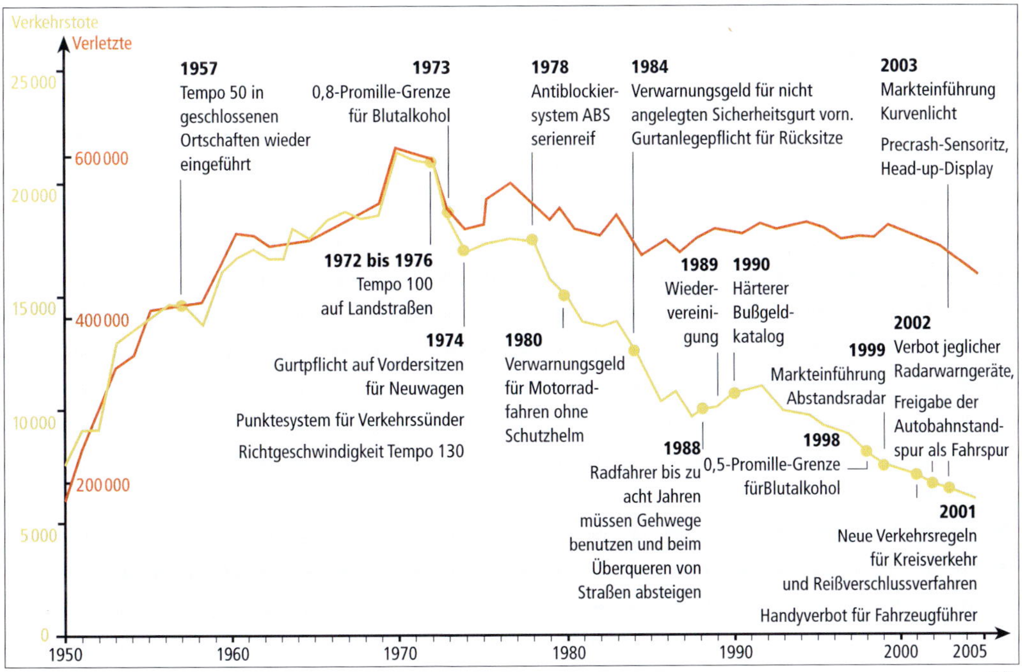

ABS

Das ABS (Antiblockiersystem) verhindert, dass die Räder des Fahrzeugs bei einer Vollbremsung blockieren. Dadurch verhütet es, dass das Auto beim heftigen Bremsen mit blockierenden und deshalb

ABS-Anzeige im Instrumentenpanel

nicht mehr lenkbaren Rädern stur geradeaus rutscht – unausweichlich auf den Straßengraben oder ein Hindernis zu. Weil das Fahrzeug mit ABS immer vollständig lenkbar bleibt, bleibt mit diesem System auch in Kurven bei Voll- und Gefahrenbremsungen die Seitenführung und damit die Fahrstabilität erhalten.
Gleichzeitig erzielt ein mit ABS ausgerüstetes Fahrzeug bei einer beherzten Vollbremsung fast immer den optimalen Bremsweg, weil an der Haftgrenze rollende Räder einen größeren Kraftschluss mit der Fahrbahn haben als rutschende Pneus. In einigen wenigen Fällen kann der Bremsweg mit konventioneller Bremsanlage allerdings kürzer sein – zum Beispiel auf losem Untergrund. Hier graben sich blockierende Räder tief in den Fahrbahnbelag ein und werden dadurch zusätzlich gebremst. Kommt es zu einer Vollbremsung auf Straßen mit Neuschnee, bildet sich vor den blockierenden Rädern ein Schneekeil, der das Fahrzeug abbremst. Die Lenkfähigkeit und die Fahrstabilität bleiben dabei aber nicht erhalten. Wegen seines enorm hohen Beitrags zur aktiven Fahrsicherheit werden heute fast alle Neufahrzeuge serienmäßig mit ABS ausgerüstet.

Aufwändige Technik für optimale Verzögerung

Ein ABS besteht aus Radsensoren an mindestens jedem Vorderrad, einem zentralen Steuergerät und Magnetventilen an den Bremszylindern, die sich elektronisch sehr schnell ansteuern lassen. Die Sensoren messen die Raddrehung an jedem Rad induktiv und damit berührungslos. Blockiert ein Rad, meldet es der Sensor dem zentralen Steuergerät, das dann blitzschnell den Bremsdruck über das Magnetventil so regelt, dass sich das Rad knapp vor der Blockiergrenze wieder dreht. Auf diese Weise regelt das ABS den Bremsdruck individuell für jedes Rad an der Vorderachse oder auch für alle vier Räder.

ABS: Richtig bremsen

Gewöhnen Sie sich an, in Notsituationen mit ABS stets voll zu bremsen. Wenn Sie nicht energisch auf die Bremse steigen, verschenken Sie Bremsweg. Denken Sie daran, dass Sie keine blockierenden Räder befürchten müssen und Sie deshalb jederzeit lenken können. Lockern Sie den Druck auf das Bremspedal auch dann nicht, wenn der ABS-Regelvorgang spürbar einsetzt. Steigern Sie die Bremskraft möglichst sogar noch, denn die maximale Abbremsung wird erst erreicht, wenn das ABS bei allen vier Rädern anspricht.

So sinnvoll ist ABS

ABS ist ein wichtiger Beitrag zur Verkehrssicherheit. Mit seiner Hilfe lassen sich beispielsweise Situationen entschärfen, in denen plötzlich unerwartete Hindernisse auf der Fahrbahn auftauchen, die zum heftigen Bremsen und gleichzeitig zum Ausweichen zwingen. ABS sollte bei Neufahrzeugen mitbestellt werden, wenn es nicht bereits serienmäßig eingebaut ist. Nachrüsten ist nicht möglich.

Längst nutzen die Konstrukteure die einzelnen Komponenten des ABS aber nicht mehr nur dazu, Räder am Blockieren zu hindern. Die Radsensoren und Magnetventile bilden auch die technische Basis für weitere elektronische Sicherheitssysteme, zum Beispiel die Antischlupfregelung (ASR → 150), die durchdrehende Räder verhindert. Weitere ans ABS angedockte Sicherheitsfeatures sind die elektronische Bremskraftverteilung (EBV→ 153), die für die gleichmäßige Verteilung der Bremskraft auf Vorder- und Hinterräder sorgt, die Elektronische Differenzialsperre (EDS) sowie das Elektronische Traktions-System (ETS), mit dem die Motorleistung optimal auf die Straße gebracht wird. Dazu kommen das Elektronische Stabilitäts-Programm (ESP → 50), das die Schleudergefahr deutlich reduziert und der Bremsassistent (BAS → 46) für optimales Notbremsverhalten. Die dafür notwendigen zusätzlichen Aufgaben erledigt im Wesentlichen die Steuereinheit, die entsprechend programmiert und leistungsstark ist.

ABS kurz und bündig

Das ABS verhindert, dass Räder beim Bremsen blockieren. Damit sorgt es dafür, dass das Fahrzeug immer lenkbar bleibt und auch bei einer Vollbremsung nicht geradeaus rutscht.

Pulsierendes Bremspedal

Die Wirkung des ABS ist übrigens für den Fahrer spürbar, denn sobald das System einsetzt, macht es sich deutlich durch ein Pulsieren im Bremspedal bemerkbar. Ein zusätzliches Rattern (Regelvorgang) lässt erkennen, dass zumindest ein Rad kurz vor dem Blockieren steht. Diese Signale können Sie nutzen, um kritische Fahrbahnverhältnisse zu prüfen. Treten Sie leicht aufs Bremspedal, wenn Sie sich nicht sicher sind, ob eine Straße nur nass oder bereits vereist ist. Hören und spüren Sie das Rattern schon bei niedrigen Geschwindigkeiten, fahren Sie auf Eis – höchste Zeit, sehr langsam zu fahren.

Technik des ABS

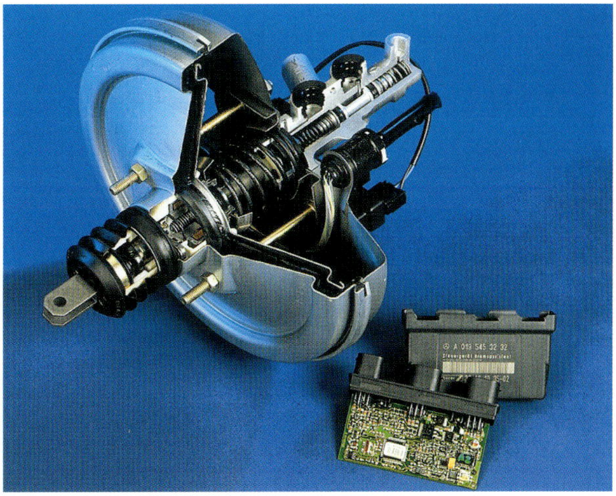

Als Nachteil des Antiblockiersystems gilt, dass bei einem Unfall auf manchen Fahrbahnoberflächen keine Bremsspuren festgestellt werden können. Möglicherweise sind aber Bremsregelflecken erkennbar. Deshalb im Falle des Falles zur Spurenfeststellung das Fahrzeug nicht vom Bremsendpunkt entfernen.

Abstandsregel-Tempomat

(Distronic, DTR, ADR, Adaptive Cruise Control ACC)

Der Abstandsregel-Tempomat sorgt dafür, dass ein Fahrzeug automatisch stets den korrekten Abstand zum Vordermann einhält. Sein Herzstück ist ein hinter der Kühlermaske oder im Stoßfänger angeordneter Radar-Sensor mit mehreren

Radar-Sensor am Kühler

Sende- und Empfangseinheiten. Sie strahlen ihre Signale permanent in einem engen Winkel aus und erfassen damit auf rund 80 Meter alle drei Fahrspuren einer Autobahn. Treffen die sehr kurzwelligen Radarimpulse auf ein Hindernis, reflektiert dieses den Strahl und ändert dadurch dessen Frequenz. Fachleute sprechen hier vom Doppler-Effekt. Aus der Differenz errechnet ein leistungsfähiger Mikrocomputer die relative Geschwindigkeit beider Fahrzeuge zueinander. Den Abstand erkennt die Elektronik an der Laufzeit des reflektierten Signals.

Diese intelligente Technik erlaubt es dem Mikrocomputer, das Verkehrsgeschehen bis zu 150 Meter Entfernung genau zu erfassen und über das Einhalten des richtigen Abstands zu wachen. Rückt das Fahrzeug zu dicht auf die Stoßstange, nimmt die Elektronik Gas weg und bremst notfalls sanft. Wird der Abstand dann wieder größer, beschleunigt das System selbsttätig auf die ursprünglich eingestellte Wunschgeschwindigkeit.

Der Abstandsregel-Tempomat ist damit eine konsequente Weiterentwicklung des bekannten Tempomaten und übernimmt die Funktion eines elektronischen Co-Piloten.

- Fährt kein Fahrzeug voraus, verhält er sich wie ein herkömmlicher Tempomat und hält die eingestellte Geschwindigkeit konstant.
- Nähert man sich einem langsameren Fahrzeug, reduziert er die Geschwindigkeit über exakt dosierte Eingriffe in Motor und Bremse.
- Vergrößert sich der Abstand zum vorausfahrenden Fahrzeug dann wieder, beschleunigt er das eigene Fahrzeug erneut bis zur eingestellten Wunschgeschwindigkeit.

Ein einfacher Hebeldruck setzt den Abstandregel-Tempomat zwischen 30 km/h

So sinnvoll ist ein Abstandsregel-Tempomat !

Sinnvoll ist ein solches System vor allem für Langstrecken und Autobahnfahrten, denn hier entlastet es den Fahrer deutlich und mindert den Stress, ohne den Fahrspaß zu mindern. Damit trägt ein Abstandsregel-Tempomat erheblich zur Verkehrssicherheit bei.

und 180 km/h in Aktion. Üblicherweise ist die Elektronik auf 1,5 Sekunden Abstand eingestellt. Das entspricht bei 100 km/h 42 Metern. Die Faustregel „Abstand gleich halber Tachowert“ ergibt 1,8 Sekunden. Der gewünschte Abstand lässt sich aber meist in engen Bereichen ebenfalls individuell verändern, um die Verkehrsdichte und den Verkehrsfluss zu berücksichtigen, die andere Distanzen sinnvoll machen können.

Ein Abstandsregel-Tempomat ist allerdings keine automatische Notbremse. Er soll den Fahrer nicht ersetzen, der nach wie vor die Verantwortung trägt und in kritischen Situationen richtig reagieren muss. Das System schaltet deshalb aus, sobald der Fahrer bremst. Und während der Fahrt kann er die Elektronik jederzeit überstimmen, indem er selbst Gas gibt – das ist beispielsweise zum Überholen wichtig.

Ein Abstandsregel-Tempomat bremst nur mit einer bestimmten maximalen Verzögerung – etwa einem Fünftel der größtmöglichen Verzögerung (2 m/s^2). Heftigere Bremsmanöver dem Computer zu überlassen, könnte in manchen Situationen zu riskant sein. Deshalb machen akustische und optische Warnsignale den Fahrer darauf aufmerksam, wenn stärker gebremst werden muss.

Ein Abstandsregel-Tempomat macht Autofahren vor allem komfortabler, gleichzeitig senkt es aber auch den Stress und vermittelt ein völlig neues Fahrgefühl. Er trägt zudem erheblich dazu bei, dass vor allem Viel- und Langstreckenfahrer eine gute Kondition behalten und in kritischen Situationen fit reagieren können.

Abstandsregel-Tempomat kurz und bündig

Abstandsregel-Tempomaten bedienen sich der Radartechnik, um den Abstand zu vorausfahrenden Fahrzeugen zu messen. Die Elektronik hält dann ein Fahrzeug stets auf korrektem Abstand zum Vordermann. Nähert man sich einem langsameren Fahrzeug, bremst das System automatisch, vergrößert sich der Abstand nach vorn wieder, beschleunigt das Fahrzeug automatisch auf die eingestellte Wunschgeschwindigkeit.

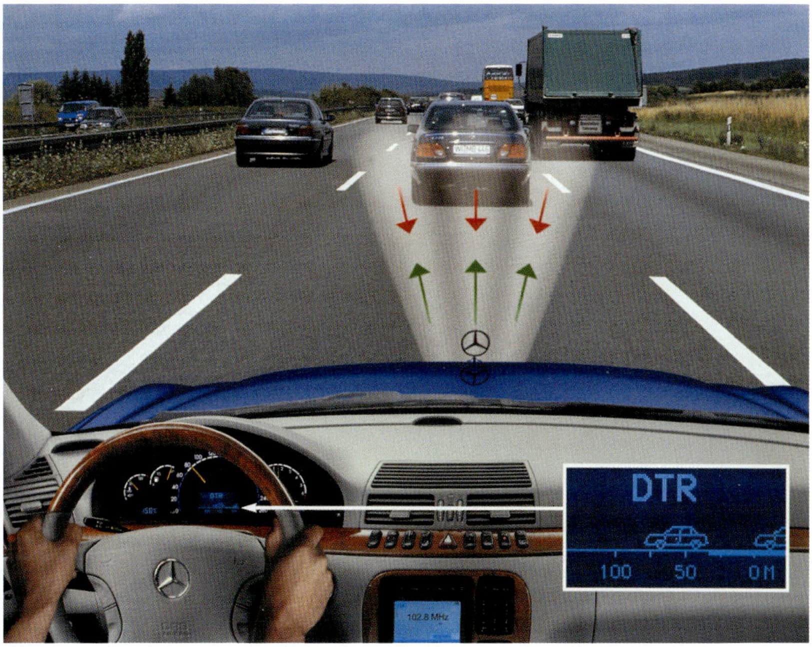

Der Abstandsregel-Tempomat erfasst vorausfahrende Fahrzeuge

Adaptiver Airbag

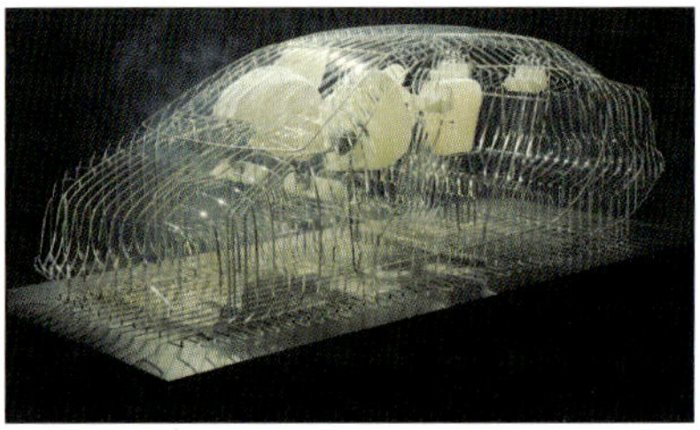

Konzept für Sicherung durch Airbags rundum

Der adaptive oder „intelligente“ Airbag bläst die Frontairbags je nach Unfallschwere in zwei verschiedenen Stufen auf. Dies minimiert die Gefahr für Fahrer und Beifahrer, bei einer leichteren Kollision durch die Airbagentfaltung verletzt zu werden. Übliche Airbags werden bei jedem Crash oberhalb einer bestimmten Unfallschwere mit der vollen Gasgeneratorleistung aufgeblasen. Nachteil: Bei nicht so schweren Kollisionen kann der rettende Luftsack den vorderen Insassen Verletzungen zufügen. Um diese Verletzungen zu vermeiden, entfalten sich adaptive Airbags so sanft wie möglich, aber so scharf wie nötig. Dafür sorgen statt einer einzigen zwei in einem Gasgenerator integrierte Stufen, die je nach Bedarf mit großem oder kleinem Zeitverzug gezündet werden. Durch diese Kombinationsmöglichkeiten ergeben sich verschiedene Kennlinien, die es erlauben, den Airbag bedarfsgerecht an die jeweilige Unfallschwere anzupassen. In jedem Fall wird die Generatorleistung der beiden Airbagstufen jedoch so definiert, dass keiner der vorne sitzenden Insassen Kontakt mit dem Lenkrad oder der Instrumententafel hat.

Registrieren die Sensoren nur einen leichten Frontalaufprall, zündet die Elektronik lediglich die erste Stufe des Gasgenerators – und füllt damit den Airbag weniger prall. Bei einem starken Aufprall zündet die Elektronik zusätzlich um wenige Tausendstel Sekunden zeitversetzt auch die zweite Stufe des Gaserzeugers und füllt den Airbag prall. Diese adaptive Steuerung funktioniert somit bedarfsgerecht und verhindert vor allem in niedrigen Geschwindigkeitsbereichen Verletzungen, die durch zu aggressives Aufblasen des Airbags verursacht werden.

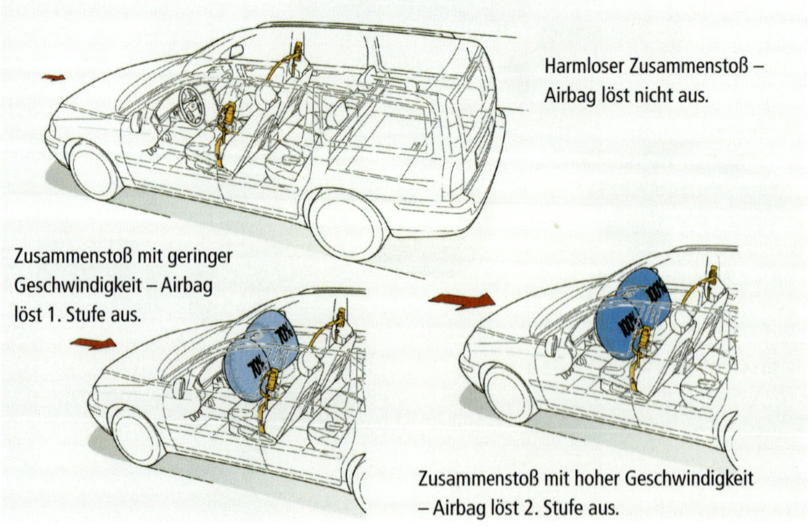

Ein zweistufiger Airbag berücksichtigt die Aufprallgeschwindigkeit. Bei harmloseren Crashsituationen wird er nicht voll aufgeblasen, um Fahrer und Beifahrer vor airbagbedingten Verletzungen zu schützen

Adaptives Bremslicht

Aus den USA kommt die Idee, bei Notbremsungen die Nachfolgenden über das Bremslicht besonders zu warnen. Mittlerweile hat dieses Sicherheitsfeature auch in Deutschland die Gesetzeshürden passiert. Verschiedene Lösungsmöglichkeiten sind auf dem Markt: Einige Hersteller rüsten mit besonders hell oder über mehr Fläche verteilt leuchtendem Bremslicht aus, andere schalten bei einer Notbremsung die Warnblinker zu.

Der Beifahrerairbag hat ein größeres Volumen als der Fahrerairbag

Airbag

Der Airbag zählt zu den wichtigsten Erfindungen auf dem Gebiet der passiven Sicherheit. Ende 1980 wurde dieses Rückhaltesystem zum ersten Mal in der Serie angeboten.

Der Front-Airbag ist ein im Lenkrad oder in der Instrumententafel eingebauter Luftsack, der sich beim Aufprall eines Autos automatisch aufbläst und so Kopf und Oberkörper von Fahrer und Beifahrer großflächig und weich auffängt und schützt. Bei leichten und mittelschweren Frontalunfällen verringert der Airbag das Verletzungsrisiko für Kopf und Hals um bis zu 40 Prozent.

Ein Airbagsystem besteht aus dem Luftsack, einem Auslösegerät, das ab einer bestimmten Aufprallschwere (meist ab einer Aufprallgeschwindigkeit von etwa 25 km/h) den Airbag aktiviert und einem Gasgenerator. Die elektronische Auslösung zündet den Airbag bereits weniger als fünf Tausendstel Sekunden nach einem Crash. Der Gasgenerator füllt den Luftsack innerhalb von 30 Tausendstel Sekunden. Moderne Airbags arbeiten nach einem Zweistufen-Prinzip und passen die Entfaltung des Airbags der jeweiligen Unfallschwere an. Bis hinunter in die Kompaktklasse (beispielsweise im Renault Mégane) gibt's darüber hinaus Anti-Submarining-Airbags. Hier ist ein Metall-Bag im Sitzkissen versteckt, das im Bedarfsfall den Insassen fixiert und ein Wegtauchen unterm Gurt verhindert. So können schwere Unterleibsverletzungen vermieden werden. Einige

Airbag kurz und bündig

Airbags blasen sich nach einem Crash blitzschnell auf und schützen Autoinsassen wie ein Polster vor Kontakten mit der Karosserie oder anderen Fahrzeugstrukturen, die Verletzungen verursachen können. Die Gurte müssen dennoch angelegt werden.

Luxuswagen-Hersteller bieten überdies Kniebags vorn.
Der Fahrer- und der Beifahrerairbag gehören heute bei fast allen Pkws bereits zur Serienausstattung. Vielfach ergänzen die Automobilhersteller diese Ausrüstung jedoch noch durch weitere Airbags, die bei einem Seitenaufprall schützen (Sidebags, Kopfairbags und Windowbags → 64, 65), und weitere mit Airbagsystemen versehene Rückhaltesysteme wie beispielsweise den Beltbag (→ 46). Der Airbag auf der Beifahrerseite wird übrigens nur dann aktiviert, wenn dieser Platz auch tatsächlich besetzt ist.
Voraussetzung für optimalen Airbag-Schutz ist aber bei jedem Passagier ein angelegter Sicherheitsgurt. Denn der Airbag ist nur eine Ergänzung zum Sicherheitsgurt. Aus diesem Grund tragen die Abdeckungen von Airbags auch die Buchstabenkombination SRS. Diese Abkürzung steht für Supplemental Restraint System = ergänzendes Rückhalte-System.

So sinnvoll sind Airbags

Airbags können Leben retten. Deshalb sind die meisten Neufahrzeuge mindestens mit Fahrer- und Beifahrerairbag ausgerüstet. Weitere Airbags, die bei einem Seitencrash schützen, sind sinnvoll. Airbagsysteme können nachgerüstet werden.

Aktive Kopfstütze (Active Head Restraint, AHR, WHIPS, NECK-PRO)

Rund 200 000 Auffahrunfälle mit relativ geringer Geschwindigkeit führen jedes Jahr in Deutschland zu Verletzungen der Halswirbelsäule. Die Folgen des so genannten Schleudertraumas machen sich oft ein ganzes Leben lang bemerkbar. Active-Head-Restraint-Systeme können die verhängnisvollen Kopf- und Brustbeschleunigungen bei einem Heckaufprall deutlich vermindern und wirken als Schleudertrauma-Schutzsystem.

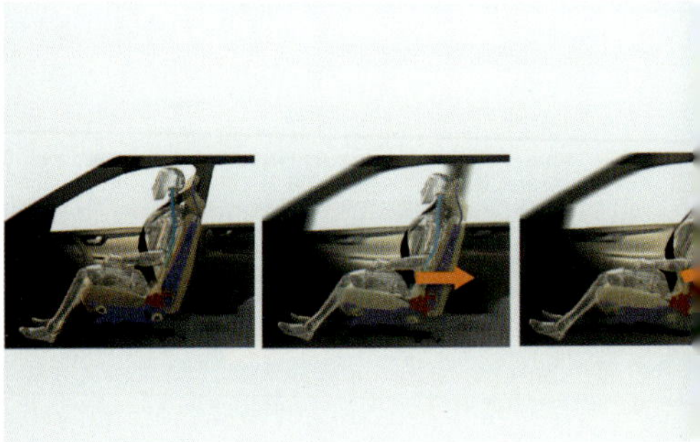

WHIPS verhindert Schleudertrauma

Angeboten werden verschiedene Systeme. Sie beruhen jedoch alle auf dem Prinzip, die Kopfstütze bei einem Heckaufprall sensorgesteuert nach vorn zu bewegen und so den Kopf früher, als dies mit herkömmlichen Kopfstützen möglich ist, gedämpft abzufangen. Denn bei einem Heckaufprall wird der Kopf normalerweise mit einer abrupten Peitschenhiebbewegung zuerst nach hinten und dann nach vorne geschleudert.
Noch konsequenter ist das WHIPS (Whiplash Protection System). Hier macht die gesamte Rückenlehne die

So sinnvoll ist eine aktive Kopfstütze

Aktive Kopfstützen beugen dem häufigen Schleudertrauma bei einem Heckaufprall vor und zählen deshalb zu den wichtigen Ausstattungsdetails.

Bewegung des Oberkörpers mit und vermindert so deutlich die Energieeinwirkung auf die Wirbelsäule. Der obere Teil der Rückenlehne bewegt sich gleichzeitig nach oben und gewährt damit Hals und Kopf des Passagiers zusätzlichen Halt und Schutz.

ALWR
(Automatische Leuchtweitenregulierung)

Die gesetzlich vorgeschriebene Leuchtweitenregulierung gleicht unterschiedliche Beladungszustände eines Pkws aus. Ist der Kofferraum voll bepackt, geht das Auto hinten in die Knie, und die Scheinwerfer strahlen nach oben. Um die gewohnte Sicht zu erhalten und den Gegenverkehr nicht zu blenden, wird die Scheinwerfereinstellung durch die Leuchtweitenregulierung korrigiert. Dies kann auch eine Automatik übernehmen, deren Sensoren die Einfedertiefe an Vorder- und Hinterachse messen.

Dank ALWR immer gute Sicht

Asphärischer Außenspiegel

Asphärische Außenspiegel werden an einem Automobil verwendet, um den so genannten „toten Winkel" zu verkleinern – also den Raum, der weder mit Außen- noch Innenspiegel, sondern nur durch Umdrehen einzusehen ist. Ein überholendes Fahrzeug erscheint zunächst im verzerrungsfreien Bereich des Außenspiegels. Nähert sich das Fahrzeug, gleitet es ohne Bildsprung und ohne Doppelbilder in den asphärisch gewölbten Spiegelteil hinüber. Beim Verlassen des asphärischen Spiegelbereichs, wenn es also im Spiegel nicht mehr zu sehen ist, befindet sich das überholende Fahrzeug nahezu auf gleicher Höhe und wird aus dem Augenwinkel heraus wahrgenommen. Die Abbildung in einem asphärischen Außenspiegel ist zwar nicht völlig verzerrungsfrei, dafür liefert sie aber eine ausreichende Übersicht, ob die Überholspur frei ist.

So sinnvoll ist ein asphärischer Außenspiegel !

Asphärische Außenspiegel sind zu empfehlen, weil sie die Übersicht nach hinten deutlich verbessern. Sie können auch nachgerüstet werden.

Außenspiegel in asphärischer Ausführung können einen wesentlichen Beitrag zur Verbesserung der Verkehrssicherheit leisten. Nach einer Umrüstung muss jedoch mit einer Gewöhnungsphase gerechnet werden. Zahlreiche Hersteller statten ihre Neufahrzeuge serienmäßig mit asphärischen Außenspiegeln aus oder bieten sie als Sonderausstattung an.

Im Zubehörhandel werden asphärische Außenspiegelgläser auch für die nachträgliche Umrüstung angeboten.
Die meisten anderen Zusatzspiegel-Konzepte sind weniger gut geeignet, da sie keinen guten Sichtfeld-Übergang vom normalen Spiegelfeld in das des toten Winkels bieten.

Asphärischer Außenspiegel kurz und bündig

Ein asphärischer Außenspiegel verkleinert den toten Winkel beim Blick nach hinten und zeigt, ob die Überholspur frei ist.

Assistenz-Systeme

(Fahrer-)Assistenz-Systeme sollen Sicherheit und Komfort an Bord eines Automobils verbessern. Dieser Begriff fasst alle Systeme zusammen, die den Autofahrer durch modernste Elektronik und Technik entlasten, indem sie selbsttätig die Steuerung bestimmter Funktionen übernehmen oder wichtige Hinweise für eine sichere und stressfreie Fahrt geben – zum Beispiel, indem sie vor einem Stau rechtzeitig warnen. Zur Technik, die mitdenkt, zählen beispielsweise eine Sprachbedienung fürs Autotelefon (Linguatronic → 96), ein Navigationssystem (→ 91), ein automatisches Reifendruck-Kontrollsystem (→ 62) oder eine elektronische Abstandsregelung (Distronic → 36). Einparkhilfe, Bremsassistent, Nachtsicht, Fernlichtassistent, Spurhalter, adaptive Luftfederung, aktive Lenkung, Presafe-Crashvorkonditionierung und viele andere Technologien erleichtern das Leben des Autofahrers. Die Verantwortung für jede fahrerische Entscheidung liegt jedoch weiterhin ausschließlich bei ihm.

Autodiebstahlsicherung

Die Straßenverkehrs-Zulassungsordnung (StVZO) verlangt, dass Fahrzeuge ausreichend gegen ein unbefugtes Benutzen gesichert sein müssen. Die Kasko-Versicherungen fordern darüber hinaus, dass Neufahrzeuge zusätzlich mit einer elektronischen Wegfahrsperre ausgerüstet sind. Seitdem ist die Zahl der Kraftfahrzeug-Diebstähle deutlich zurückgegangen.

Elektronische Wegfahrsperre

Eine elektronische Wegfahrsperre kann wegen ihrer komplexen Bauweise nur vom Fahrzeughersteller in Neuwagen eingebaut werden. Sie wird durch Abschließen des Autos automatisch aktiviert und legt elektronische Komponenten der Fahrzeugsteuerung lahm. Das Auto kann dann nicht mehr aus eigener Kraft bewegt werden. Solche Wegfahrsperren lassen sich nur durch Austauschen elektronischer Bauteile überlisten. Der dafür erforderliche Zeitaufwand steht in der Regel aber nicht zur Verfügung. Die Nachrüstung solcher Systeme ist nicht möglich.

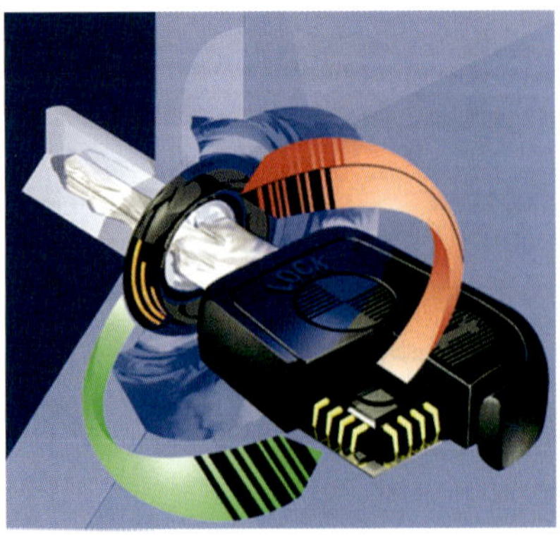

Intelligenter Schlüssel für Wegfahrsperre

Die Wegfahrsperre legt die im Motorraum verborgene Elektronik lahm

Elektrisch-elektronische Wegfahrsperren

Eine Alternative für ältere Fahrzeuge ist eine elektrisch-elektronische Wegfahrsperre. Sie kann nachträglich für etwa 150 Euro eingebaut werden und legt wesentliche Stromkreise im Fahrzeug still. Beispielsweise wird die Stromversorgung für den Anlasser, für die Kraftstoffzufuhr und die Zündstromversorgung unterbrochen. Sehr effektiv sind Anlagen, die verschiedene Schaltkreise in Kombination unterbrechen. Auch diese Sicherungssysteme werden durch Abziehen des Zündschlüssels automatisch aktiviert, sind also „selbstschärfend". Das Außerkraftsetzen solcher Anlagen erfordert einen umfangreichen technischen Sachverstand und erheblichen Zeitaufwand.

Elektrisch-mechanische Wegfahrsperren

Elektrisch-mechanische Wegfahrsperren unterbrechen ebenfalls verschiedene Steuerstromkreise, die zum Starten eines Autos gebraucht werden. Beim Abschließen des Fahrzeuges aktiviert sich die Anlage aber nicht automatisch – sie muss durch einen Schalter scharf geschaltet

Autodiebstahlsicherungen kurz und bündig

Die Kasko-Versicherungen schreiben für Neufahrzeuge elektronische Wegfahrsperren vor, die sich aber nicht nachrüsten lassen. Für Altfahrzeuge gibt es elektrisch-elektronische oder elektrisch-mechanische Wegfahrsperren. Alle drei haben eine gute Schutzwirkung. Herkömmliche Alarmanlagen mit Innenraum-, Neigungs- und Öffnungssensoren sind höchstens eine Ergänzung, weil Alarmsignale kaum ernst genommen werden. Von den mechanischen Sperreinrichtungen wirken die Lenkradblockiersysteme am besten.

Geschützt wie in einem elektronischen Käfig – Wegfahrsperren machen Dieben Probleme

So sinnvoll sind Autodiebstahlsicherungen

- Elektronische Wegfahrsperren sind sehr sinnvoll und für Neuwagen vorgeschrieben.
- Elektrisch-elektronische Wegfahrsperren erzielen die gleiche Wirkung und können in ältere Fahrzeuge nachgerüstet werden.
- Elektrisch-mechanische Wegfahrsperren haben eine gute Schutzwirkung, sie müssen aber jedes Mal beim Verlassen des Fahrzeugs von Hand scharf geschaltet werden.
- Optische oder akustische Alarmanlagen haben nur eine geringe Schutzwirkung, weil Passanten kaum auf die Signale reagieren.
- Lenkradblockierung ist sinnvoll und kostengünstig, allerdings etwas umständlich in der Anwendung.
- Schalthebelblockierung ist nur gegen Gelegenheitsdiebe wirkungsvoll.
- Bremsblockierung ist nicht sinnvoll.

werden. Das Überwinden der Anlage erfordert den gleichen Aufwand wie bei einer elektrisch-elektronischen Diebstahlsicherung. Allerdings muss man daran denken, die Anlage regelmäßig einzuschalten. Erhältlich ab etwa 100 Euro.

Alarmanlagen

Alarmsysteme, die bei einem Diebstahlversuch nur akustische und optische Signale aussenden, sind wenig geeignet. Profidiebe lassen sich davon schwerlich beeindrucken. Selbst Gelegenheitsdiebe lassen sich davon heute oft nicht mehr beeinflussen, denn Passanten reagieren auf losheulende Alarmanlagen erfahrungsgemäß kaum. Deshalb erkennen Versicherungsgesellschaften Alarmanlagen auch nicht als ausreichende Diebstahlsicherung an. Allenfalls können diese Anlagen Diebstähle aus einem Fahrzeug verhindern. Alarmanlagen sind lediglich in Verbindung mit einer Wegfahrsperre sinnvoll. Eine zusätzliche Alarmanlage kann direkt bei der Bestellung eines Neuwagens geordert werden. Möglich ist auch die Nachrüstung. Ab etwa 100 Euro.

Mechanische Lenkradsicherung

Lenkradkrallen (ab 20 Euro), die als Verbindungsstange zwischen dem Lenkrad und dem Kupplungs- oder Bremspedal eingehängt werden können, blockieren sowohl das Lenkrad wie auch die Bremsen oder die Kupplung. Lenkradsperren (ab 13 Euro), die nur ins Lenkrad eingesetzt werden, verhindern durch ein verlängertes Sperrteil ein Drehen des Lenkrades. Diese mechanischen Sicherungen sind zwar umständlich zu bedienen, aber sie bieten einen guten Sicherungseffekt, weil auch das Entfernen ziemlich aufwändig ist und ein Dieb deshalb lieber auf ein ungesichertes Fahrzeug zurückgreift.

Mechanische Schalthebelblockierung

Das Fahrzeug wird mit eingelegtem Gang abgestellt, den das System verschließt. Es können dann keine anderen Gänge mehr eingelegt werden. Schalthebelschlösser (ab 15 Euro) gibt es in vielen Varianten, auch für Automatik-Fahrzeuge. Sie schrecken aber höchstens Gelegenheitsdiebe ab, denn Profis transportieren ein Fahrzeug, das in einem Gang gefahren werden kann, ohne Schwierigkeiten ab.

Bremsen-Blockiereinrichtung

Dieses System (ab 10 Euro) soll das Fahrzeuges durch Blockieren des angezogenen Handbremshebels stilllegen. Diebe können die Handbremse aber meistens über die leicht zugänglichen Bremsseile deaktivieren.

Automatische Verriegelung

Gepflogenheiten aus den USA folgend, rüsten immer mehr Hersteller ihre Autos mit selbsttätig agierender Zentralverriegelung aus. Während der Fahrt werden Türen und Hauben automatisch verriegelt. Damit werden Insassen und Gepäck vor einem äußeren Zugriff geschützt.

Automatischer Notruf (Teleaid)

Das automatische Notrufsystem informiert Sekundenbruchteile nach einem Unfall per Mobilfunk selbsttätig eine Notrufzentrale und übermittelt Uhrzeit, Autokennzeichen, Fahrzeugtyp und dessen genauen Standort. Auf Basis dieser

Das Notrufsystem Teleaid sendet bei Unfall automatisch ein SOS-Signal aus

Informationen ermitteln die Fachleute sofort die zuständige Einsatzleitstelle und leiten den Notruf weiter.
Das lebensrettende System wird entweder durch Druck auf eine Ruftaste im Auto-Innenraum oder von einer vollautomatischen Auslöse-Sensorik aktiviert. In beiden Fällen baut es nach dem digitalen

So sinnvoll ist ein automatisches Notrufsystem !

Das System verkürzt die Rettungszeit nach einem Verkehrsunfall deutlich. Eine Studie der Technischen Universität München zeigt, dass Gesundheitsschäden bei einem Fünftel aller Schwerverletzten deutlich geringer sind, wenn die gesamte Rettungszeit nach einem Crash auf unter zwölf Minuten sinkt. Oft vergehen aber nach einem Crash und bis zum Beginn der ärztlichen Erstversorgung viele kostbare Minuten bis zur Entdeckung und Meldung des Notfalls.

Automatischer Notruf kurz und bündig

Das automatische Notrufsystem sendet nach einem Unfall selbsttätig einen Hilferuf aus, der die Rettungsdienste alarmiert und zur Unglücksstelle führt.

Notruf zusätzlich eine Sprechverbindung zu den Helfern in der Leitstelle auf, damit Insassen oder andere Unfallbeteiligte gezielte Fragen der Beamten beantworten können, die für die Rettungsmaßnahmen notwendig sind. Automatische Notrufsysteme arbeiten wie das Navigationssystem mit GPS (Global Positioning System), dessen Satelliten aus der Erdumlaufbahn digitale Peilsignale an den GPS-Empfänger im Auto senden. Daraus berechnet ein Mikro-Prozessor die jeweiligen Standort-Koordinaten nach Längen- und Breitengraden bis auf mindestens 100 Meter genau und gibt sie an die Helfer weiter.

Beltbags

Beltbags sind eine Weiterentwicklung des Sicherheitsgurt- und Airbag-Gedankens. Hier wird in den Gurt ein Bereich integriert, der sich ebenso wie ein herkömmlicher Airbag sensorgesteuert bei einem Unfall aufbläst. Dadurch vergrößert sich die Kontaktfläche zwischen Gurt und Körper erheblich. Dies verringert die Gefahr, dass der Sicherheitsgurt selbst Verletzungen verursachen kann. Bisher gibt es aber nur vereinzelte Serienanwendungen der Beltbags.

Brems-Assistent
(Brake-Assist, BAS, DBC, EBA, HBA)

Der Brems-Assistent greift ein, wenn ein Autofahrer in kritischen Situationen zu zögerlich oder zu sanft auf das Bremspedal tritt. Dann baut das elektronische System in Sekundenbruchteilen automatisch die maximale Bremskraftverstärkung auf und verkürzt dadurch den Anhalteweg des Wagens erheblich. Denn oft treten Autofahrer in kritischen Situationen zwar schnell, aber nicht kräftig genug aufs Bremspedal und können sich erst mit Verspätung zu einer Vollbremsung durchringen.

Brems-Assistenten sind in der Regel in den Bremskraftverstärker integriert. Ihr elektronisches Steuergerät aktiviert bei der automatischen Vollbremsung ein Magnetventil, das blitzschnell eine der

Brems-Assistent kurz und bündig

Der Brems-Assistent leitet automatisch eine Vollbremsung ein, wenn der Fahrer in einer Notsituation nicht beherzt genug aufs Bremspedal tritt. Dadurch verkürzt der Assistent den Bremsweg drastisch. Ein elektronisches Steuergerät erkennt anhand der Bewegungsgeschwindigkeit des Bremspedals jede Notbremssituation zweifelsfrei.

beiden Kammern des Bremskraftverstärkers belüftet und auf diese Weise den vollen Bremsdruck aufbaut. Das Blockieren der Räder ist auch bei dieser automatischen Vollbremsung ausgeschlossen, weil ABS (→ 34) die Bremskraft weiterhin bis

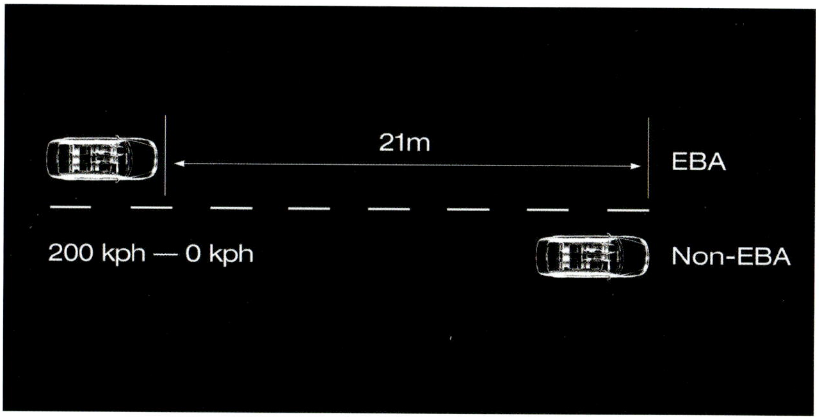

Der elektronische Brems-Assistent kann den Bremsweg in kritischen Situationen verkürzen – im Test bis zu 21 Meter bei einer Geschwindigkeit von 200 km/h

zur Schlupfgrenze dosiert und der Wagen auf diese Weise lenkbar bleibt. Nimmt der Autofahrer den Fuß vom Bremspedal, schließt ein spezieller Löseschalter das Magnetventil und schaltet die automatische Kraftverstärkung sofort wieder ab.

Die Elektronik erkennt Notbrems-Situationen zweifelsfrei über einen Membranweg-Sensor, der jeden Tritt aufs Bremspedal erfasst und die gemessenen Werte an das Steuergerät überträgt. Durch einen ständigen Datenvergleich erkennt das System, wenn das Bremspedal plötzlich schneller als üblich betätigt wird, und folgert daraus, dass eine Notbremssituation besteht. In der Praxis bedeutet dies: Wird das Pedal bei einem schreckhaften Reflex auch nur für einen Sekundenbruchteil schneller getreten als es dem im Steuergerät gespeicherten Normalwert entspricht, wird der Brems-Assistent automatisch aktiv.

So sinnvoll ist ein Brems-Assistent !

Ein Brems-Assistent ergänzt die Fahrsicherheitssysteme sinnvoll, denn seine Elektronik ist dem menschlichen Reaktionsvermögen deutlich überlegen und sorgt in Notsituationen für deutlich kürzere Bremswege. Deshalb gehört ein Brems-Assistent zur wichtigen Ausrüstung eines Automobils. Allerdings kann ein Brems-Assistent nicht die Gesetze der Fahrphysik außer Kraft setzen und ist deshalb kein Freibrief für zu sorgloses oder zu schnelles Fahren.

Fahrversuche haben ergeben, dass der Brems-Assistent in Notbremssituationen bis zu 45 Prozent kürzere Bremswege ermöglicht. Aber auch der Brems-Assistent ist inzwischen weiterentwickelt worden. Eine der wichtigsten Innovationen auf dem Gebiet der Fahrzeugsicherheit ist zweifelsohne der neue Bremsassistent Plus (BAS Plus), wie ihn Mercedes in der S-Klasse ab Ende 2005 einsetzt. Erstmals wird dieses Sicherheitsfeature mit dem Insassenschutzsystem PRE-SAFE kombiniert: Übersteigt die Bremsverzögerung ein bestimmtes Niveau oder droht Schleudergefahr, strafft das System vorsorglich die vorderen Gurte, pumpt Luft in die Polster und Wangen der neuen Multikontursitze und schließt automatisch die Seitenscheiben. Untersuchungen haben ergeben, dass dank des neuen Bremsassistent Plus die Unfallquote um drei Viertel sinkt.

ECE-Norm-Kindersitz

Kindersitz nach ECE-Norm

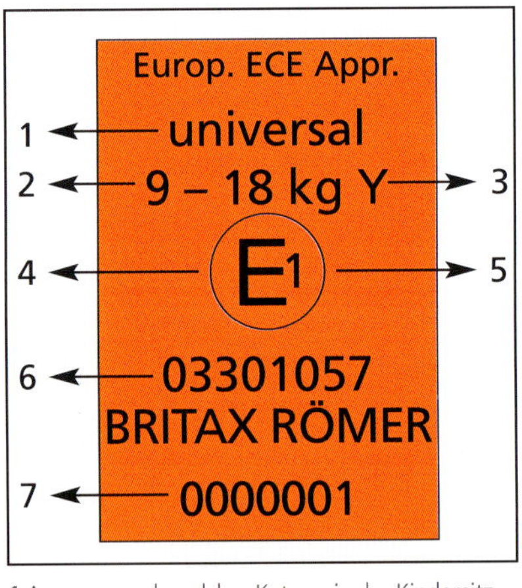

1 Aussage, nach welcher Kategorie der Kindersitz zugelassen ist – **2** Zugelassen für Körpergewicht – **3** „Y" besagt, dass dieser Kindersitz einen Schrittgurt hat – **4** Europäisches Prüfzeichen – **5** Kennzahl des Landes, in welchem die Zulassung erfolgte (1=Deutschland, 2 = Frankreich, 3 = Italien, 4 = Holland usw.) – **6** Nummer der Zulassung. Die beiden ersten Ziffern zeigen, nach welcher Version der ECE 44 der Kindersitz zugelassen ist (in diesem Fall ECE 44 03) – **7** fortlaufende Nummer

ECE-Norm für Kindersitze

Seit dem 1. April 1993 sind Kinderrückhaltesysteme im Auto gesetzlich vorgeschrieben. Danach dürfen Kinder unter zwölf Jahren, die kleiner sind als 150 Zentimeter, auf den Vorder- und Rücksitzen in Kraftfahrzeugen nur angeschnallt, in bauartgenehmigten Kinderrückhaltesystemen befördert werden. Fahren Kinder ungesichert in einem Fahrzeug, ist bei Kontrollen ein Bußgeld von 40 Euro fällig. Bei einem Unfall kann zusätzlich der Versicherungsschutz eingeschränkt werden.

Kindersitze sind nach der Europäischen Prüfnorm ECE 44 getestet und zugelassen. Die derzeit aktuelle Prüfversion ist die ECE 44-03. Allerdings dürfen auch weiterhin noch Systeme nach ECE 44-02 verkauft werden. Sicherheitsnachteile sind dadurch nicht unbedingt zu befürchten.

Ein orangefarbenes Etikett am Sitz gibt Aufschluss über die Prüfnorm. Unter einem „E" im Kreis findet sich eine Zahlenfolge – entweder „03" oder „02". Der Gesetzgeber schreibt zwar nicht vor, alte Kindersitze nach der Prüfnorm „01" auszutauschen, allerdings ist aus Sicherheitsgründen dringend dazu zu raten.

Die richtige Größe

Kindersitze sind nach Gewichtsgruppen eingeteilt. Zusätzlich spielt die Körpergröße eine Rolle. Das Alter des Kindes ist dagegen für die Kaufentscheidung unerheblich.

Achtung!

Bei nicht deaktiviertem Beifahrer-Airbag darf die Babyschale auf keinen Fall auf dem Beifahrersitz montiert werden!

Gruppe 0 (bis 10 kg), Gruppe 0+ (bis 13 kg)

Babys sollten möglichst lange in halbliegender Position gegen die Fahrtrichtung transportiert werden. Vorteil: Das Baby wird bei einer Kollision mit dem ganzen Körper in die Sitzschale gedrückt und sicher abgestützt. Babyschalen der Gruppe 0 sind beliebt, weil die Babys in den Schalen liegen und bequem herumgetragen werden können. Allerdings sind diese Babyschalen klein und das Kind wächst oft heraus, ehe es etwa neun Kilo wiegt und sitzen kann. Erst dann darf das Kind in Fahrtrichtung mitgenommen werden. Ideale Alternative ist deshalb eine Schale der Gruppe 0+. Achtung bei Airbags: Ein aktiver Airbag ist eine tödliche Gefahr für Kinder. Montieren Sie den Sitz darum streng nach Anleitung des Herstellers.

Gruppe I (9 bis 18 kg, zirka 9 Monate bis viereinhalb Jahre)

Unfallforscher empfehlen, auch Kinder bis zum Alter von etwa drei Jahren in Schalensitzen rückwärts gerichtet zu transportieren. Denn bei kleinen Kindern ist der Kopf im Verhältnis zum Körper sehr schwer, und ein Aufprall kann deshalb zu Halswirbelverletzungen oder gar Querschnittslähmung führen, wenn das Kind zu früh in Fahrtrichtung angegurtet ist. Im Vergleich zum vorwärtsgerichteten Sitz ist die Halswirbelsäule im Reboard-Sitz nur einem Siebtel der Belastung ausgesetzt.

Gruppe II (15 bis 25 kg, zirka dreieinhalb bis 7 Jahre)

Ist das Kind aus seinem Kindersitz der Gruppe I herausgewachsen, stehen zwei Sicherungsmethoden zur Verfügung: Kindersitz oder Sitzerhöhungen. Die Sitzerhöhung kann anfangs mit einer Rücken- beziehungsweise Schlafstütze kombiniert werden. Sitzerhöhungen können nur in Verbindung mit dem Dreipunktgurt verwendet werden. Sie schützen, indem sie den Verlauf des Erwachsenengurtes korrigieren: In speziellen Gurtführungen lenken sie den Beckengurt so, dass er nicht quer über den Bauch des Kindes verläuft und innere Verletzungen verursachen könnte. Die Führung des Schultergurts verhindert Verletzungen am Hals des Kindes.

Gruppe III (22 bis 36 kg, ab zirka 6 Jahren)

Erfahrungsgemäß werden Kinder und Eltern ungefähr ab dem Schulalter immer nachlässiger bei der Verwendung des Kindersitzes. Aber die Verletzungsgefahr ist groß, wenn Sie das große Kind nur mit dem Erwachsenengurt sichern.Wiegt das Kind mehr als 25 kg, kommt nur noch eine Sitzerhöhung in Frage, die mit dem Dreipunktgurt des PKW verwendet wird. Der Gurt wird durch die Sitzerhöhung in die richtige Position gebracht, sodass von ihm keine Verletzungsrisiken für das Kind ausgehen können.

So sinnvoll sind Kindersitze nach ECE-Norm !

Die Einhaltung der Norm ist für Kindersitze zwar vorgeschrieben. Leider gibt es aber nicht das ideale Kinderrückhaltesystem für jede Unfallsituation. Sogar Testberichte renommierter Testinstitute weichen in ihren Endbeurteilungen manchmal erheblich voneinander ab. Diese Diskrepanzen können zum Beispiel entstehen, wenn der Seitencrash, nach dem Frontalaufprall immerhin die zweithäufigste Unfallform, mit berücksichtigt wird. Denn die Prüfnorm ECE 44-03 schreibt als Prüfkriterium nur einen Frontcrash beziehungsweise bei rückwärts einsetzbaren Systemen auch einen Heckaufprall vor.

Einbau

Wichtigste Regel: Befestigen Sie Kinderrückhalteeinrichtungen an der sichersten Stelle. Und das ist nach neuesten Erkenntnissen der hintere mittlere Sitzplatz. Das Kind sitzt dann bei einem Seitenaufprall möglichst weit weg von der Deformationszone und hat auch nach vorne zwischen den Lehnen der Vordersitze bedeutend mehr Kopf- und Beinfreiheit, wenn es beim Unfall zu einer Vorverlagerung des Körpers kommt. Allerdings ist der mittlere hintere Sitz oft nur mit einem Zweipunktgurt ausgestattet. Doch es gibt einige Kindersitzsysteme die für die Verwendung mit dem Beckengurt geeignet sind und sich daher sehr gut mit einem solchen befestigen lassen. Prüfen Sie auf jeden Fall, ob die Montage eines Kindersitzes hinten in der Mitte für Sie in Frage kommt.

Bauen Sie schließlich vor dem Kauf den Sitz in allen in Frage kommenden Fahrzeugen probeweise ein. Der Sitz muss fest sitzen und sollte möglichst nicht wackeln. Sie werden schnell feststellen, dass nicht jeder Kindersitz gleich gut passt. Verlassen Sie sich deshalb auch nicht einfach auf die Aussage von Freunden und Bekannten, die mit einem Kindersitz sehr zufrieden sind. Und vergessen Sie dabei eines nicht: Das Kind muss sich in dem Sitz auch wohlfühlen, damit es ihn gern benutzt.

ECE-Norm kurz und bündig

Die ECE-Norm schreibt für Kindersitze bestimmte Prüfkriterien vor. Die Kennnummer der derzeit aktuellen Norm ist ECE 44-03.

ESP
(DSC, PSM, VSA, VSC, VDIM, DSTC)

Das elektronische Fahrstabilitätssystem Electronic Stability Program (ESP), das die Schleudergefahr bei Kurvenfahrt verringert und das Auto auch in extremen Situationen wie Glatteis oder Nässe, in der Spur hält, wurde zum ersten Mal 1995 serienmäßig in einen Pkw eingebaut. Inzwischen hat sich die gemeinsame Erfindung von Mercedes-Benz und Bosch millionenfach bewährt und wird auch von anderen Automobilherstellern und Zulieferern angeboten. Verschiedene Automobilfirmen haben eigene Systeme unter anderem Namen (zum Beispiel DSC = Dynamic Stability Control, PSM = Porsche Stability Management) , die aber sehr ähnlich funktionieren.

ESP wurde entwickelt, weil die Statistik deutlich sagt, dass fast ein Viertel aller Pkw-Unfälle passiert, weil Autofahrer ihr eigenes Können überschätzen, die Geschwindigkeit und den Bremsweg unterschätzen oder sich bei ihren Lenkmanövern verschätzen. Bei den so genannten Alleinunfällen, die zumeist auf kurvigen Landstraßen passieren, spielt dieser Aspekt eine noch größere Rolle. Hier gehen sogar mehr als 90 Prozent aller Karambolagen auf das Konto von Fahrfehlern. Andere Ursachen wie schlechter Fahrbahnzustand, ungünstige Witterung oder technische Mängel haben eine weitaus geringere Bedeutung als die menschlichen Fehleinschätzungen.

Aufwändige Sensorik: Messfühler erfassen jede Bewegung des Fahrzeugs

ESP arbeitet nach dem Prinzip eines „Beobachters“: Sensoren erfassen Fahrer-

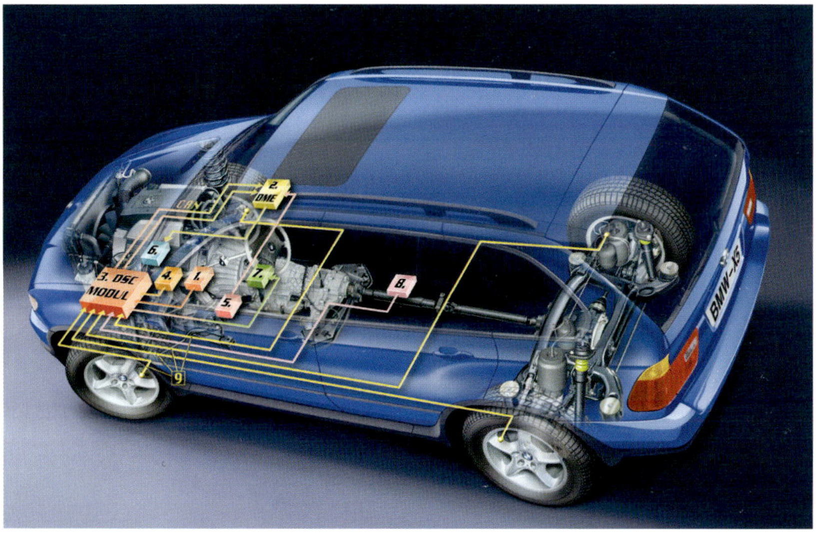

ESP nutzt die Regeltechnik des ABS

und Fahrzeugverhalten, senden ihre Daten an einen leistungsfähigen Mikrocomputer, der mit einem mathematischen Modell gefüttert ist. So wird der tatsächliche Istzustand des Wagens mit einem für die jeweilige Situation angemessenen Sollzustand verglichen und die drohende Schleudergefahr erkannt.

Physikalisch gesehen ist dieses Schleudern nichts anderes als die Drehung des Automobils um seine eigene Hochachse. Je schneller diese Drehung abläuft, desto größer sind Schleuderbewegung und Unfallrisiko. Für die zuverlässige Messung der Drehgeschwindigkeit verwendet ESP ein System aus der Luft- und Raumfahrttechnik – einen so genannten Dreh- oder Gierratensensor. Dieses Messelement besteht aus einem kleinen stählernen Hohlzylinder. Quarze versetzen ihn in definierte Schwingungen, die sich durch die Drehbewegung des Wagens verschieben. Um diese Verschiebung zu kompensieren, benötigt man eine elektrische Spannung, deren Wert das Messsignal für die Drehgeschwindigkeit des Autos ist.

Neben der Drehgeschwindigkeit verarbeitet der ESP-Mikrocomputer zusätzliche Sensorinformationen über den jeweiligen Wunsch des Fahrers und das tatsächliche Verhalten des Autos:

- Der Lenkwinkelsensor misst den Lenkradeinschlag und erfasst auf diese Weise, wo der Fahrer hinfahren möchte.
- Die Raddrehzahlsensoren registrieren die vom Fahrer bestimmte Geschwindigkeit.
- Der Querbeschleunigungssensor erkennt, wenn das Auto in Querrichtung abdriftet.
- Der Drehgeschwindigkeitssensor ist das Herzstück des Elektronischen Stabilitätsprogramms. Er misst die Drehbewegung – also das Schleudern – des Wagens.
- Der Vordrucksensor erfasst den jeweiligen Bremsdruck.

Zusätzlich ist das ESP-Steuergerät per CAN-Datenbus (Controller Area Network → 76) mit Motor und Automatikgetriebe verbunden, sodass es jederzeit auch die aktuellen Daten über das Motordrehmoment, die Gaspedalstellung und die Getriebeübersetzung erhält. Über die gleiche Datenautobahn greift das Fahrsicherheitssystem in die elektronische Motor- oder Getriebesteuerung ein und sorgt bei-

Mit ESP bleibt der Wagen sicher in der Spur. Hier die ersten Serienfahrzeuge von 1995 auf Demonstrationsfahrt

spielsweise beim Anfahren auf rutschigem Untergrund dafür, dass die Getriebeautomatik ins Winterprogramm umschaltet.

Ständige Kontrolle: ESP ist in jeder Fahrsituation einsatzbereit

Während der Fahrt vergleicht der ESP-Computer das tatsächliche Fahrzeugverhalten ständig mit den programmierten Sollwerten. Weicht das Auto von der sicheren „Ideallinie“ ab, greift das System blitzschnell nach einer speziell entwickelten Logik ein und bringt das Auto auf zweierlei Weise wieder auf den richtigen Kurs: durch genau dosierte Brems-Impulse an einem oder mehreren Rädern und/oder durch Verringerung des Motordrehmoments.
Dabei korrigiert ESP sowohl Fahrfehler als auch Schleuderbewegungen, die durch Glätte, Nässe, Rollsplitt oder andere widrige Fahrbahnzustände verursacht werden, bei denen der Autofahrer normalerweise kaum noch eine Chance hat, seinen Wagen durch Lenk- oder Bremsmanöver in der Spur zu halten. Deshalb ist das System – im Gegensatz zur Antriebsschlupfregelung – jederzeit einsatzbereit: beim Bremsen, beim Beschleunigen oder beim gleichmäßigen Dahinrollen.

Schneller Eingriff: Kurze Brems-Impulse halten das Auto in der Spur

Eine wesentliche Stärke des Electronic Stability Program ist seine Schnelligkeit. Die Erfassung des Eigenlenkverhaltens und der automatische Bremseneingriff erfolgen binnen Sekundenbruchteilen: Drängt das Fahrzeug beispielsweise bei schneller Kurvenfahrt mit der Hinterachse zu stark nach außen, so reduziert der ESP-Mikrocomputer zunächst das Antriebsmoment und erhöht damit die Seitenführungskräfte der hinteren Räder. Reicht dieser Motoreingriff nicht aus, bremst das System zusätzlich das kurvenäußere Vorderrad so lange gezielt ab, bis sich die Schleuderbewegung verringert. Die Brems-Impulse wirken der kritischen Drehbewegung entgegen und stabilisieren somit das Fahrzeugverhalten. Die gleichzeitige Verringerung der Geschwindigkeit dient als zusätzlicher Sicherheitseffekt.

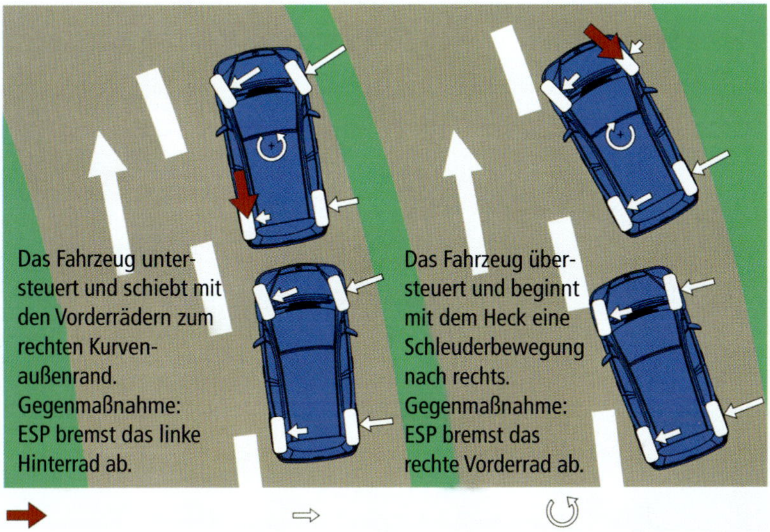

ESP verhindert Schleudern durch gezielten Bremseingriff

Die automatische Kurskorrektur des ESP-Systems ist kein einmaliger Vorgang, der mit einem einzigen kurzen Brems-Impuls wieder beendet ist. Im Gegenteil: Die Stabilisierung erfolgt permanent und passt sich sofort den situationsbedingten Fahrzeugbewegungen an – so lange, bis die Schleudergefahr gebannt ist. Diese adaptive Regelung erfordert von den Systemen des Elektronischen Stabilitätsprogramms ein extrem hohes Arbeitstempo und ein großes Anpassungsvermögen. Denn das System muss nicht nur schnelle Spurwechsel oder plötzliche Glatteis-Situationen meistern, sondern überdies auch bei unterschiedlichen Beladungszuständen oder Reifenprofiltiefen zuverlässig funktionieren.

Zusätzlich überprüfen sich die einzelnen Systemkomponenten regelmäßig selbst. Der wichtige Sensor für die Messung der Drehgeschwindigkeit des Fahrzeugs wird

So sinnvoll ist ESP

Der Aufpreis für ESP lohnt sich, denn es trägt erheblich zur Fahrsicherheit bei. Vor allem bei Glätte verhindert das System wirkungsvoll das oft überraschende Schleudern des Autos. Einige Automobilhersteller sind deshalb dazu übergegangen, in allen Modellen ESP serienmäßig einzubauen.

ESP kurz und bündig

ESP (Electronic Stability Program) ist eine aktive Fahrdynamikregelung. Sie verringert durch gezielten Bremseneingriff an jedem einzelnen Rad die Schleudergefahr bei Kurvenfahrt und hält das Auto in der Spur. Außerdem greift ESP bei Bedarf auch in die Motor- und Getriebeelektronik ein, um die Fahrstabilitität beispielsweise auch durch Verringerung des Motordrehmoments zu verbessern. Das System korrigiert sowohl Fahrfehler als auch Schleuderbewegungen, die durch Glatteis oder Nässe verursacht werden.

Hängerstabilisierung

zusätzlich nach jedem Messvorgang kontrolliert – in einem Rhythmus von nur 20 Millisekunden.

Aktive Sicherheit: ESP leistet einen wichtigen Beitrag zur Unfallvermeidung

Das System ist in der Lage, unfallträchtige Situationen zu entschärfen, indem es verspätete oder nicht angepasste Reaktionen des Autofahrers erkennt und seine Lenk- oder Bremsfehler gezielt korrigiert – bis in den Grenzbereich, aber stets innerhalb der Gesetze der Fahrphysik. Mehr noch: Aufgrund von Sensorsignalen und Simulationen erkennt die Elektronik Gefahrenmomente, bevor der Fahrer überhaupt reagieren kann. Deshalb kann ESP im Ernstfall extrem schnell eingreifen – viel schneller als der routinierteste Fahrer – und einen drohenden Unfall vermeiden.

Kein Wunder, dass im Jahr 2005 die Quote neuzugelassener Autos mit ESP in Deutschland bei 64 Prozent lag. Insgesamt in Westeuropa waren es aber nur 36 Prozent. Längst gibt es immer wieder Vorstöße des Gesetzgebers, die Ausrüstung mit ESP zur Pflicht zu erheben – um damit Leben zu retten.

Mittlerweile steuert ESP auch die Anhängerstabilisierung und greift fast unmerklich korrigierend in die Lenkung ein („Lenkempfehlung“), sofern diese elektrisch ausgelegt ist (ESP plus).

Die gleiche technische Basis steht auch für die Überschlagsregelung (Roll Stability Control) bereit, die durch gezieltes Abbremsen einen drohenden Roll-over verhindern soll.

Die elektronische Fahrdynamikregelung ist bei den meisten Fahrzeugen deaktivierbar, teilweise in mehreren Stufen. So werden bei BMW in der ersten Stufe (DTC) die Regelschwellen des ASR heraufgesetzt – das System greift aber dann wieder zu, wenn das Auto völlig instabil zu werden droht. Ähnlich macht es Audi im Q7 mit dem „ESP Offroad“.

Euro-NCAP-Crashtest

Euro-NCAP (European New Car Assessment Program), die Vereinigung europäischer Verbraucherschützer und Automobilclubs, wurde 1997 gegründet. Ziel der Vereinigung ist es, Autokäufer mit realistischen und unabhängigen Bewertungen von Automobilen zu versorgen. Im Vordergrund steht dabei eine Bewertung der Sicherheitsaspekte. Dazu dient der Euro-NCAP-Test. Er besteht aus folgenden vier Teilen:

- **Frontalcrash:** Der Test findet mit einer Geschwindigkeit von 64 km/h (40 mph) statt, wobei das Fahrzeug seitlich versetzt gegen eine deformierbare Barriere prallt.
- **Seitencrash:** Der Zusammenstoß erfolgt mit 48 km/h (30 mph). Dabei trifft eine auf einem Wagen montierte deformierbare Barriere die Fahrerseite des Autos, um einen seitlichen Aufprall zu simulieren.
- **Pfahltest:** Das Auto wird mit einer Geschwindigkeit von 30 km/h seitlich gegen eine Stahlsäule gecrasht, der

Offset-Crash gegen verformbare Barriere

Euro-NCAP kurz und bündig

Es handelt sich um einen mehrteiligen genormten Sicherheitstest, der von den europäischen Verbraucherschützern und Automobilklubs getragen wird. Die Ergebnisse werden mit Sternen bewertet. Maximal sind fünf Sterne zu erreichen.

Aufprall erfolgt auf der Höhe des Fahrers. Dieser Test wurde als Ergänzung aufgenommen, da bei vielen Unfällen das Auto beispielsweise auf einen Baum, einen Lichtmast oder ein anderes säulenförmiges Hindernis trifft. Voraussetzung für die Zulassung zu einem Pfahltest ist, dass das Fahrzeug bei der Kopfsicherheit im Seitencrash die maximale Punktezahl erreicht und über eine spezielle Kopfschutzeinrichtung, wie etwa einen seitlichen Kopf-Airbag, verfügt.

- **Zusammenstoß mit einem Fußgänger:** Eine ganze Reihe von Tests ist nötig, um Unfälle mit Fußgängern (sowohl mit Kindern wie auch mit Erwachsenen) zu simulieren, wobei die Geschwindigkeit in dieser Testserie 40 km/h (25 mph) beträgt. Es wird festgestellt, an welchen Flächen die Dummys aufprallen, und das Verletzungsrisiko bewertet. So wie auch die anderen Tests basiert diese Testreihe auf den Richtlinien des European Enhanced Vehicle Safety Committee.

So sinnvoll ist Euro-NCAP

Die Euro-NCAP-Tests geben dem Autokäufer eine gute Vergleichsmöglichkeit über die Sicherheitseigenschaften verschiedener Fahrzeuge. Viele Automobilhersteller gehen in ihren Sicherheitsbemühungen allerdings über die Tests hinaus, die von Euro-NCAP abgedeckt werden. Denn die Entwicklung auf dem Gebiet der Kraftfahrzeugsicherheit geht ständig weiter. Euro-NCAP kann diese Entwicklungen, die sich immer mehr an Realunfällen orientieren, nicht oder nur eingeschränkt berücksichtigen.

In Veröffentlichungen kennzeichnen Farben, wie gut der Fahrer in welchem Körperbereich geschützt ist. Daraus errechnet sich auch die Bewertungsskala der Euro-NCAP-Crashtests, die als Maximum fünf Sterne in der Gesamtwertung vorsieht.

Beispiel für eine Bewertung

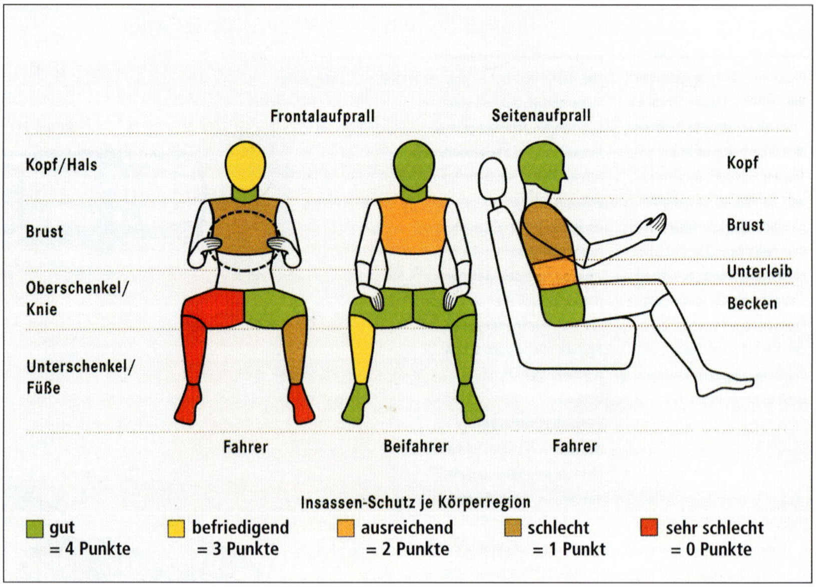

Fernlichtassistent

Fernlicht wird viel seltener genutzt, als es aus Sicherheitsgründen wünschenswert wäre. Bei dem in der BMW 5er-, 6er- und 7er-Reihe ab Ende 2005erhältlichen Fernlichtassistent registriert ein im Innenspiegel integrierter Kamerasensor das Verkehrsgeschehen und steuert selbsttätig das Ein- und Ausschalten des Fernlichts. Dabei werden das Scheinwerfer- und das Rücklicht von Fahrzeugen sowie die Umgebungsbeleuchtung der Straße erkannt; die Blendung anderer Verkehrsteilnehmer wird damit ausgeschlossen. Ein manueller Übersteuerungs-Eingriff ist natürlich jederzeit möglich, auch die Lichthupe lässt sich weiterhin wie gewohnt nutzen.

Feststellbremse (EBP)

Die Feststell- oder Parkbremse muss gemäß gesetzgeberischer Vorgabe ein mechanisches System sein, das unabhängig von der Betriebsbremse funktioniert. Bedient wird sie traditionell entweder über den Handbremshebel oder den vor allem in den USA beliebten Fußfeststellhebel (seit langem bei Mercedes in Serie, mittlerweile auch von anderen europäischen Premium-Herstellern übernommen). Neueste Spielart ist die elektromechanische Parkbremse (EBP), verwirklicht u.a. in Audi A6 und A8, BMW 7er, Mercedes S-Klasse, Lancia Thesis, VW Passat. Wird der Motor des Autos abgeschaltet, übernimmt eine mechanische Trommelbremse die Aufgabe der elektrischen Parkbremse.

Autos mit elektromechanischer Feststellbremse werden inzwischen zunehmend mit einem Berganfahr-Assistenten gekoppelt: Er ermöglicht ein komfortables Anfahren an einer Steigung ohne

Berganfahr-Assistent

Zuhilfenahme der Feststellbremse. Der Bremsdruck wird noch kurz nach Lösen der Fußbremse gehalten, sodass genügend Zeit ist, einen Gang einzulegen und das Gaspedal zu betätigen. Sobald das Fahrzeug vorwärts rollt, wird der Bremsdruck zurückgenommen. Diese Fahrhilfe wird inzwischen auch in der Kompaktklasse angeboten.

Gurtstrammer und Gurtkraftbegrenzer

Bei einem Aufprall beseitigt ein Gurtstrammer (Gurtstraffer) einen möglichen lockeren Sitz des Gurtes, sorgt dafür, dass der Sicherheitsgurt korrekt und eng sitzt und zieht die Insassen an die Sitzlehne zurück. So können die Sicherheitsgurte im Auto den Insassen Bewegungsfreiheit erlauben und gleichzeitig garantieren, dass sie bei einem Unfall weder aus den Gurten herausrutschen noch in einen zu losen sitzenden Gurt hineinfallen und sich dadurch Verletzungen zufügen.

Die sinnvolle Ergänzung sind Gurtkraftbegrenzer. Sie lassen den Gurt bei einem Crash ab einer bestimmten Zugkraft wieder definiert abrollen und sorgen so dafür,

Mechanik eines Gurtkraftbegrenzers

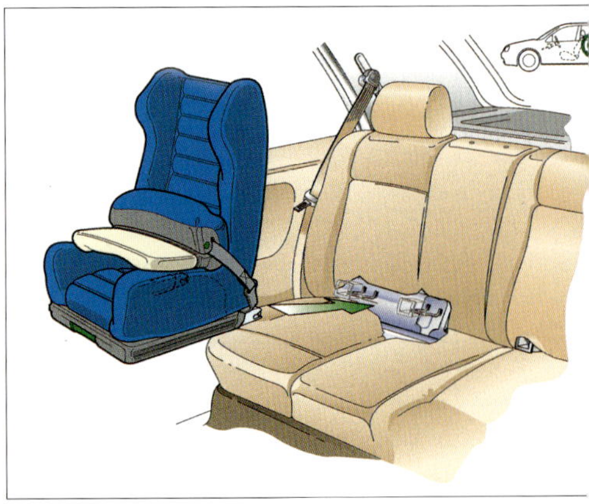

ISO-Fix-Kindersitzsystem

dass die Belastungen der Insassen durch den Gurt möglichst gering bleiben und Verletzungen durch den Gurt vermieden werden. Dies ist sinnvoll, wenn ein Airbag dann den größten Teil des Insassenrückhalts übernimmt und die Belastung für die Insassen weiter minimiert.

Viele Automobilhersteller kombinieren mittlerweile die Rückhaltesysteme, um so bei einem Unfall größtmöglichen Schutz für die Insassen zu gewährleisten (beispielsweise PRS von Renault, PRE-SAFE von Mercedes).

IPS
(Intelligent Protection System)

Der Begriff Intelligent Protection System (IPS) steht für mehrere Sicherheitssysteme. Er fasst Seitenaufprallschutz (→ 63), Airbags (→ 39 f.) und weitere Sicherheitssysteme zusammen.

ISO-Fix

ISO-Fix ist ein System zur sicheren Befestigung von Kindersitzen (→ 48) im Auto. Es verwendet zwei Halteösen, die werkseitig auf dem Rücksitz zwischen Sitzlehne und Sitzfläche an der Karosserie angebracht sind. Daran lässt sich blitzschnell mit zwei Greifarmen ein spezieller Kindersitz befestigen. Der herkömmliche Fahrzeuggurt wird dazu nicht benötigt. Eine Fehlbedienung ist nahezu ausgeschlossen und der Kindersitz sitzt absolut fest. Allerdings bieten nicht alle Automobil-Hersteller das ISO-Fix-System an – und es lässt sich meistens auch nicht nachrüsten. Dennoch setzt es sich immer mehr durch.

Kindersitz-Erkennung
(Baby-Smart)

Die automatische Kindersitz-Erkennung schaltet den Beifahrer-Airbag aus, wenn Kleinkinder auf dem Beifahrersitz mit dem Rücken zur Fahrtrichtung in speziellen Sitzschalen, im sogenannten „Reboard"-System, an Bord sind. Der Beifahrer-Airbag würde sonst bei einem Unfall den Kindersitz gegen die Verzögerungsrichtung drücken und den Körper der kleinen Passagiere zusätzlich belasten.

Ein Sensorsystem erkennt automatisch, ob ein Reboard-Sitz montiert wurde und blockiert selbsttätig die Aktivierung des Beifahrer-Airbags (Sitzbelegungserkennung, abschaltbar per Schlüssel oder deaktivierbar über die Fachwerkstatt). Im Sitzpolster befinden sich links und rechts zwei Mini-Antennen und ein Mikrocomputer, der ein codiertes Abfragesignal aussendet. Spezielle Empfangsgeräte (Transponder) im Sockel des Kindersitzes entschlüsseln den Code und strahlen ein Antwortsignal aus, das über die Sitzantennen an die Airbag-Elektronik geleitet wird. Eine Kontroll-Leuchte informiert den Fahrer über die Arbeit der automatischen Kindersitzerkennung. Gurtstraffer, Sidebag und Window-Bag bleiben eingeschaltet und bieten dem kleinen Insassen in seinem Kindersitz beim Unfall zusätzlichen Schutz.

Kurvenlicht

(AFS, AFL)

In verschiedenen Pkw der Mittel- und Oberklasse installierte aktive, über das ESP-System und die Lenkradstellung beeinflusste Kurvenausleuchtung. Bei Audi wird das Sicherheitssystem als Adaptive Light Control bezeichnet, bei Toyota/Lexus heißt es Adaptive Front Lighting System (AFS). Aber auch Massenhersteller ziehen nach: beispielsweise Opel mit dem Adaptive Forward Lightning (AFL), ausgelegt als Kombination von Xenon-, feststehendem Abbieg- und aktivem Kurvenlicht. Für den Ford Focus wird ein Kurvenlicht in Kombination mit preisgünstigeren H7-Leuchten offeriert.

Nachtsicht-Assistent

(Nachtlicht, Night Vision)

Nachtsichtgeräte für den militärischen und zivilen Bereich gibt es schon lange; sie bedienen sich der Infrarot-Technik: Sie macht aufgrund der Wärmeausstrahlung Objekte und Personen „sichtbar“, die zu diesem Zeitpunkt mit dem menschlichen Auge noch nicht wahrgenommen werden. Zwei Technologien stehen dabei gegenüber: Nahbereichs-Infrarot NIR (von Objekten, Straße und Personen reflektiertes Licht einer Infrarot-Lichtquelle wird per Extra-Kamera aufgenommen und bildlich auf einem Display gezeigt) und Fernbereichs-Infrarot FIR (hier registriert eine Wärmebildkamera die Abstrahlungswärme von Personen und Objekten, ohne das eine separate Infrarot-Lichtquelle am Fahrzeug nötig ist).

Nachtsicht-Assistent in der neuen Mercedes S-Klasse (W 221)

Nachdem Cadillac bereits in den Neunzigerjahren mit seinem Night

Personen im Halbdunkel werden dank Nachtsicht-Assistent rechtzeitig erkannt

Vision System vorgaloppiert war, kommen BMW und Mercedes Ende 2005 mit weiterentwickelten Systemen. Das BMW-Night Vision mit FIR-Technologie „sieht" 300 Meter weit, für höhere Fahrgeschwindigkeiten ist ein digitaler Zoom (aktivierbar über den i-Drive-Controller im entsprechenden Menü) vorhanden, der weiter entfernte Objekte am Bildschirm vergrößert darstellt. Vielversprechend: Bei 100 km/h ergibt sich ein Zeitgewinn von bis zu fünf Sekunden gegenüber der Erkennbarkeit von Objekten mit Fernlicht.
Für die neue Mercedes S-Klasse ist dagegen ein Nachtsicht-Assistent (Aufpreis rund 1500 Euro) mit zwei Infrarot-Scheinwerfern plus Infrarot-Kamera zu haben. Dieses auf der NIR-Technologie beruhende System macht hellgekleidete Personen aus einer Entfernung von 210 Metern sichtbar, bei dunkel gekleideten Objekten sind es noch 164 Meter – ein deutlicher Sicherheitsgewinn gegenüber Abblendlicht. Interessant ist die Wiedergabe des Geschehens auf der Straße: Im Nachsichtmodus verschwindet der auf dem Display ansonsten eingeblendete Rundtacho, stattdessen ist nun das per Infrarot hergestellte Schwarzweiß-Bild zu sehen – die Geschwindigkeit kann nun als horizontale Balkendarstellung abgelesen werden.

Notlicht

Moderne Automobile verzichten zugunsten von Datenbussen (→ 76) in vielen Bereichen auf komplizierte Kabelbäume und setzen dafür Steuergeräte ein. Beim Defekt eines Steuergeräts oder einer Datenleitung muss dennoch die Fahrzeugbeleuchtung funktionieren. Das Notlichtsystem verhindert deshalb den Ausfall der kompletten vorderen und hinteren Fahrzeugbeleuchtung.

PRE-SAFE
(Pre Collision PCS)

Vorbeugend agierendes Insassen-Sicherheitssystem, das zuerst im Mercedes S (ab Herbst 2002), dann auch in anderen Mercedes-Typen und bei Toyota zum Einsatz kam. Damit startete eine neue Ära der Fahrzeugsicherheit – denn aus der Unfallforschung war längst bekannt, dass bei mehr als zwei Dritteln aller Verkehrsunfälle kritische Situationen vorausgingen. Die Zeit vor dem Crash blieb bis dahin ungenutzt für den passiven Insassenschutz.
PRE-SAFE der neuesten Generation agiert präventiv, weil das System einen drohenden Unfall vorab erkennt und sofort Maßnahmen zur Kollisionsminderung einleitet. Wird also ein drohender, nicht mehr zu verhindernder Crash erkannt, verstärkt das System im Zusammenwirken mit dem Bremsassistent die Bremskraft aufs Maximum, werden bei adaptivem Fahrwerk die vorderen Stoßdämpfer versteift, die Gurte gestrafft, alle elektrisch einstellbaren Sitze (auch hinten) in eine optimale Position gerückt sowie Fenster und Schiebedach geschlossen. PRE-SAFE ersetzt aber keineswegs die bewährten Rückhaltesysteme, sondern es ergänzt

PRE-SAFE für vorausschauenden Insassenschutz

PRE-SAFE-Gurtstraffer

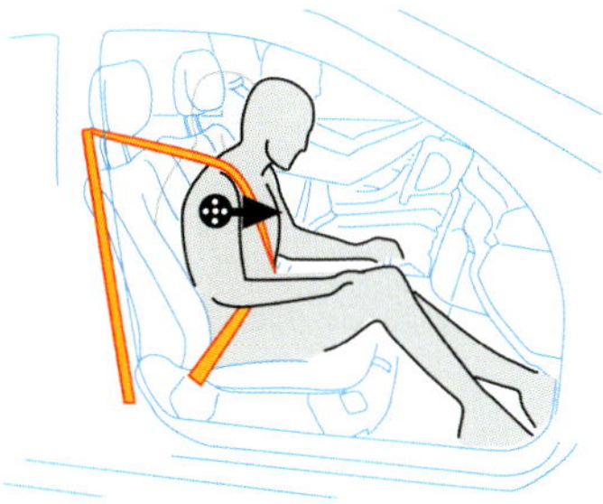

Bei einer Notbremsung bewegen sich die Insassen nach vorne. Das PRE-SAFE-System aktiviert vorsorglich die Gurtstraffer

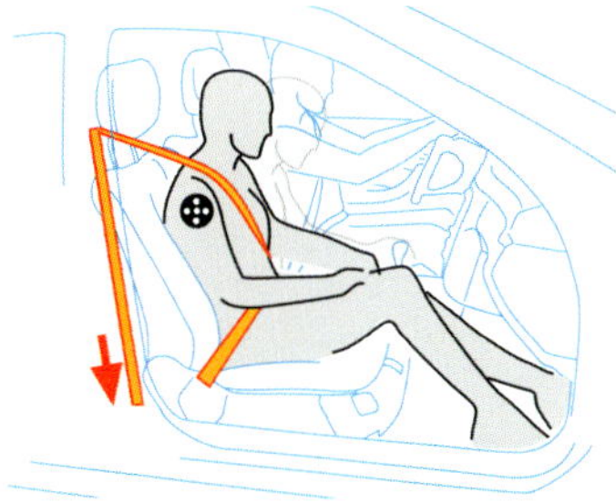

Der PRE-SAFE-Gurtstraffer verringert die weitere Vorverlagerung der Insassen und bringt sie in eine sichere Position

PRE-SAFE-Sitzverstellung

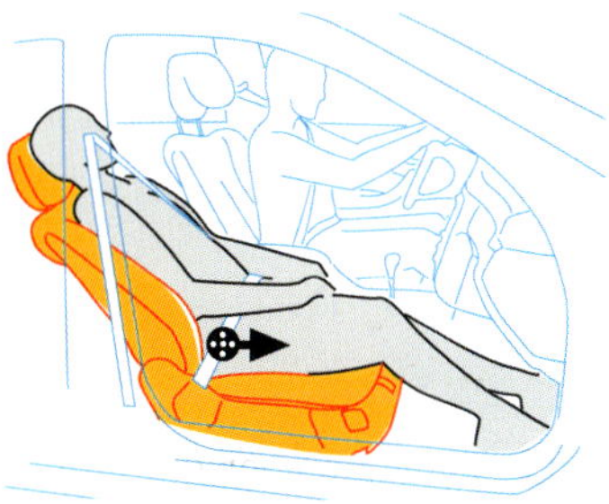

In einer solchen Sitzposition können Gurt und Airbag ihre Schutzwirkung nicht voll entfalten

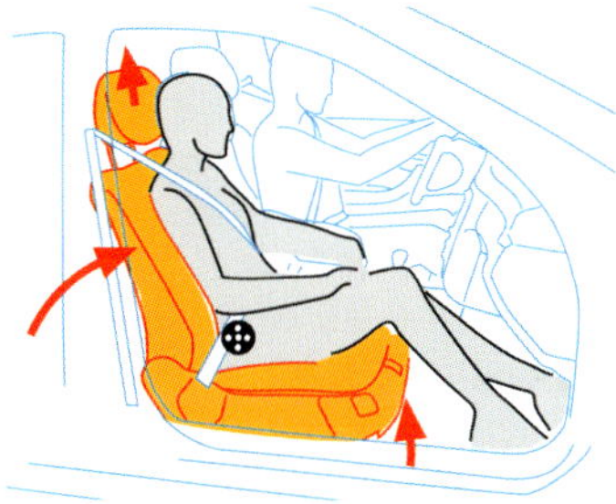

Vor einem drohenden Unfall verändert das PRE-SAFE-System automatisch die Einstellung von Rückenlehne, Kissen und Kopfstütze

PRE-SAFE-Schutzmaßnahmen

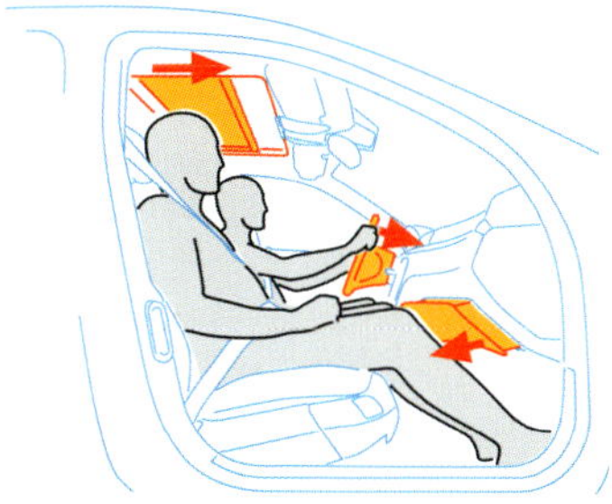

Erkennt das PRE-SAFE-System eine Gefahrensituation, schließt es automatisch das Schiebedach. Herausfahrende Kniepolster sind aber noch nicht in Serie

Front-, Side- und Windowbags sowie Gurtstraffer, die ihre volle Leistungsfähigkeit behalten bzw. entsprechend besser entfalten können.

Möglich wird dies durch eine Systemvernetzung mit dem ABS, dem Bremsassistenten und dem ESP. So steht auch die entsprechende Sensorik einschließlich der Steuergeräte bereits zur Verfügung. Findet der Unfall nicht statt, lässt die Straffung der Gurte automatisch nach – das Auto kann nun weiterhin genutzt werden, ohne dass etwa ein Reset durch die Werkstatt notwendig wäre.

Reifendruck-Kontrolle
(RDC, TCS)

Drucksensor in der Felge

Zu den Frühwarnsystemen zählt ein von fünf deutschen Automobilherstellern gemeinsam entwickeltes automatisches und permanentes Kontrollsystem für den Reifenluftdruck. Die Hightech-Variante besteht aus einer Sensorik an jedem der vier Räder sowie am Ersatzrad, die den Fülldruck und die Temperatur der Pneus permanent überwacht. Diese Sensoren sind mit Hochfrequenz-Sendern kombiniert, deren Signale spezielle Antennen innerhalb der Radhäuser empfangen. Sie leiten die Informationen dann per CAN-Datenbus (→ 76) an ein zentrales Steuergerät weiter. Der Rechner vergleicht die aktuellen Luftdruckwerte mit gespeicherten Soll-Daten, die von der jeweiligen Geschwindigkeit des Wagens und dessen Beladungszustand abhängen. Bei Unterschreitung des Soll-Drucks wird der Fahrer über ein Display informiert, an welchen Reifen er den Luftdruck korrigieren sollte. Erkennt die Sensorik einen schnellen Druckabfall in einem der Reifen, schickt es sofort eine Gefahren-Warnung – das System fordert den Autofahrer in diesem Fall auf anzuhalten und den Zustand der Reifen zu überprüfen.

Ein anderes, von vielen Automobilherstellern im In- und Ausland angebotenes Reifendruck-Kontrollsystem arbeitet weniger aufwändig und ist darum bedeutend preisgünstiger. Über die ABS-Sensorik wird permanent ermittelt, ob es Umfangsänderungen an einem der vier Räder gibt, die ja bei einem Luftdruckverlust auftreten würden. Dies wird im Display angezeigt, allerdings ohne eine Identifizierung des entsprechenden Reifens.

Reifendruckanzeige im Instrumententräger

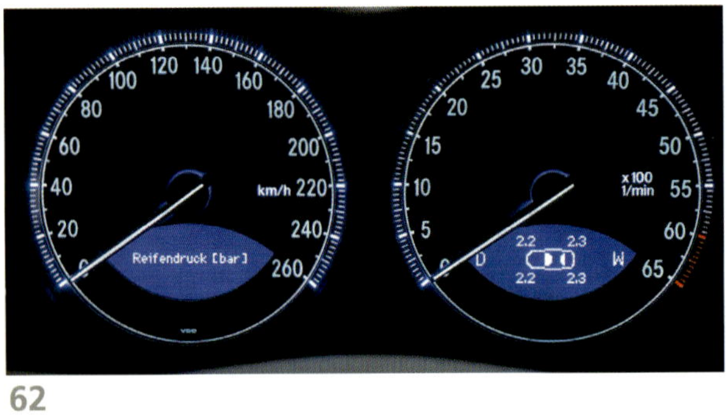

So sinnvoll ist eine Reifendruck-Kontrolle !

Weil sich Reifenschäden in 80 Prozent aller Fälle mit schleichendem Druckverlust ankündigen, erhöht die RDC die aktive Sicherheit. Insbesondere die gefährlichen „Platzer" während der Fahrt, die durch übermäßige Walkarbeit als Folge zu niedrigen Luftdrucks entstehen, werden vermieden. Auch bei schnellem Druckverlust, etwa nach dem Überfahren von Glasscherben, kann die frühzeitige Warnung vor fatalen Folgen schützen. Darüber hinaus zahlt sich der ständig überwachte und korrekte Reifenluftdruck in weniger Abrollgeräusch, weniger Verbrauch und weniger Reifenverschleiß aus..

Seitenaufprallschutz
(SIP, SIPS, POSIP)

Weit über 40 Prozent aller Pkw-Unfälle mit Todesfolge sind Seitenkollisionen. Und der Anteil dieses Unfalltyps an den Verkehrsunfällen mit verletzten Pkw-Insassen hat sich seit 1985 mehr als verdoppelt. Deshalb ist der Seitenaufprallschutz (Side Impact Protection) für das Sicherheitskonzept von Personenwagen sehr wichtig.

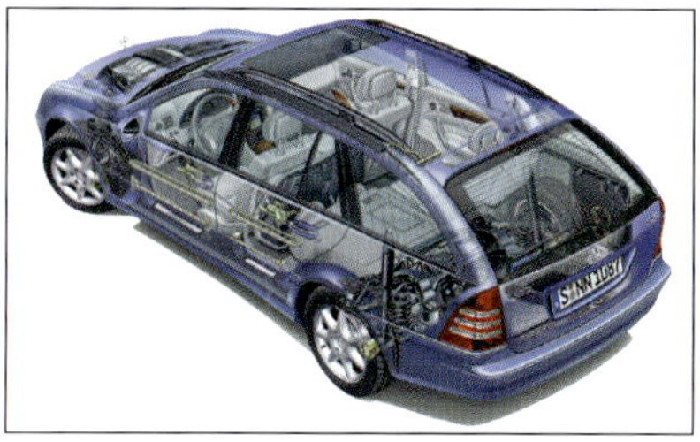

Seitliche Verstärkungen in den Türen

Ein wirkungsvoller Seitenaufprallschutz besteht aus mehreren Maßnahmen. Dazu gehören:

- verstärkte seitliche Schweller, die sich an stabilen Querträgern abstützen,
- Türen und Seitenwände mit aufeinander abgestimmten Verstärkungsprofilen,
- stabile Türscharniere
- Sitze mit besonders stabilen Kissen- und Lehnenrahmen
- stabile, mehrschalige A-, B- und C-Säulen vor allem im Dachbereich.

Zusätzlichen Schutz bieten spezielle Innenraumpolsterungen aus energieabsorbierenden Prallelementen sowie Seiten- und Windowbags (→ 64, 65).

Selbstleuchtendes Kennzeichen

Diese neuen, relativ teurenKennzeichen leuchten von innen heraus und garantieren nicht nur bei Nacht eine absolut gleichmäßige Ausleuchtung der Nummerntafel. Sie sind besser zu erkennen und damit sicherer und machen auch die üblichen Lampen neben, über und oberhalb des Schildes überflüssig. Die integrierte Beleuchtungseinrichtung besteht aus einer Elektrolumineszenz-Folie als Lichtquelle hinter einer teiltransparenten und reflektierenden Leuchtfolie, auf der die Beschriftung aufgebracht werden kann. Eine ultraschallverschweißte, durchsichtige Lichtscheibe schließt das Gehäuse nach vorn dicht ab. Dieses Durchlichtverfahren beleuchtet die ganze Fläche des Kennzeichens von hinten und lässt bei Dunkelheit die Schrift als schwarze Maske deutlich hervortreten. Außerdem ist das Kennzeichen gut gegen äußere Einflüsse wie zum Beispiel durch Waschanlagen geschützt.

Selbstleuchtende Kennzeichen sind nachts besser zu sehen

Side-Assist
(BLIS)

Mittels Radarsensorik ausgestattete Totwinkel-Erkennung, die den Fahrer bei der Durchführung von Spurwechseln unterstützt. Sie warnt, wenn der Blinker gesetzt ist, aber sich seitlich ein anderes Auto annähert oder bereits im toten Winkel schwimmt, das der Fahrer übersehen hat. Das System lässt sich mit dem Spurhalte-Assistenten kombinieren. Audi zeigte einen solchen Systemverbund in seiner Allroad-Studie vom Januar 2005;

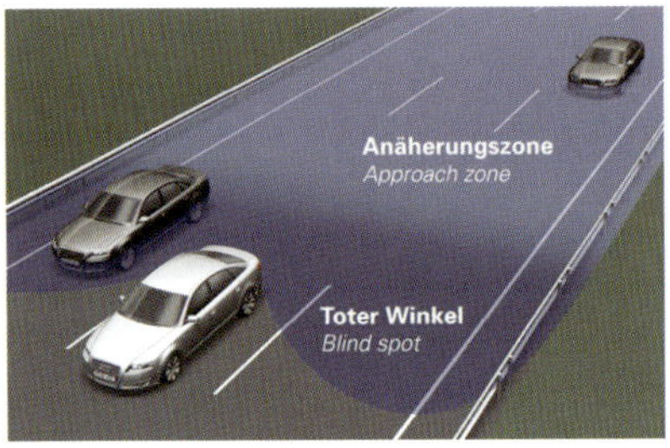

eine erste Serieneinführung erfolgt im großen SUV Q7: Die Warnung erfolgt hier durch Signallichter im Außenspiegel. Auch Volvo bringt ein sogenanntes Blind Spot Informationen System (BLIS) in Serie – zuerst im Herbst 2005 im XC 90, danach im S 60, V 70 und XC 70.

Spurhalte-Assistent

Durch Videokamera und rechnerische Bildverarbeitung gesteuertes System, das Honda, Citroën und Audi in Serie bringen. Überfährt das Fahrzeug eine Fahrbahnmarkierung, ohne dass der Fahrer den Blinker setzt, gibt's eine Rückmeldung – etwa durch vibrierende Sitze oder durch Lenkradvibration.

Eine Bildverarbeitung erkennt die Markierungslinien und berechnet daraus die Lage des Autos in der Spur. Es sind Annäherungswarnungen und Überfahrungswarnungen umsetzbar. Im Audi Quattro Concept Car lässt sich diese Auslegung übers MMI-System einstellen.

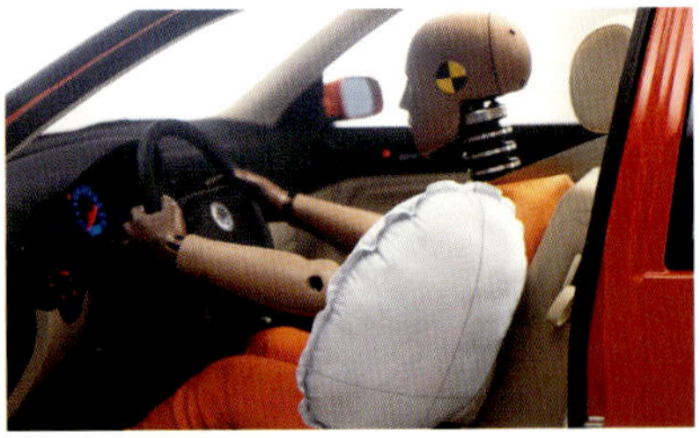

Ein Seitenairbag schützt den Oberkörper

Sidebags
(Seitenairbags)

Sidebags sind meist nur in den vorderen Türen des Autos oder in den Außenkanten der Sitzlehnen untergebrachte Airbags. Sie sollen vor allem den Thorax-Bereich schützen. Sie schieben sich bei einem Crash blitzschnell zwischen Insassen und Türinnenverkleidung. Sie ergänzen die Sicherheitsmaßnahmen gegen Seitenaufprall (Window-Bag → 65, Seitenaufprallschutz → 63).

Tagfahrlicht

Diese Einrichtung erlaubt es, die Lichtanlage eines Fahrzeugs so zu programmieren, dass sich Abblend-, Stand-, Schluss- und Kennzeichenlicht immer automatisch nach

Tagfahrlicht bringt Sicherheit

dem Anlassen des Motors einschalten. 2005 forderten rund 20 europäische Länder (darunter Österreich, Skandinavien und viele Staaten Osteuropas) aus Sicherheitsgründen das tageszeitliche Fahren mit Licht – Zuwiderhandlungen werden bestraft.

Trust

Trust steht für Traktions- und Stabilitätskontrolle und soll – ähnlich wie ESP → 50) helfen, kritische Fahrzustände zu vermeiden. Im Prinzip handelt es sich bei Trust um eine perfektionierte Antriebsschlupfregelung (→ 150). Erkennt der Rechner des Motormanagements, dass die Querbeschleunigung kritische Werte erreicht, schließt er die Drosselklappe zunehmend. Liefern die Sensoren für Raddrehzahl und Querbeschleunigung Werte, die auf beginnendes Übersteuern deuten, kuppelt der Rechner automatisch aus. Dann können die Hinterräder maximale Seitenführungskraft aufbauen. Untersteuert das Auto, nimmt der Computer Gas weg. Jeden seiner Eingriffe stimmt der Rechner zudem auf den jeweiligen Reibwert zwischen Reifen und Straße ab, den er aus dem Drehverhalten der Räder ermittelt.

Window-Bags
(Kopfairbag, Curtain-Bag)

Die Window-Bags wurden entwickelt, weil Unfallanalysen hohe Verletzungsrisiken bei seitlichen Kollisionen ergeben haben. Wegen der unterschiedlichen seitlichen Aufprallwinkel und weil sich die Auto-Insassen im Fahrzeug bewegen, entwickelten die Fachleute ein großflächiges Luftpolster, das sich bei einem Crash wie ein Vorhang von der vorderen bis zur hinteren Dachsäule vor den Seitenfenstern entfaltet und vor allem den Köpfen der Insassen bestmöglichen Schutz bietet. Dies gilt für Front- wie auch für Fond-Passagiere. Es verhindert den Aufprall des Kopfes gegen Seitenscheibe, Dachsäulen oder Dachrahmen und hält zudem Glassplitter oder andere Gegenstände zurück, die zum Beispiel bei einem nachfolgenden Überschlag in den Innenraum eindringen und

Ein Window-Bag (oben) schützt den Kopf

Verletzungen verursachen können. Deshalb bleibt der Window-Bag auch noch nach dem Crash einige Sekunden lang gefüllt.
Die Luftpolster solcher Window-Bags bestehen meist aus mehreren Kammern, die sich beim Crash in weniger als 30 Tausendstel Sekunden aufspannen. Untergebracht sind die Window-Bags hinter den Innenverkleidungen der Dachrahmen und der C-Säulen, die sie im Falle eines Unfalls nach innen drücken, um sich entfalten zu können. Selbst Cabrios wie Porsche Boxster und 911 werden mittlerweile mit kombinierten Head-Thorax-Bags ausgestattet. Im Fall des Falles blasen sie sich bis in Kopfhöhe auf.

Winterfahr-Programm

Moderne Automatikgetriebe passen sich nicht nur dem Fahrstil des jeweiligen Fahrers, sondern auch den Witterungsumständen an. Per Knopfdruck kann dann ein so genanntes Winterfahr-Programm aufgerufen werden. Es erleichtert das Anfahren auf vereisten und verschneiten Straßen erheblich, indem es den Krafteinsatz dosiert und hohe Gänge wählt. Um auch bei Rückwärtsfahrt für den Winter gerüstet zu sein, bietet das Winterfahrprogramm manchmal sogar einen länger übersetzten zweiten Rückwärtsgang.

WOW 92.7

Bequemlichkeit ist keine Verschwendung

Eine durchdachte Innenausstattung mit hochwertigen Materialien strahlt nicht nur Luxus aus, sondern leistet auch einen Beitrag zur Verkehrssicherheit. Denn wer komfortabel fährt, von der Klimaanlage auf angenehmer weil optimaler Betriebstemperatur gehalten und von Bedienungselementen nicht überfordert, der kann sich mit ganzer Aufmerksamkeit dem Straßenverkehr widmen.

Komfort erhöht die Sicherheit

Muss ein Auto komfortabel sein? Oder sind Komfortattribute überflüssiger Luxus für wohl gefüllte Brieftaschen? Die Autohersteller sind sich in der Antwort einig: Komfort hat zwar mit Bequemlichkeit und Luxus zu tun, aber nicht nur. Im Gegenteil: Sinnvoller Komfort leistet einen wichtigen Beitrag zur Verkehrssicherheit, denn er beeinflusst entscheidend, wie wohl sich ein Autofahrer fühlt, wie leistungsfähig er auch auf längeren Fahrstrecken ist, kurz: wie es um seine Kondition bestellt ist. Schließlich fordert das Autofahren Körper und Geist fortwährend eine nicht unerhebliche Leistung ab.

Die Kondition eines Autofahrers ist deshalb mit entscheidend für verkehrssicheres Verhalten. Das haben Untersuchungen in den letzten Jahren eindeutig ergeben. Wer nicht nur von den unterschiedlichen Verkehrssituationen gefordert wird, sondern sich darüber hinaus von seinem eigenen Fahrzeug durch Lärm, unbequeme Sitze und komplizierte Bedienung genervt fühlt, fährt automatisch unkonzentrierter und damit auch

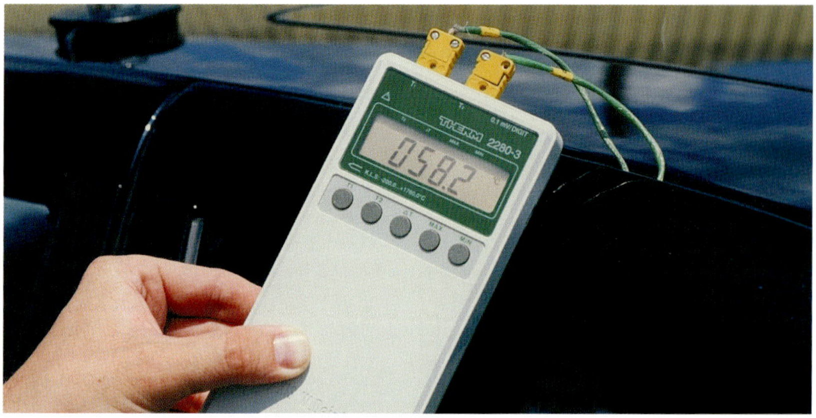

Konditionsmessung bei über 58 Grad Celsius

Aufwändige Messelektronik weist nach, dass Komfort den Stress senkt

unsicherer. Ausgeruhte und entspannte Fahrer können sich besser auf das Verkehrsgeschehen konzentrieren und reagieren in unvorhergesehenen Situationen schneller und besser.
Aus diesem Grund verknüpfen die Automobil-Hersteller seit einigen Jahren den Begriff „Komfort“ immer mehr auch mit der relativ neuen Disziplin der „Konditionssicherheit“. Erklärtes Ziel ist es, Autos so zu bauen, dass sie Stress von Fahrern und Passagieren möglichst fern halten.

Stress ist Überbeanspruchung!

Aber nicht nur überflüssigen Stress wollen Autobauer vermeiden, sondern auch sein Gegenteil, die Ermüdung. Die Grundprinzipien kennt jeder aus eigener Erfahrung: Stress registriert der Körper als Überbeanspruchung, Monotonie führt zu Unterbeanspruchung. So gegensätzlich diese Extreme auch sind, sie zeigen ähnliche Folgen: Im Auto bedeutet beides herabgesetztes Wohlbefinden und vermehrte Fahrfehler.
Die wichtige Disziplin „Konditionssicherheit“ bildet deshalb die Grundlage für ein perfektes Miteinander von Mensch und Fahrzeug. Diese Ziele erreichen die Entwicklungsingenieure beispielsweise durch ein hohes Maß an Sitzkomfort, gute Sichtverhältnisse, leicht bedienbare Schalter, ein niedriges Geräuschniveau, selbstständig arbeitende Systeme, die dem Fahrer weniger Bedienungsschritte abverlangen, und durch ein angenehmes Raumklima.

Stressindikator Herzfrequenz

Beispiel Klimaanlage. In den USA galt sie längst als genau so unverzichtbares Zubehör wie das Lenkrad, als die Europäer sie noch herablassend ablehnten, weil sie den Kraftstoffverbrauch erhöhte und überhaupt viel zu teuer schien – zu teuer für reinen Komfortgewinn. Diese Haltung hat sich längst geändert, denn ausführliche wissenschaftliche Untersuchungen an den heißesten Orten der Welt – wie im amerikanischen Death Valley – zeichnen ein ganz anderes Bild: zur Annehmlichkeit kommt die Sicherheit.

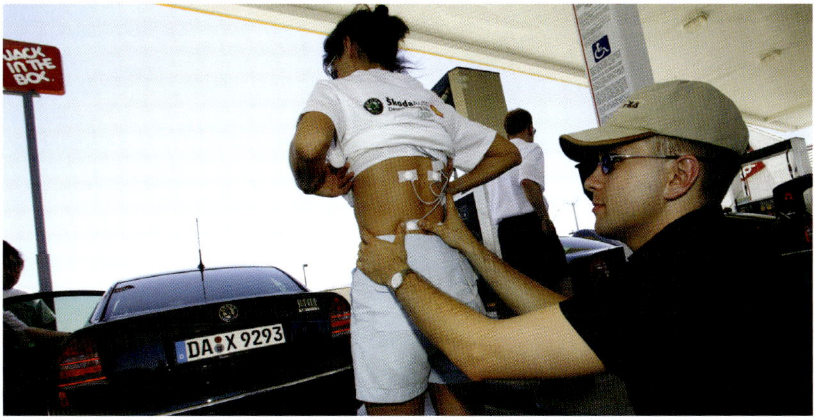

Medizinische Versuche im Death Valley. Auch Skoda, obwohl gar nicht auf dem US-Markt vertreten, testet hier

Diese Versuche wurden mit äußerster Sorgfalt durchgeführt. Die Mediziner verließen sich bei ihren Untersuchungen nicht auf den subjektiven Eindruck ihrer Testpersonen, sondern rückten mit ausgefeilter Gerätschaft aus, um die Effekte, die eine Klimaanlage hervorruft, mit wis-

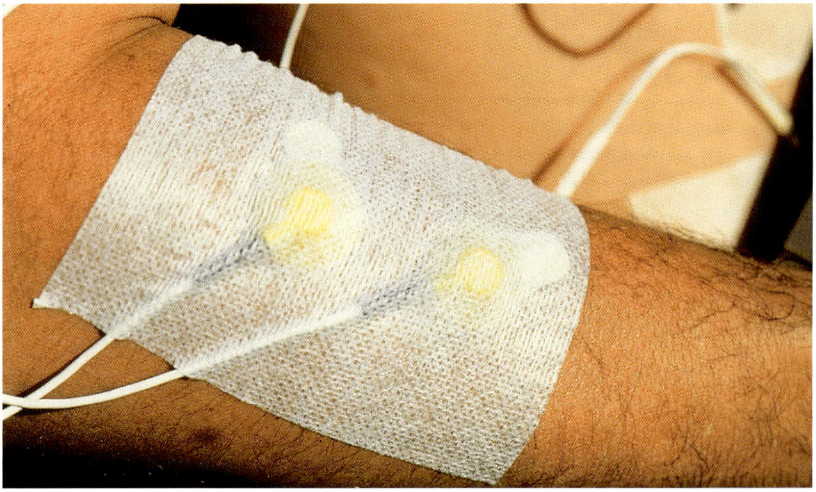

Messen der Muskelspannung mit Elektroden

senschaftlichen Methoden zu messen und objektiv zu dokumentieren.
Elektroden an den Körpern der Testpersonen erfassten sowohl die Herzfrequenz als auch die Änderung der Muskelspannung. Beides sind Messgrößen, die in direktem Zusammenhang mit der Konditionssicherheit stehen.
Stress ist zwar ein komplexer körperlicher Vorgang und zeigt im Körper vielfältige Wirkung – er beeinflusst beispielsweise Atmung, Hormonhaushalt, Adrenalinausschüttung und vieles mehr. Aber da viele dieser Faktoren nur unter Laborbedingungen sinnvoll erfasst werden können, verwendeten die Konditionssicherheitsforscher die Herzfrequenz als Messgröße. Frühere Untersuchungen haben nämlich gezeigt, dass die Herzfrequenz in einer stabilen Beziehung zur Intensität der psychischen Beanspruchung steht. Im Klartext: Herzfrequenzerhöhungen können als Stresssignale interpretiert werden. Die Wissenschaftler sprechen in diesem Zusammenhang von so genannten ermüdungsbedingten Stabilitätsverlusten.
Mediziner erklären den Anstieg der Herzrate in diesem Fall als ergotrope Reaktionslage des Organismus. Dieser Zustand dient der Erhöhung der Leistungsbereitschaft. Das bedeutet: Der Körper fühlt, wie ihn Stress belastet, und fordert automatisch von sich selbst mehr Reserven ab.
Gleichzeitig registrierte die Messelektronik die elektrische Muskelaktivität als Elektromyogramm (EMG). Sie verläuft parallel zu verschiedenen psychologischen Prozessen. So zeigt sie Handlungsbereitschaft an, die bei Stress und Ermüdungszuständen verstärkt zu beobachten ist. Am Nacken abgenommen, ist das EMG eng mit der erlebten Anspannung verbunden – die Muskelanspannung entspricht hier direkt der inneren Anspannung.

Der Fahrstil wird eckig

Genau dieser Effekt zeigte sich bei ausgedehnten Hitzefahrten, die zum Vergleich mit und ohne eingeschaltete Klimaanlage durchgeführt wurden. Durch die Wärme hätte die Muskelanspannung eigentlich nachlassen müssen. Aber das EMG zeigte bei ansteigender Wärme stets auch ansteigende Muskelaktivität. Schuld

Hitze bedeutet einen deutlichen Anstieg des Stresspegels

daran sind zunehmende Nervosität und die unter Stress eckige Fahrweise der Versuchspersonen.

Dieses Bild extremen Stresses änderte sich bei diesen Versuchen aber immer dann, wenn die Klimaanlage eingeschaltet wurde. Schon nach wenigen Minuten zeigten die Sensoren sinkende Temperaturen im Innenraum an. Parallel dazu entspannte sich die Situation hinter dem Lenkrad langsam. Die Herzrate ging deutlich zurück, und auch die Elektromyogramme, welche die Muskelaktivitäten festhielten, zeigten rasche Entspannung, nachdem die Klimaanlage eingeschaltet wurde. Die Versuchspersonen fuhren deutlich konzentrierter und sicherer, kleine Fahrfehler wurden seltener gemacht.

Ein kühler Kopf hinter dem Steuer ist also immer gefragt. Und medizinisch ist klar, dass eine Klimaanlage nicht nur vordergründig dem Komfortgewinn dient, sondern auch nachhaltig der Sicherheit. Nach Ansicht der Verkehrsmediziner ist eine Autoklimaanlage jedoch nicht nur unter Wüstenbedingungen mehr als ein Komfort-Extra. Sie kann auch im Alltag entscheidend zur Verbesserung der Konditionssicherheit beitragen, denn sie schafft ein optimales Klima, dessen Luftfeuchtigkeit nur zwischen 25 und 30 Prozent beträgt. Die Autoinsassen fühlen sich dadurch frischer und entspannter, was sich positiv auf die Konzentrationsfähigkeit und das Leistungsvermögen auswirkt. Überdies sorgt eine Klimaanlage im Herbst und Winter für ungetrübte Rundumsicht, weil die getrocknete Luft jene Feuchtigkeit aus dem Innenraum aufnimmt, die zum Beschlagen der Scheiben führen kann. Das ist ebenfalls ein Sicherheitsgewinn.

Extreme Temperaturunterschiede zwischen Innen und Außen

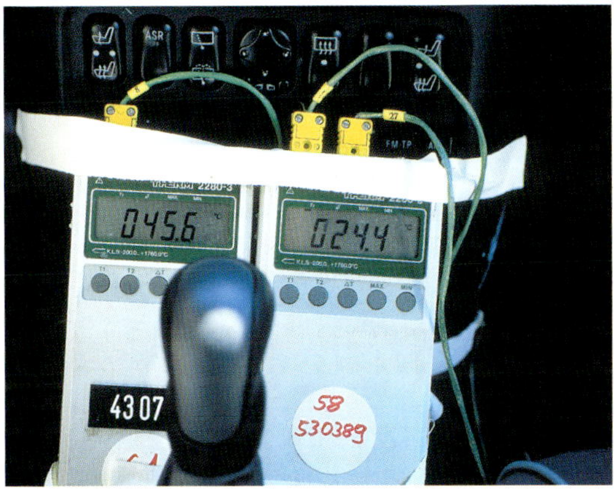

Aktivkohlefilter

Aktivkohlefilter sorgen wirksam für saubere Luft im Auto, indem sie die Außenluft von vielen Schadstoffen befreien, ehe diese ins Wageninnere gelangt. Partikelfilter mit einer meist mehrlagigen Füllung aus poröser Kokus-Aktivkohle zeichnen sich vor allem durch eine gigantische Filterfläche aus. Sie entspricht in den meisten Fahrzeugen der Größe von zehn bis 100 Fußballfeldern! Diese große Fläche absorbiert Allergene, lästige Gerüche und Luftschadstoffe wie Stickoxide und Kohlenwasserstoffe und bleibt über einen langen Zeitraum von rund vier Jahren (oder etwa 60 000 Kilometer Fahrstrecke) aktiv.

Insassen können den Aktivkohlefilter meist durch Knopfdruck am Bedienteil der Klimaanlage zuschalten. Aktivkohlefilter gehören nur bei wenigen Automodellen zur Serienausrüstung. Sie müssen meistens als Zubehör erworben werden.

So sinnvoll sind Aktivkohlefilter !

Diese Filter filtern Schadstoffe und üble Gerüche aus der Luft. Sie steigern damit das Wohlbefinden. Allerdings können sie nicht alle Schadstoffe ausfiltern. In Tunneln und Unterführungen sollte deshalb zusätzlich auf Umluft geschaltet werden.

Aktives Service-System (ASSYST)

Ein aktives Service-System macht die üblichen starren Ölwechselintervalle hinfällig. Es berechnet aus Sensordaten die tatsächliche Belastung des Motoröls und stellt einen bedarfsgerechten Wartungsplan für das Triebwerk auf. Kernstück ist ein Ölstandsensor, der vor zu hohem oder zu niedrigem Ölstand warnt und auch erkennt, wenn der Autofahrer frisches Öl nachfüllt. Dafür schlägt das System dem Wechselintervall einen Bonus zu. Außerdem überprüft der Sensor ständig den Zustand des Öls und meldet Veränderungen, wie zum Beispiel übermäßigen Metallgehalt und Verdünnungen durch Wasser- oder Kraftstoff, und warnt den Autofahrer.

Die Elektronik zur Berechnung des sinnvollen Servicepunkts berücksichtigt zusätzlich Messdaten wie Öltemperatur, Kühlmitteltemperatur, Drehzahl, Geschwindigkeit und Motorlast. Daraus erkennt es die tatsächliche Beanspruchung des Motoröls und berechnet den individuellen Wartungsplan. Das System informiert den Autofahrer durch eine entsprechende Anzeige darüber, wie viele Kilometer er bis zum nächsten Motorölwechsel noch zurücklegen und wie viele Tage oder Wochen er bis dahin voraussichtlich fahren kann.

Aktive Service-Systeme verlängern die Ölwechselintervalle in vielen Fällen – je nach Fahrweise und Motorbelastung auf 30 000 bis 50 000 Kilometer bei Benzinermodellen und Diesel-Fahrzeugen. Das bringt deutlich spürbare Einsparungen, kostet aber das teurere Longlife-Öl.

So sinnvoll ist ein aktives Service-System !

Mit diesen Systemen verlängern sich meist die Ölwechselintervalle, sodass sie Zeit und Geld sparen. Außerdem warnen sie automatisch, wenn der Ölstand in einen kritischen Bereich gerät.

Aktive Service-Systeme machen außerdem meist die manuelle Ölstandskontrolle mittels Peilstabs überflüssig. Stattdessen genügt ein Knopfdruck, um die gewünschte Information zu erhalten. Voraussetzung für die elektronische Ölstandskontrolle ist, dass das Fahrzeug auf einer ebenen Fläche steht und dass nach dem Abstellen des warmen Motors etwa fünf Minuten Wartezeit vergangen sind, bis das im Motor umlaufende Öl in die Ölwanne zurückgeflossen ist. Während der Fahrt arbeitet das System automatisch und meldet sich nur, wenn der Ölstand ein kritisches Niveau erreichen sollte.

Airscarf

Der „Luftschal" ist eine Nackenheizung in Roadstern und Cabriolets, erstmals eingesetzt im Mercedes SLK. Aus Belüftungsdüsen in den Kopfstützen strömt

warme Luft, die den Kopf und die Schultern bei geöffnetem Verdeck erwärmen. Bis 120 km/h passt sich die Warmluftverteilung optimal an, danach kommt eine konstante Einstellung zum Einsatz.

Autoradio

Moderne Autoradios haben sich zu mobilen Multimediasystemen entwickelt. Menügesteuerte Bedienerführungen, integrierte Navigationssysteme, Telefonieren übers

Vor fünfzig Jahren sah ein Autoradio noch sehr einfach aus

Autoradio – nach oben sind den Ansprüchen keine Grenzen gesetzt.

Autoradios werden hauptsächlich mit integriertem Kassettenlaufwerk oder als Kombigeräte mit CD-Player angeboten. Wollen Sie im Zeitalter der CD auch Kassetten hören, empfiehlt sich ein Autoradio mit Kassettenlaufwerk und mit einer Anschluss- und Steuerungsmöglichkeit eines CD-Wechslers über die Tastatur des Autoradios.

Außerdem werden neuerdings Autoradios mit eingebautem CD-Spieler für MP3-codierte Musik angeboten. Vorteil: Die Musik kann aus dem Internet heruntergeladen (oder natürlich auch von üblichen CDs überspielt) und mithilfe des Computers auf eine CD gebrannt werden. Auf diese Weise passen auf eine einzige CD mehr als 15 Stunden Musik. Die Qualitätseinbußen sind kaum merklich und im Auto leicht zu verschmerzen, denn die Umweltgeräusche sind ohnehin viel störender. Eine Alternative sind Radios mit MP3-Player und Mini-Disk.

Noch relativ neu ist das Digital Audio Broadcasting (DAB) – Digitalrundfunk mit speziellem, störungssicherem Übertragungsverfahren und vielen Servicediensten. Allerdings sind diese Dienste in Deutschland noch nicht flächendeckend zu empfangen. Der Ausbau geht jedoch zügig voran.

DAB-Autoradios wurden in Deutschland erstmals realisiert im Audi A6 und A8 sowie im BMW 7er. Künftig wird der Kundennutzen durch quellcodierten, sechskanaligen Surround-Sound über DAB noch weiter gesteigert werden.

Modernes DAB-Radio bietet verschiedenste Nutzungsmöglichkeiten

Bedienungskomfort

Aus Gründen der Fahrsicherheit sollten Sie ein Autoradio in erster Linie nach seinem Bedienungskomfort auswählen und dabei auf das Nachtdesign (→ 91) achten, damit Sie auch nachts die Bedienungstasten und Knöpfe finden.

Sinnvoll ist es, wenn das Radio über Tasten am Lenkrad (Multifunktionslenkrad → 89) bedient werden kann, ohne die Hände vom Lenkrad zu nehmen. Die Bedienung erleichtern auch integrierte Kommunikationssysteme wie Comand oder PCM (→ 77).

Ein Autoradio sollte möglichst mit folgenden Zusatzfunktionen ausgestattet sein:

Autoradio mit vielen Funktionen

- RDS/EON: Das Radio Daten System bietet einen enormen Empfangs- und Bedienungskomfort. Zusätzlich zur Frequenz erscheint der Name des Senders im Display des Radios. Weiterhin sorgt RDS für einen sauberen Empfang, bei Bedarf wird automatisch auf die beste Alternativfrequenz des eingestellten Senders umgeschaltet. Aktuelle Staumeldungen werden eingeblendet, auch wenn Sie keinen Verkehrsfunksender eingestellt haben.
- Balance/Fader: Diese Einrichtungen bieten Einstellungsmöglichkeit des Lautstärkeverhältnisses zwischen rechtem und linkem sowie vorderem und hinterem Stereokanal.

Sinnvoll ist auch eine Fahrgeräuschmaskierung. Dazu registriert ein mit dem Radio verbundenes Messmikrofon während der Fahrt die Umgebungsgeräusche. Die Anteile der Musik, die in diesen Fahrgeräuschen unterzugehen drohen, stellt ein digitaler Signalprozessor (DSP) im Radio lauter, sodass sie doch zu hören sind. Der DSP bietet noch weitere Funktionen wie etwa die Anpassung des Klangs an unterschiedliche Sitzpositionen im Fahrzeug.

Eine Vorstufe dazu ist die geschwindigkeitsabhängige Lautstärkeregelung (GAL). Sie reduziert beispielsweise die Lautstärke, wenn man die Autobahn verlässt, und die Umfeldgeräusche, die der Fahrtwind und hohe Motordrehzahlen verursachen.

Das Kassettenlaufwerk sollte diese Funktionen haben:

- Autoreverse: Die automatische Laufrichtungsumschaltung am Kassettenende macht das Umdrehen der Kassetten überflüssig.

So sinnvoll sind Autoradios !

Autoradios sind unbedingt zu empfehlen, weil sie aktuell über Verkehrsstörungen unterrichten und damit helfen, sie zu umfahren. Außerdem entspannt Musik während der Fahrt.

- Bandstraffer: Eine Vorrichtung, die nach dem Einlegen der Kassette das Band automatisch strafft, um „Bandsalat“ zu vermeiden.
- DOLBY: Ein Rauschunterdrückungssystem für Kassetten.

Marktentwicklung

Weil die Entwicklung der Unterhaltungselektronik immer schneller fortschreitet und mit Macht ins Auto drängt, verändert sich die Begehrlichkeit der Kunden. So verloren Autoradios mit Kassettenteil ihre Bedeutung, werden auch CD-Wechsler immer uninteressanter. Stattdessen kommen neue Produkte ins Auto – beispielsweise MP3-Wechsler, DVD-Wechsler (DVD-Radios heute ab 100 Euro aufwärts), Standardschnittstellen zur Anbindung weiterer Systeme. Erfreulicherweise werden diese Hightech-Produkte immer preisgünstiger.

Benutzer-Erkennung

Die Automobil-Hersteller bieten zunehmend elektronische Systeme an, die jeden berechtigten Fahrer erkennen und oft auch einen herkömmlichen Zündschlüssel überflüssig machen. Die meisten dieser Systeme basieren auf einem elektronischen Sender, der beispielsweise in einer Chipkarte untergebracht sein kann, und einem Empfänger im Fahrzeug, der einen gesendeten Code mit seinen gespeicherten Freigabecodes vergleicht. Denkbar sind aber auch andere Systeme, beispielsweise über Fingerabdruck, Retina-Abtastung oder Ähnliches. Benutzer-Erkennungen sollen Autos diebstahlsicher machen und hohen Schließkomfort bieten (Fahrberechtigungssystem, Elcode, Keyless-Go → 82)

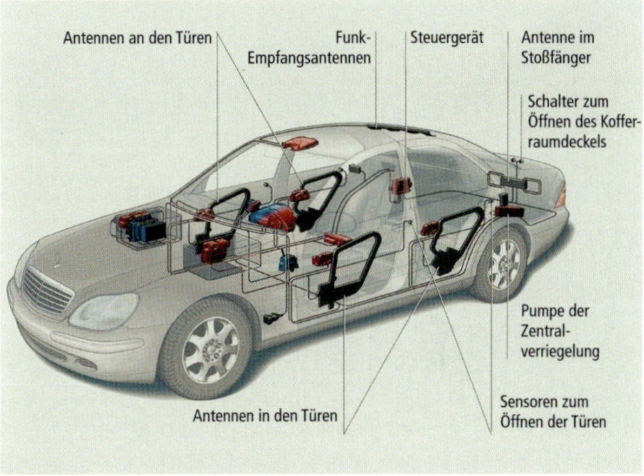

oben:
Früher genügte ein einfacher Schlüssel

unten:
Modernes System zur Benutzer-Erkennung

Bluetooth-Autoradio

Die Bluetooth-Technik wurde entwickelt, um Kommunikationssysteme kabellos zu vernetzen. Sie funktioniert zwar nur auf kurze Entfernung, ist dafür aber billig, weltweit einsetzbar, bietet eine hohe Übertragungsrate bei geringem Energieverbrauch, kann mögliche Übertragungsfehler korrigieren und hält für sensible Dokumente eine sichere Verschlüsselung bereit. Bei der Konzeption dieser Technik dachten die Elektroniker vor allem an Handys und Freisprecheinrichtungen sowie Notebooks. Bluetooth ist aber auch

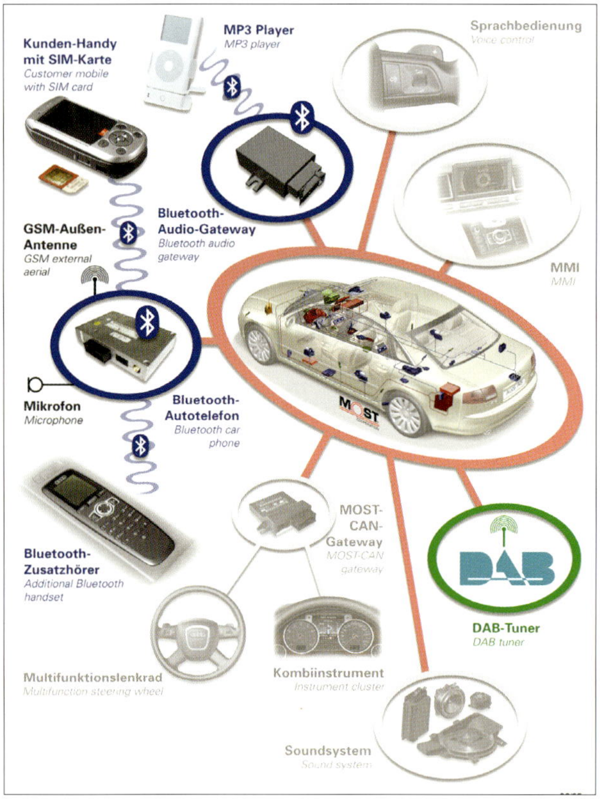

Bluetooth-Schnittstellen bringen eine unglaubliche Vielfalt elektronischer Features ins Auto

im Auto sinnvoll. Diese Kurzstrecken-Funkverbindung verknüpft jetzt beispielsweise Autoradios ohne Kabel mit Handys. Das so ausgerüstete Autoradio übernimmt automatisch die Sprachsignale eines bis zu zehn Meter entfernten Handys und stellt so seinen Lautsprecher als Freisprecheinrichtung zur Verfügung. Besonderer Vorteil: Diese Technik funktioniert mit jedem Handy, das bluetoothfähig ist – unabhängig vom Hersteller. Weitere Bluetooth-Vorteile:

- Laptop und Navigationssystem können Daten der Reiseroute und zusätzliche Reiseinformationen austauschen,
- Telefonnummern und Adressen aus der Datenbank des Organizers sind auch für das Autotelefon und das Navigationssystem verfügbar,
- Termine lassen sich automatisch aktualisieren,
- Kinder können auf dem Rücksitz fernsehen, per Kopfhörer Musik hören oder im Internet surfen.

CAN-Bus

Der CAN-Bus macht die Fahrzeugelektrik einfacher und erlaubt es doch, mehr elektronische und elektrische Systeme in einem Pkw zu steuern, zu regeln oder von ihnen Daten abzurufen und sie vielfältig zu kombinieren.

Der CAN-Bus (Controller Area Network) verbindet alle elektrischen und elektronischen Komponenten im Fahrzeug permanent miteinander, sodass im Grunde jedes Steuergerät auf die Daten jedes Sensors reagieren kann. In der Praxis bedeutet dies, dass in Zukunft vielfältige, heute kaum denkbare neue Funktionen im Fahrzeug vergleichsweise einfach verwirklicht werden können. Zum Beispiel verriegelt das Auto nach dem Anfahren automatisch die Türen zentral, und beim rückwärts Einparken klappt es automatisch den rechten Außenspiegel in Parkstellung, sodass der Randstein besser zu sehen ist. Es ist, als ob Heinzelmännchen mit an Bord wären.

Bus-Systeme sammeln und verteilen viele Daten und schaffen neue Möglichkeiten

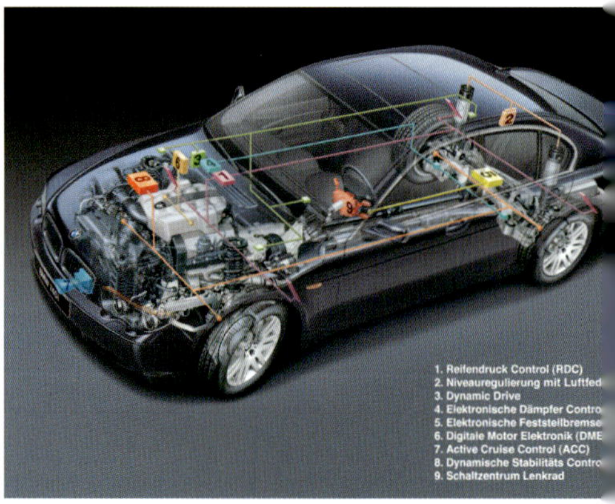

Weitere Möglichkeiten, die Bussysteme schaffen:

- Im Stau schließt die Klimaanlage automatisch die Klappen, um Abgase vom Vordermann auszusperren,
- der Heckwischer läuft, sobald der Rückwärtsgang eingelegt wird und es regnet,
- die Airbags zünden in einer dem individuellen Unfallgeschehen entsprechend sinnvollen Reihenfolge.

Das Bussystem benötigt im Prinzip nur ein einziges Datenkabel für den gesamten Informationsaustausch. Digitaltechnik erlaubt es, die verschiedensten, kompliziertesten Messdaten und Steuersignale in einfachen binären Kombinationen auszudrücken, die nur aus den Ziffern „1" und „0" bestehen. So kann eine große Anzahl von Informationen fast parallel und ohne Fehler über ein einziges Kabel geschickt werden.

Noch wichtiger: Die Daten werden nach dem Senderprinzip auf ihre Reise geschickt und stehen gleichzeitig jedem an den Bus angeschlossenen Steuergerät zur Verfügung. Als Sender fungieren im Auto beispielsweise Messsensoren, während Steuergeräte die Empfänger ihrer Messdaten sind. Damit diese nicht von einer Datenflut überschwemmt werden, ist der Bus so ausgelegt, dass die Steuergeräte selbst auswählen können, ob die einzelnen Informationen für sie wichtig oder unwichtig sind.

Eine weitere wichtige Eigenschaft von Bussystemen ist, dass in sie jederzeit weitere Steuergeräte eingeklinkt werden können. Das ist bei Automobilen dann wichtig, wenn zusätzliche Extras installiert werden sollen, die bisher über separate Leitungen mit den jeweiligen Bedien- und Steuerelementen verbunden werden mussten.

Außerdem ergeben sich verbesserte, umfangreiche Diagnosemöglichkeiten. Über eine zentrale Schnittstelle können Servicetechniker Einstellungen und Korrekturen vornehmen und Informationen über den jeweiligen Betriebszustand der verschiedenen Komponenten abrufen. Damit lässt sich nicht nur die Qualitätskontrolle in den Automobilwerken noch weiter verbessern, auch für die Wartung und Inspektion der Fahrzeuge bedeutet die Einführung der Datenbus-Technik einen großen Fortschritt.

Die Vorteile der Vernetzungsstrategie sind freilich nicht nur durch mehr Assisten-Systeme, mehr Komfort und mehr Variabilität zu beschreiben. So verbuchen die Entwickler auf der Habenseite auch

- Gewichtseinsparung durch weniger und kürzere Kabel,
- höhere Zuverlässigkeit durch weniger Kontaktstellen,
- kürzere Entwicklungszeiten für neue Funktionen und Systemerweiterungen oder Varianten,
- identische Hardware für unterschiedliche Baureihen und Modelle, die vor allem durch unterschiedliche Funktionssoftware angepasst wird,
- Einführung von Standardsoftware-Bausteinen,
- auf die Dauer bereits in der Grundausstattung geringere Kosten,
- zusätzliches Einsparungspotenzial durch geringeren Logistik- und Montageaufwand.

Comand
(PCM, i-Drive, MMI)

Comand (Cockpit Management and Data System) ist eine zentrale Bedieneinheit für Autoradio, Kassettenspieler, Soundsystem, Navigationssystem, Telefon, Uhr und TV-Gerät in einem, die DaimlerChrysler anbietet. Andere Automobilhersteller haben ähnliche Systeme entwickelt – etwa Porsche mit seinem Porsche Communication Management (PCM) oder

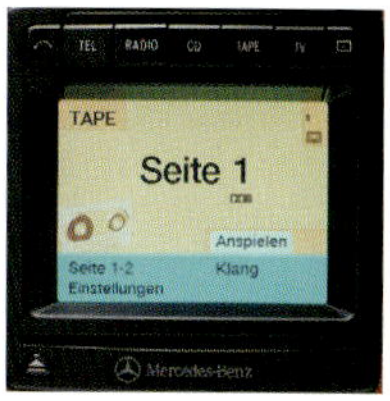

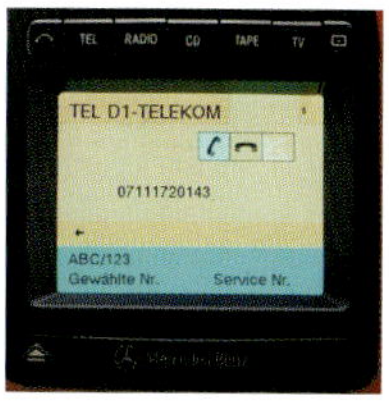

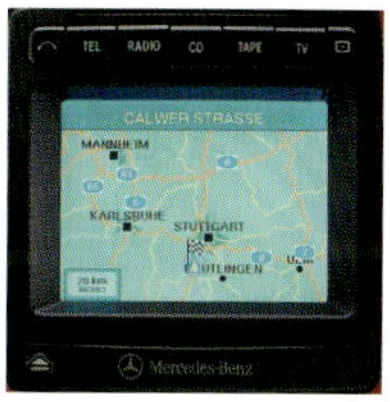

Das Comand-System steuert unter anderem Radio, Video, Telefon und Navigation

Audi mit dem MMI. Kernstück für Comand ist ein LCD-Farb-Display mit zwölf Zentimetern Diagonale, auf dem alle Bedienanzeigen und Informationen erscheinen. Dahinter verbirgt sich ein 32-Bit-Prozessor, der alle Funktionen steuert, Programme verwaltet und überdies in der Lage ist, Video- oder TV-Bilder auf das Display zu übertragen. Außerdem sind in dem zentralen Bediengerät der Navigationsrechner des dynamischen Auto Pilot Systems (DynAPS → 80), Autoradio, CD-Wechsler, Soundsystem, Autotelefon und Sprachsteuerung integriert.

Dem Muster des avantgardistischen 7er-BMW (i-Drive) folgend, bringt Mercedes Ende 2005 ein überarbeitetes Comand-System. Auch hier geht es um den schnellen Zugriff auf häufig genutzte Funktionen; auch hier werden verschiedene Einzelfunktionen, für die bisher Einzelschalter benötigt wurden, zusammengefasst. Je nach Lust und Liebe steuert der Autofahrer beispielsweise Radio, TV-Empfänger, CD/DVD-Wechsler, Telefon und Navigation entweder über konventionelle Schalter, Tasten im Multifunktions-Lenkrad oder mit Hilfe eines Dreh/Drück-Stellers (Controller) des Comand-Systems. Hier lassen sich Haupt- und Untermenüs anwählen, einschließlich der Fahrzeugeinstellungen. Der große, schwenkbare Comand-Bildschirm ist im Interesse bestmöglicher Wahrnehmung auf gleicher Höhe wie das Kombiinstrument platziert.

D2B (Domestic Digital Bus)

Die neuartige Übertragungstechnik mittels Domestic Digital Bus (D2B) arbeitet nicht mit Kupferkabeln, sondern mit Lichtwellenleitern aus Kunststoff. Die elektrischen Signale werden gleichzeitig durch Lichtblitze ersetzt. Diese Technik des optischen Datenbusses wird insbesondere für die Vernetzung von Audio-, Kommunikations- und Navigations-Komponenten im Auto verwendet, die mit großen Datenmengen arbeiten.

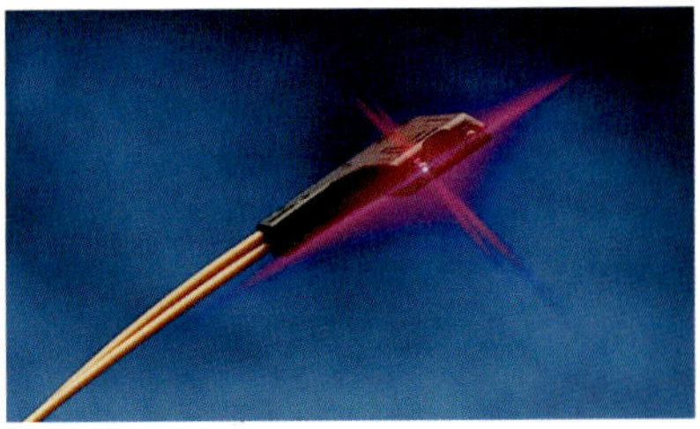

Lichtleiter sind schneller als Kupferdrähte

Vorteile verschafft vor allem die Bandbreite des Lichts. Mit einer D2B-Leitung können deshalb in kürzerer Zeit weitaus größere Datenmengen übermittelt werden als in einem CAN-Bus (→ 76). Über 5,6 Millionen Bits übertragen die Lichtwellenleiter pro Sekunde und sind damit rund 60-mal schneller als die CAN-Übertragung mittels Kupferleitung. In Zahlen: Einer Übertragungsrate von 83,3 Kilobaud im CAN-Bus stehen bei D2B-Technik 5,65 Megabaud gegenüber – genug, um Daten für Musik und farbige Videobilder zu übertragen. Deshalb garantiert diese Übertragungstechnik bestmögliche Klangqualität.

Zudem sind Lichtwellenleiter nicht anfällig gegenüber elektromagnetischen Strahlen und verursachen auch keine Störsignale dieser Art. Weitere Vorteile: Der Kabelaufwand ist geringer, ebenso das Gewicht der Kunststoff-Fasern gegenüber Kupferkabeln.

Digital Signal Processing (DSP)

Auf dem Gebiet der Klangeinstellung verwirklicht Digital Signal Processing (DSP) nahezu unbegrenzte Möglichkeiten zur

Abstimmung des Soundsystems an den jeweiligen Auto-Innenraum. Dieses System berücksichtigt beispielsweise bei der Klangeinstellung, ob das Fahrzeug mit Leder- oder Stoffsitzen ausgestattet ist, wie groß der Innenraum ist und ob sich das Lenkrad auf der rechten oder linken Seite befindet. Aus diesen Informationen und anderen Daten, die via CAN- und D2B-Bus (→ 76 und 77) an den Verstärker übertragen werden, errechnet das Soundsystem eine individuelle, maßgeschneiderte Klangabstimmung und führt sie automatisch durch. Dabei berücksichtigt es auch die Wünsche der Passagiere. Sie können zum Beispiel zwischen einer sprachbetonten und einer fahreroptimierten Sound-Einstellung wählen oder sogar den Raumeindruck bei der Stereo-Wiedergabe beeinflussen.

Dreh-/Drücksteller
(Controller)

Zentraler Bedienknopf mit haptischer Rückmeldung, der wie ein Joystick oder eine Computermaus durch verschiedene Programme und Ebenen des komplexen Infotainment-Systems (i-Drive bei BMW, MMI bei Audi, Comand bei Mercedes) führt. Durch Schieben des Controllers kommt man zum gewünschten

Funktionsbereich, durch Drehen wird der Menüpunkt ausgewählt und durch Drücken bestätigt. So lassen sich Kommunikation, Klimaautomatik, Entertainment, Navigation und Fahrzeugeinstellungen bedienen. Einige Funktionen sind alternativ auch über konventionelle Schalter zu aktivieren.

Digital Voice Enhacement (DVE)

Digitale Verbesserung der Kommunikation zwischen den Insassen einer Großraum-Limousine wie des VW T5 durch ein aktives System von Mikrofonen und Lautsprechern.

Dynamische Multikonturlehne
(Massagesitz)

Die dynamische Multikonturlehne soll Bandscheiben und Muskulatur entlasten. Basis ist ein Sitz mit Luftkammern in der Rückenlehne als Lordosenstütze, die für gesunde Körperhaltung und Entlastung des Rückgrats sorgen. Diese Luftkammern können pneumatisch stärker oder schwächer aufgeblasen werden, um die individuelle optimale Einstellung zu erzielen. Die dynamische Multikonturlehne bietet noch mehr Komfort. Sie ist mit drei individuell einstellbaren Luftpolstern im Lendenbereich, zwei in Schulterhöhe und zwei in den Seitenwangen ausgerüstet. Mit ihrer Hilfe können Auto-Insassen die Lehnenkontur ihrer individuellen Rückenform anpassen, sodass sie eine optimale Lordosenunterstützung erhalten.
Hinzu kommt ein Dynamikprogramm (Massagefunktion). Wird es eingeschaltet, so beginnt die mittlere der drei Luftkammern im Lendenbereich zu

Die dynamische Lehne beugt Verspannungen vor

„atmen“: Sie lässt langsam Luft ab und bläst sich anschließend ebenso langsam wieder auf. Dabei genügen eine Pumpamplitude, die auf lediglich 100 Millibar Druckdifferenz basiert, und ein Pulszyklus von etwa 20 Sekunden. Mit diesem Zyklus läuft das Programm ungefähr fünf Minuten und schaltet sich anschließend automatisch wieder ab. Danach können die Passagiere die Dynamikfunktion der Multikontur-Rückenlehne jederzeit bei Bedarf wieder aktivieren – ein Knopfdruck genügt.

Diese langsame Bewegung im Rückenbereich ist zwar kaum zu spüren, aber sie fördert Wohlbefinden, Sitzkomfort und Gesundheit dennoch verblüffend. Denn sie zwingt die Wirbelsäule, ihre Haltung immer wieder geringfügig, aber effektiv zu ändern – sie zwingt zu so genanntem dynamischen Sitzen, das Orthopäden vor allem bei Langstrecken-Fahrten empfehlen. Diese Art zu sitzen entlastet Bandscheiben und Rückenmuskulatur, die wegen der Dynamik außerdem geringere statische Muskelarbeit leisten muss und deshalb weniger schnell ermüdet. Gleichzeitig entspannt sich die übrige Körpermuskulatur und bleibt frisch.

Die Idee der dynamischen Multikonturlehne wird inzwischen auch für eher sportliche Sitze genutzt, wo sich Wangen und Beinauflagen nutzergerecht aufpumpen lassen. Als Erste kamen damit die M-Modelle von BMW, wo aktive Veränderungen bei schneller Kurvenfahrt erfolgten – es ging darum, den Fahrer optimal abzustützen. In der neuen S-Klasse sind auch die optionalen Komfortsitze so ausgestattet: Die Vordersitze verfügen jetzt über je elf Luftkammern, die dank sehr schneller Piezoventile eine individuelle Anpassung ermöglichen und so eine Fahrdynamikfunktion erfüllen. Je nach Lenkwinkel, Querbeschleunigung und Fahrgeschwindigkeit werden blitzschnell Fülldruck und Volumen der seitlichen Luftkammern der Rückenlehnen zugunsten optimalen Seitenhalts variiert.

DynAPS

DynAPS ist ein dynamisches Autopilot-System, das staufrei ans Ziel führen soll. Dieser elektronische Wegweiser basiert auf einem herkömmlichen Navigationssystem. Allerdings verarbeitet er für seine Routenberechnung nicht nur die Daten der digitalen Straßenkarte, die auf

Lotse im Versuch: Das dynamische Autopilotsystem DynAPS führt um den Stau herum

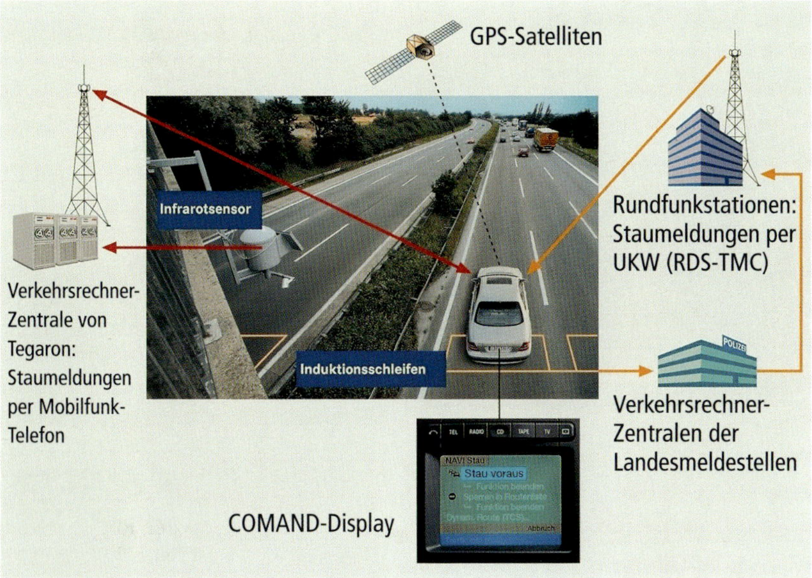

Das dynamische Autopilotsystem DynAPS per RDS oder Mobilfunk

CD-ROM gespeichert ist, sondern zusätzlich aktuelle Verkehrshinweise der Rundfunksender. Auf diese Weise entsteht ein dynamisches Leitsystem, das Autofahrer nicht nur auf dem kürzesten Weg, sondern auch über staufreie Strecken zum Ziel führt. Die Verkehrsinformationen werden in digitaler Form über einen speziellen Kanal des Radio-Daten-Systems (RDS → 95) ausgestrahlt und von dem DynAPS-Empfangsgerät decodiert. Nachdem der Autofahrer das gewünschte Ziel eingegeben und der Navigationsrechner den aktuellen Standort des Wagens berechnet hat, beginnt das System mit der Routenplanung. Dabei vergleicht es die Streckenempfehlungen von der CD-ROM stets mit den aktuellen Verkehrshinweisen und berechnet bei Staugefahr eine Alternativroute.

Easy-Entry

Easy-Entry ist ein System, das den Fondpassagieren in zweitürigen Fahrzeugen oder in Crossovern mit drei Sitzreihen, wie zum Beispiel Coupés oder große SUVs, das Ein- und Aussteigen komfortabler macht. Durch Betätigung eines Hebels am oberen Seitenteil des Sitzes lässt sich zunächst die Rückenlehne nach vorne klappen und der gesamte Sitz nach vorne schieben, sodass den Passagieren mehr Platz für den Ein- oder Ausstieg zur Verfügung steht.

Um den Einstieg nach hinten zu erleichtern …

… fährt der Vordersitz nach vorne.

Elektronisches Logbuch

Ein elektronisches Logbuch zeichnet alle wichtigen Details einer Fahrt auf. Zeit, Geschwindigkeit, Verbrauch. Damit ist der Fahrer ständig präzise über den Fahrtverlauf informiert. Moderne elektronische Logbücher zeichnen auch Motor- und Antriebsdaten auf und ermöglichen so individuelle Service-Intervalle, welche die tatsächlichen Belastungen des Fahrzeugs berücksichtigen.

Fahrberechtigungs-system

(Elcode, Keyless-Go, Advanced Key)

Die Mikro-Elektronik von Zugangs- und Fahrberechtigungssystemen macht Automobile auf dem Gebiet des Diebstahlschutzes immer perfekter. Diese Technik ersetzt die mechanischen Tür- und Zündschlüssel durch Funk- und Infrarotsignale (Elcode = elektronischer Code) und bietet überdies komfortable Funktionen. Dazu können beispielsweise gehören:

- Ver- und Entriegeln der Türen, des Kofferraumdeckels und der Tankklappe,
- Speichern von Sitzposition, Kopfstützen-, Lenkrad- und Spiegeleinstellung für jede Person im eigenen Schlüssel,
- Öffnen oder Schließen der Seitenscheiben und des Schiebedachs.

Außerdem wirkt das System als elektronische Wegfahrsperre, denn vor dem Start des Motors tauschen elektronischer Schlüssel und Zündstartschalter codierte Kenndaten aus, ehe sie die Lenkradsperre und die Wählhebelsperre aufheben und die Motor-Elektronik aktivieren.

Bei Keyless-Go genügt die Berührung des Türgriffs

Noch höheren Bedienungskomfort bieten Zusatzeinrichtungen, die völlig auf mechanischen oder elektronischen Schlüssel verzichten und beispielsweise als „Key-

So sinnvoll sind Fahrberechtigungs-systeme !

Der Verzicht auf herkömmliche Schlüssel und Schlösser erhöht die Diebstahlsicherheit und ist zudem sehr komfortabel. Allerdings können Probleme auftreten, wenn die Elektronik ausfällt. Immer wieder berichten Besitzer von Fahrzeugen mit elektronischem Fahrberechtigungssystem, dass sie vor dem verschlossenen Auto stehen und die Elektronik nicht reagiert. Unter Umständen kann dann nicht einmal die nächste Werkstatt Soforthilfe leisten.

less-Go“ zu haben sind. Die Funktionen des Schlüssels übernimmt bei diesen Systemen eine dünne Chipkarte im Format einer Kreditkarte. Die Türgriffe sind dann mit berührungssensiblen Sensoren ausgestattet. Sobald der Fahrer einen der Türgriffe berührt, empfängt seine Chipkarte Signale induktiver Antennen, die in den Türen untergebracht sind. Daraufhin sendet die Karte per Funk in Sekundenbruchteilen einen Identifikations-Code ans Auto. Stimmt dieser mit dem gespeicherten Wert überein, kann der Autobesitzer einsteigen.

Der Motor startet bei Druck auf den Wählhebel

Klarer Vorteil: Man muss vor dem Einsteigen weder Schlüssel noch Karte in die Hand nehmen; sie bleibt in Hemd- oder Jackentasche.
Zum Sichern nach dem Aussteigen wird eine Taste am Türgriff gedrückt, um die induktiven Antennen zu aktivieren. Sofort tauscht das System mit der Chipkarte wieder Daten aus, die für das spätere Entriegeln gespeichert werden, und sichert anschließend das Auto. Dabei wird auch die elektronische Wegfahrsperre und – falls vorhanden – die Diebstahl-Warnanlage eingeschaltet.

Fahrberechtigungssysteme kurz und bündig

Diese Systeme kommen ganz ohne Schlüssel aus und nützen Funk- und Infrarotsignale, um den Fahrer zu überprüfen und den Motor zu starten.

Natürlich lässt sich die Chipkarte auch programmieren, beispielsweise so, dass sie alle Türen, Tankklappe und Kofferraumdeckel gemeinsam entriegelt oder auch nur die Fahrertür öffnet. Oder sie sorgt dafür, dass sich automatisch alle Fenster und das Schiebedach schließen. Der Motors startet, wenn ein Knopf oder Taster gedrückt wird, zum Beispiel am Automatik-Wählhebel.

Freisprecheinrichtung

Vom 1. Februar 2001 an ist zum Telefonieren im Auto eine Freisprecheinrichtung Pflicht. Seit dem 1. April 2004 werden 40 Euro Bußgeld und ein Strafpunkt in Flensburg fällig, wenn man im Auto mit dem Handy am Ohr erwischt wird. Wer das Handy während der Fahrt nutzen möchte, kommt deshalb um die Anschaffung einer Freisprecheinrichtung nicht herum.
Für weniger als 50 Euro gibt es portable Freisprecheinrichtungen. Sie bestehen aus einem Ohrhörer und einem meist damit fest verbundenen Mikrofon. Diese Billiglösung ist oft nicht die schlechteste und bietet häufig bessere Sprachverständlichkeit als ebenfalls günstige Freisprecheinrichtungen, die im Zigarettenanzünder eingestöpselt werden. Sie schlagen oft sogar billige Festeinbauten um Längen und werden nur von guten und damit leider auch teuren Festeinbaugeräten übertroffen. Dennoch sollten diese Systeme für Vieltelefonierer die erste Wahl sein.

Größten Wert sollten sie bei der Wahl auf einwandfreie Sprachverständlichkeit legen. Das ist wegen der starken Umfeldgeräusche im Auto problematisch. Beste Wahl für die Wiedergabe des Gesprächspartners ist ein Lautsprecher – am besten der Lautsprecher des Autoradios, das zu diesem Zweck automatisch stumm geschaltet werden sollte.

Damit die eigene Stimme deutlich aufgenommen wird, müssen Art und Anbringung des Mikrofons sorgfältig gewählt werden. Es sollte möglichst eine gute Richtwirkung haben, also nur Geräusche aus einer bestimmten Richtung aufnehmen und möglichst dicht am Mund des Nutzers angebracht sein, darf aber nicht die Sicht des Fahrers behindern. Um unangenehme Kopplungseffekte zu vermeiden, sind hochwertige Freisprechanlagen mit digitalen Schaltungen ausgestattet, welche die Rückkopplungseffekte in die Berechnung einbezieht.

Sinnvoll ist zudem eine Sprachwahleinrichtung, sodass die Hände zum Annehmen oder Ablehnen eines Gesprächs und zum Wählen nicht vom Lenkrad genommen werden müssen. Viele Autohersteller bieten auch Freisprecheinrichtungen an, die durch Knöpfe in den Lenkradspeichen gesteuert werden können (Multifunktionslenkrad → 89).

Head-up-Display

Ein aus den USA stammendes Info-Feature im Auto, das sich beispielsweise in der Corvette befand: Um bestimmte Informationen wie Geschwindigkeit, Verbrauch oder Tachostand in den Sichtbereich der Windschutzscheibe zu spiegeln, muss noch ein Projektionsgerät im Instrumententräger untergebracht werden. Von den deutschen Herstellern nutzt nur BMW diese Technik – wenn sie weniger raumaufwendig sein wird, dürfte sie vermutlich auch bei allen anderen Autobauern auftauchen.

So sinnvoll ist eine Freisprecheinrichtung !

Eigentlich stellt sich die Frage nach dem Sinn einer solchen Anlage nicht, denn der Gesetzgeber schreibt ihre Benutzung vor, wenn aus dem fahrenden Auto telefoniert werden soll. Allerdings gibt es Unterschiede zwischen den Anlagen. Sinnvoll sind die günstigen portablen Einrichtungen mit guter Sprachqualität. Weniger zu empfehlen: Anlagen für den Zigarettenanzünder. Am besten für Vieltelefonierer: hochwertiger Festeinbau. Prüfen Sie aber vor dem Kauf die Verständlichkeit im fahrenden Auto und achten Sie auf einfache Bedienung.

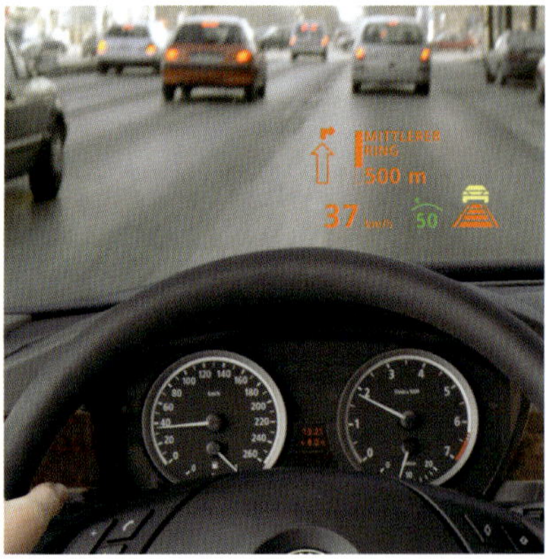

Klimaanlage

Grundprinzip einer Klimaanlage ist es, der Fahrzeuginnenraumluft Wärme zu entziehen. Sie arbeiten heute mit einem umweltfreundlicheren Kältemittel, dem

R 134a, das ständig in der Anlage zirkuliert. Durch den wechselnden Übergang des Kältemittels in den gasförmigen und wieder in den flüssigen Zustand wird die Innenraumluft gekühlt und die aufgenommene Wärme nach außen abgeführt.

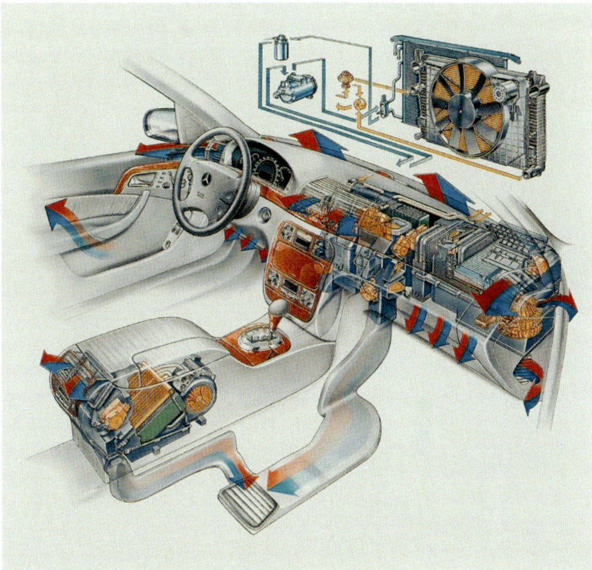

Manuelle Klimaanlage

Nach Einschalten einer manuellen Klimaanlage arbeitet sie mit maximaler Kühlleistung. Ist eine behagliche Temperatur erreicht, muss man sie von Hand ausschalten und warme Heizungsluft zumischen, um eine angenehme Temperatur zu erreichen. In den heißen Monaten läuft die manuelle Klimaanlage aber meist ohne Unterbrechung und ihre Wirkung wird durch die Gebläsestärke reguliert.

Klimaanlage mit automatischer Regelung

Bei Klimaanlagen mit automatischer Regelung (Thermatic) wird nur die gewünschte Temperatur von Hand eingestellt. Alles andere erledigt die Anlage selbstständig – sie steuert und kontrolliert automatisch die notwendige Gebläsestärke und die Verteilung des Luftstromes. Messsensoren überwachen hierzu die gewünschte Temperatur. Bei einer Abweichung wird sofort kältere oder wärmere Luft zugegeben, um die Raumtemperatur auf dem Sollwert zu fixieren. Geregelte Klimaanlagen halten deshalb stets eine gleich bleibende Innenraumtemperatur.

Klimaregelung nach Luftfeuchtigkeit und Sonnenstand

Die meisten modernen Klimaautomatiken arbeiten nach dem so genannten Reheat-Prinzip – die Anlage ist dann auch bei niedrigen Außentemperaturen stets im Einsatz. Vorteil: Die Scheiben bleiben immer beschlagfrei, weil die Anlage die Luft zuerst abkühlt und dabei trocknet, um sie anschließend auf die gewünschte Temperatur zu erwärmen.

Wichtig bei einer Klimaanlage: feinfühlige Einstellung

Die intelligentesten Klimaanlagen dieses Typs (Thermotronic) steuern die Reheat-Funktion sogar nach der jeweiligen Luftfeuchtigkeit. Dazu muss die Klimatisierungsautomatik mit einem Taupunktsensor ausgerüstet sein, der permanent die Luftfeuchtigkeit misst. Ein Mikro-Computer in der Klimaanlage kann dann dafür sorgen, dass die einströmende Luft je nach Feuchtigkeitsgehalt abgekühlt und wieder

Einfache Bedienung der Klimanalage

Drehschalter regeln die Temperatur

aufgeheizt wird. Solche Anlagen arbeiten wirtschaftlicher als herkömmliche Systeme. Gleichzeitig registrieren diese Klimaanlagen die Sonneneinstrahlung in den Innenraum durch einen Sensor in Scheibennähe, der genaue Informationen über den Einfallswinkel der Sonne liefert. So erkennt das System, an welchem Sitzplatz die Sonneneinstrahlung besonders intensiv ist, und kann demzufolge die Temperaturregelung für diesen Bereich optimal anpassen.

Komfortable Klimaautomatiken können noch weitere Möglichkeiten bieten. Zum Beispiel:

- Regelung von Temperatur und Luftverteilung getrennt für Fahrer und Beifahrer (in Luxuslimousinen auch für hinten, aufwändigste Form ist die Vierzonen-Klimaautomatik), auch automatisch,
- Steuerung der Anlage mit Sensoren, die den Schadstoffgehalt in der Außenluft messen,
- Aktivkohlefilter (→ 72) zur Luftsauberhaltung,
- speichern von individuellen Einstelldaten in einem elektronischen Zündschlüssel.

Sicherheitszubehör oder luxuriöser Schnickschnack?

Die Frage, ob eine Klimaanlage eine sinnvolle Anschaffung ist, haben Forscher der Bundesanstalt für Straßenwesen längst beantwortet. Sie haben die Unfallgefahr bei unterschiedlichen Temperaturen untersucht und herausgefunden, dass Fahrer schon ab 24 Grad Celsius im Auto in vielen Fällen den kühlen Kopf verlieren. Das Herz schlägt schneller, Schweißausbrüche und Nervosität treten auf. Der so genannte Hitzestress macht Fahrzeuginsassen aggressiv. Das Fahrverhalten wird feindselig und irrational – Faktoren, die das Unfallrisiko deutlich erhöhen (Konditionssicherheit → 69).

Besonders schnell heizen sich in der Sonne moderne Fahrzeuge auf, die zugunsten der Aerodynamik oft sehr schräg stehenden Scheiben haben. Zudem lassen viele Autofahrer auch bei Hitze aus Sorge vor gesundheitsschädlichen Schadstoffen wenig Frischluft ins Auto. Aber auch geöffnete Seitenscheiben können die Hitze im Auto nicht ausreichend vertreiben. Außerdem lenkt laute Zugluft vom Verkehrsgeschehen ab.

Klimaanlage kurz und bündig

Klimaanlagen kühlen im Sommer die Luft im Innenraum eines Fahrzeugs, im Winter halten sie die Scheiben beschlagfrei. Die Wirkung einer manuellen Klimaanlage muss über das Gebläse geregelt werden. Automatische Klimaanlagen halten automatisch eine voreingestellte Temperatur. Klimaanlage verursachen einen Mehrverbrauch von bis zu 0,6 Liter pro hundert Kilometer.

Die Klimaanlage verkürzt den Anhalteweg

Wie sehr sommerlich heiße Temperaturen das Verkehrsrisiko steigern kön-

So sinnvoll ist eine Klimaanlage

Verkehrsmediziner zählen Klimaanlagen zu den besonders empfehlenswerten Ausstattungsdetails. In zahlreichen Praxistests wurde eine positive Auswirkung auf das psychovegetative Nervensystem des Fahrers nachgewiesen. Die Fahrzeugklimatisierung verhindert einen deutlich erhöhten Puls und damit einen temperaturbedingten Anstieg des Stresspegels. Insbesondere Menschen mit Herz-/Kreislaufbeschwerden und Bluthochdruck profitieren im Alltag vom guten Klima in Air-Condition-Fahrzeugen. Koordinations-, Reaktions- und Konzentrationsvermögen bleiben trotz hoher Außentemperaturen im Sommer auf einem normalen Niveau. Folge: Das Unfallrisiko sinkt. Damit leistet die richtige Fahrzeugklimatisierung einen wichtigen Beitrag zur Erhöhung der Verkehrssicherheit. Eine Klimaanlage sollte als Zubehör ab Werk mitbestellt werden. Bei Kleinwagen beginnen die Preise für eine Klimaanlage bei etwa 500 Euro. Für die spätere Nachrüstung muss beim gleichen Fahrzeugtyp mit Kosten ab 1400 Euro gerechnet werden.

nen, zeigen Messungen der Verkehrsmediziner. Sie stellten fest, dass bei einer Innenraum-Temperatur von etwa 35 Grad Celsius die Reaktionszeit des Autofahrers bereits nach eineinhalb Stunden Fahrzeit um 65 Prozent schlechter werden kann. Das bedeutet, dass sich der Anhalteweg (= Reaktionszeit + Bremsweg) aus Tempo 100 bei sommerlichen Temperaturen um mehr als 30 Meter verlängern kann.

Die Klimaanlage braucht Sprit

Allerdings haben Klimaanlagen auch einen Nachteil: Für ihren Betrieb wird Motorkraft benötigt. Das bedeutet: Bei eingeschalteter Klimaanlage braucht das Fahrzeug mehr Kraftstoff. Durchschnittlich werden 0,6 Liter Mehrverbrauch auf 100 Kilometer gemessen – moderne, intelligente Anlagen verbrauchen weniger. 0,6 Liter Mehrverbrauch bedeuten bei einer Jahresfahrleistung von 15 000 Kilometern rund 90 Liter Benzin im Jahr. Wer den Klimaregulator also bewusst nur dann einschaltet, wenn es die Außentemperatur erfordert, kann eine beträchtliche Menge Treibstoff sparen.

Lichtsensor

Aufgabe eines Lichtsensors ist es, die Umfeldbedingungen darauf hin zu überprüfen, ob eine Elektronik im Fahrzeug das Fahrlicht automatisch einschalten muss. Dieser Messfühler, der auf Helligkeit reagiert, ist meist am oberen Rahmen der Frontscheibe angebracht. Die Elektronik erkennt aus seinen Daten sowie den Informationen, die der Regensensor (→ 95) und der Tachometer liefern, wann die Beleuchtung eingeschaltet werden muss. Die Sensorik erkennt beispielsweise auch, wenn das Fahrzeug in einen Tunnel fährt.

Lichtwellenleiter

Lichtwellenleiter bestehen aus Kunststoff und ersetzen im Fahrzeug herkömmliche Kupferkabel in Bereichen, wo sehr umfangreiche Signale transportiert werden müssen. Das ist beispielsweise bei der Übertragung von Musik und farbigen Videobildern der Fall. Die Lichtwellen-

Lichtwellenleiter mit hoher Leistung

leiter bilden dafür einen Domestic Digital Bus (D2B → 78) und arbeiten mit Lichtblitzen statt mit elektrischen Signalen. Lichtwellenleiter sind überdies leichter als herkömmliche Kupferkabel.

Memory

Memory-Einrichtungen dienen im Automobil dazu, persönliche Einstellungen automatisch wiederherzustellen. Dazu zählen etwa die Sitzstellung, die Sitzposition, die Sitzhöhe, die Lenkradstellung, die Stellung der Außen- und des Innenspiegels, eventuell auch die Lautstärke am Radio oder die Temperatur an der Klimaanlage. Einfache Memory-Anlagen bieten beispielsweise drei oder vier Möglichkeiten, eine Sitzposition zu programmieren und per Knopfdruck an einem Bedienfeld abzurufen. Die fortschrittlichsten Einrichtungen, die elektronische Schlüssel oder Chipkarten verwenden (Fahrberechtigungssystem → 82), erlauben die Programmierung von weitaus mehr individuellen Einstellungen, die automatisch aktiviert werden, sobald mit dem programmierten elektronischen Schlüssel oder der Chipkarte die Tür geöffnet wird.

Dank persönlichen Schlüssels stellt das Auto Sitze und Spiegel automatisch richtig ein

Multifunktionslenkrad

Die Aufgabe eines Multifunktionslenkrads beschränkt sich nicht auf die simple Übertragung von Lenkbewegungen. Es trägt zusätzlich in seinen Lenkradspeichen und auf seinem Pralltopf Tasten und Wippen, mit denen verschiedene Funktionen abgerufen werden können, ohne die Hände vom Lenkrad zu nehmen. Damit werden beispielsweise die Menüs in elektronischen Displays durchgeschaltet, die wahlweise über die Wegstrecke, den momentanen Verbrauch, den Tankvorrat und ähnliche Dinge informieren. Noch wichtiger ist ein Multifunktionslenkrad für die Bedienung des Autoradios (Sendersuche und Lautstärkeregelung), des Kassettendecks oder des CD-Players, des Autotelefons (annehmen eines Gesprächs, ablehnen, starten oder beenden) sowie Steuerung eines Navigationssystems und eines Tempomats (auch eines Abstandsregel-Tempomats → 36).

Einige Fahrzeuge verfügen auch über Multifunktionslenkräder mit Schalttasten oder -knöpfen, die einen manuellen Eingriff in die Automatik-Schaltung erlauben.

Multimediasystem

Multimediasysteme im Fahrzeug sollen dafür sorgen, dass eine Autofahrt nicht mehr langweilig wird. Die Show auf Rädern bietet Möglichkeiten für alle Altersklassen. Die Mitreisenden können wahlweise Kinofilme per Video genießen, eigene Videos abspielen, die sie beispielsweise im Urlaub gedreht haben, oder sich von Videospielen fesseln lassen.
Herzstück von Multimediasystemen ist ein Flachbildschirm, der bei Nichtgebrauch entweder in einer Aussparung im Dachhimmel, in der Lehne der Vordersitze oder auf einer besonderen Konsole parkt. Wichtig ist die Größe des Monitors. Sie sollte wenigstens 6 Zoll betragen.

Multifunktionslenkrad mit Tasten für verschiedene Menüs

So sinnvoll sind Multimediasysteme

Multimediasysteme sind reine Unterhaltungsgeräte für Beifahrer. Den Fahrer lenken sie eher ab. Deshalb sind sie in den meisten Fällen wenig sinnvoll.

Multimediasystem kurz und bündig

Multimediasysteme erlauben es den Fondpassagieren, während der Fahrt Videos anzuschauen oder sich mit Videospielen zu beschäftigen.

Darüber hinaus sollte er ein brillantes, kontrastreiches Bild auch selbst unter schwierigen Lichtbedingungen und bei seitlichem Einblick bieten.
Der zugehörige Hi-Fi-Stereo-Videoplayer oder DVD-Player wird in der Regel Platz sparend unter dem Sitz montiert, wo er zudem gegen Beschädigungen geschützt ist.

Multimediasysteme bieten in der Regel die Möglichkeit, eine Videokamera, Videospiele und Kopfhörer anzuschließen, damit der Fahrer nicht durch zu hohen Geräuschpegel gestört wird. Der Hauptschalter einer Multimedianlage lässt sich meist auch von den Vordersitzen aus bedienen, damit der Fahrer immer die Kontrolle behält.

Multimediasystem mit Telespiel und Videoplayer

Gutes Nachtdesign: Umfassender Überblick ohne zu stören

Nachtdesign

Nachtdesign ist vor allem für die sichere Bedienung von Instrumenten, Schaltern und auch Autoradios während der Dunkelheit wichtig. Durch in Schaltern eingebaute Lichtquellen werden diese Elemente bedienungssicher gekennzeichnet. Das Nachtdesign im Innenraum muss sicherstellen, dass alle notwendigen Schalter und Anzeigen klar zu erkennen sind, darf aber keinesfalls überstrahlen oder gar blenden und so den Fahrer ablenken. Das gilt vor allem für die Tachometer- und Drehzahlmesseranzeigen, die fast immer genau im Blickfeld des Fahrers platziert sind. Deshalb sollte die Instrumentenbeleuchtung auch der Umgebungshelligkeit angepasst werden können. Anzeigen von Autoradios, CD-Playern und Navigationsgeräten sollten nachts nur zurückhaltend beleuchtet werden – am besten lediglich die Tasten, die für die einfachsten Bedienungsschritte notwendig sind. Manche Beleuchtungen aktivieren sich auch erst durch eine kurze Berührung des Geräts und halten auf diese Weise die Ablenkungsgefahr sehr niedrig. Ob Anzeigen weiß, bläulich, rötlich oder grünlich beleuchtet werden, ist eine Geschmacksfrage.

Navigationssystem
(APS, Auto-Pilot-System, GPS, RNS, Radionavigationssystem)

Navigationssysteme machen das Kartenlesen unterwegs überflüssig. Sie funktionieren mithilfe des Global Positioning Systems (GPS), dem ein weltweites Satellitennetz zugrunde liegt, das seine Signale permanent zur Erde funkt. Daraus lässt sich überall auf der Welt der augenblickliche Standort auf mindestens zehn Meter genau ermitteln. Dies besorgt ein im Navigationssystem eingebauter Computer, der die errechneten Positionsdaten mit einer digitalisierten Landkarte vergleicht, die auf einer CD-ROM bzw. neuerdings einer DVD gespeichert ist. Diese elektronischen Straßenkarten enthalten das gesamte Straßennetz eines Landes. Für die Bundesrepublik Deutschland sind mindestens alle Straßen von Orten und Ballungsgebieten über 50 000 Einwohnern erfasst. Viele Ausgaben gehen sogar noch wesentlich tiefer ins Detail. Außerdem werden Bahnhöfe, Tankstellen, Parkplätze und so weiter angegeben. Wichtig ist, auf jeweils aktuelle Ausgaben der Datenträger zu achten.

Navigation: Wichtig sind die Bedienung und die Anzeige

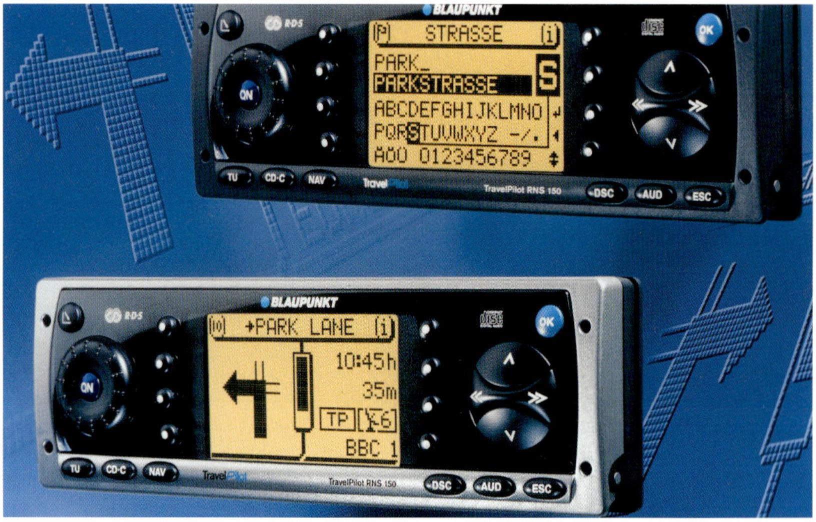

Aus den Standortangaben und den Daten auf der elektronischen Landkarte errechnen die Navigationssysteme die beste Fahrroute und lotsen den Fahrer über eine Sprachführung zum Zielort. Zusätzlich zeigen Pfeilsymbole auf einem Monitor oder Display jeden empfohlenen Richtungswechsel optisch an. Einige Systeme stellen darüber hinaus sogar einen Ausschnitt der entsprechenden Straßenkarte dar. In kritischen Situation sind Zielführungssysteme, die einen Kartenausschnitt zeigen, allerdings oft nur eine geringe Hilfe, denn die meisten Menschen haben Probleme beim Kartenlesen. Anstelle einer komplexen Straßenkarte, die sich obendrein ständig verändert, ist eine Beschränkung auf die Informationen, die der Fahrer in der aktuellen Situation wirklich benötigt, sinnvoll, damit er sich voll auf den Verkehr konzentrieren kann. Dies erledigt am besten eine Sprachführung.

Die Zielführung lässt sich jederzeit unterbrechen und später wieder fortsetzen. Beispielsweise um nach einem spontanen Abstecher auf dem kürzesten Weg wieder zum Ziel zu finden. Auch wenn einmal falsch abgebogen wurde oder eine Baustelle den programmierten Weg versperrt, berechnet das Navigationssystem von jedem Standort aus erneut die optimale Strecke zum Ziel.

Separates Navigationssystem mit Kartenübersicht

Dynamische Zielführung

Die modernsten Versionen von Navigationsgeräten berücksichtigen für ihre Routenberechnung auch aktuelle Verkehrshinweise. Die Daten dafür empfangen sie über ein angeschlossenes Handy oder das Radio Data System von einer Leitstelle, die alle Daten über Staus von einigen tausend Messstellen, Automobilklubs, aber auch offiziellen Stellen berücksichtigt. Auf diese Weise entsteht ein dynamisches Leitsystem, das Autofahrer nicht nur auf dem kürzesten Weg, sondern auch über staufreie Strecken zum Ziel führt (DynAPS → 80).

Viele Versionen

Navigationssysteme werden ab Werk fest eingebaut angeboten, zum Nachrüsten, integriert in Radios oder kombiniert mit einem Notebook oder Organizer. Die fest eingebauten Versionen lassen sich unterwegs meist einfacher bedienen und nehmen keinen Platz weg. Vor der Anschaffung eines Navigationssystems sollte der künftige Benutzer unbedingt die Bedienung per Wipptaste oder/und Drehregler praktisch ausprobieren. Denn nicht jeder kommt mit jedem System ohne Probleme zurecht. Auf jeden Fall sollte sich das Navigationssystem gespeicherte Ziele merken können, sodass bei häufig angefahrenen Zielpunkten (wie zum Beispiel bei der Rückkehr nach Hause) ein umständliches Neuprogrammieren entfallen kann.

Wer beim Kauf eines Neuwagens ein Navigationssystem gleich mitbestellt, muss mit einem Aufpreis von mindestens 1500 Euro rechnen. Systeme für den nachträglichen Einbau kosten etwa zwischen 500 Euro (Blaupunkt) und 3000 Euro zuzüglich der Einbaukosten. Autoradios mit integriertem Navigationssystem sind bereits unter 1000 Euro zu haben. Sehr populär sind inzwischen mobile Navigationsgeräte („Portables“), die für rund 500 Euro zu haben sind.

Navigationssystem kurz und bündig

Mithilfe von Satelliten führen Navigationssysteme sehr genau ans gewünschte Ziel – durch gesprochene Hinweise oder/und entsprechende Karten- und Symboldarstellung.

So sinnvoll ist ein Navigationssystem

Navigationssysteme bringen sicher ans Ziel und helfen dabei, sich auf fremden Routen auf den Verkehr zu konzentrieren. Sie leisten damit einen sinnvollen Beitrag zur Verkehrssicherheit, sind allerdings ziemlich kostspielig. Gravierende Unterschiede gibt es aber bei der Handhabung und den verwendeten digitalen Landkarten auf CD-ROM bzw. DVD. Ein „Navi“ ist heute eines der begehrtesten Extras überhaupt.

Fest installiertes Navigationssystem

Parkassistent
(Einparkhilfe, PA, APS, Parktronic, PDC, Rückfahrwarner)

Einparkhilfen arbeiten nach dem Prinzip des Echolots: Je nach Fahrtrichtung senden mehrere Sensoren im vorderen und hinteren Stoßfänger Ultraschallsignale aus, die von anderen Fahrzeugen oder Hindernissen reflektiert werden. Aus der Zeitdifferenz zwischen Senden und Empfangen der Signale berechnet eine Elektronik den Abstand zu dem Hindernis. Die Ultraschallsensoren haben eine Reichweite von etwa 1 bis 1,2 Meter. Die Einparkhilfe sollte sich automatisch

Klare Anzeige des Parkassistenten

einschalten, sobald der Autofahrer den Rückwärtsgang einlegt. Bei Geradeausfahrt bleiben solche Systeme bis zu einer Geschwindigkeit von etwa 15 km/h aktiv. Danach schalten sie automatisch ab und taugen deshalb im normalen Verkehrsfluss nicht als Abstandswarner.

Wie viel Platz beim Einparken oder Rangieren bleibt, erfährt der Fahrer meist durch Anzeigedisplays für vorn und hinten, deren Segmente je nach Abstand zu einem Hindernis aufleuchten. Bei kritischer Distanz sollte zusätzlich ein akustisches Warnsignal ertönen.

Ein Fahrzeug bis auf wenige Zentimeter an ein Hindernis heranlotsen können Einparkhilfen allerdings nicht. Bei einem Abstand von weniger als 30 Zentimeter kann es passieren, dass Hindernisse nicht mehr erkannt und dadurch falsche Entfernungen angegeben werden. Abhängig vom Einparkwinkel und von der Kontur des Hindernisses ist es möglich, dass fehlerhafte Signale übertragen werden. Auch mit einem eingebautem Rückfahrwarner kann deshalb nicht bedenkenlos rückwärts gefahren werden.

Elektronische Einparkhilfen gibt es ab Werk und zum Nachrüsten. Der nachträgliche Einbau dauert etwa zwei Stunden. Die Kosten für die Geräte liegen zwischen 200 und 400 Euro.

In seinen Funktionen viel weiter ist der neue Parkassistent, wie ihn Mercedes Ende 2005 in der S-Klasse anbietet. Hier wird nicht mehr per Ultraschall, sondern mit Radar gearbeitet. Das System nutzt Bestandteile der Distronic Plus – nämlich die vier vorderen Nahbereichssensoren (sie sensieren den Raum bis 20 cm vor dem Fahrzeug) und die zwei Radarantennen im Heckstoßfänger (mit einer Reichweite von elf Metern – so kann beim Rückwärtsfahren rechtszeitig vor einem Crash gewarnt werden).

PremAir-System

Das PremAir-System vermindert die Ozonmenge, die ins Fahrzeuginnere gelangt. Dazu ist der Kühler mit einem Katalysator beschichtet, der bei Smog das bo-

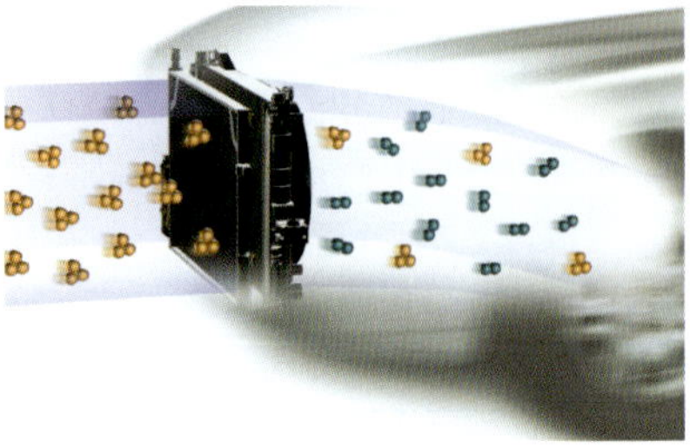

PremAir filtert Ozon aus der Luft

dennahe giftige Ozon in Sauerstoff umwandelt. Bis zu 75 Prozent des Ozons werden auf diese Weise eliminiert. Und je heißer und verschmutzter die Luft ist, desto wirksamer ist PremAir.

RDS

RDS (Radio Data System) ist die Senderkennung des Autoradios. Damit ausgerüstete Geräte zeigen auf dem Display den Namen des gerade eingestellten Senders an. Allerdings kann das Radio Data System auch dazu verwendet werden, andere Informationen digital zu übertragen, zum Beispiel aktuelle Stauwarnungen.

Regensensor

Ein Regensensor schaltet die Scheibenwischer automatisch ein, wenn die Scheibe nass wird. Bei trockener Scheibe schaltet er ab. Der Regensensor ist auf der Innenseite der Frontscheibe angebracht und basiert auf Infrarot-Technik. Eine Diode im Sensor sendet permanent in einem genau festgelegten Winkel einen unsichtbaren Lichtstrahl gegen die Frontscheibe, sodass der Strahl bei Trockenheit vollständig zu einer Empfängerelektrode reflektiert wird. Ist die Frontscheibe nass, verringert sich die Intensität der Reflexion und zwar abhängig von der Dichte des Wasserfilms auf der Scheibe. So kann das System ohne weiteres zwischen Platzregen und Nieselregen unterscheiden. Deshalb lässt sich mithilfe eines Regensensors der Intervallwischer automatisch den jeweiligen Gegebenheiten entsprechend steuern.

Der Regensensor registriert, wenn es nass wird

Einige Automobilhersteller legen den Regensensor so aus, dass er auch das Abblendlicht an- und ausschaltet: Sensiert wird die Homogenität einer kleinen Fläche in der Frontscheibe – ist diese gleichmäßig dunkel, aktiviert sich das Abblendlicht, bei unregelmäßiger Abdunklung tritt der Scheibenwischer in Aktion.

Sitzbelüftung

Eine aktive Sitzbelüftung sorgt im Sommer und im Winter für ein stets optimales Sitzklima. Die Folge: Auch bei längeren Fahrten schwitzt niemand mehr.

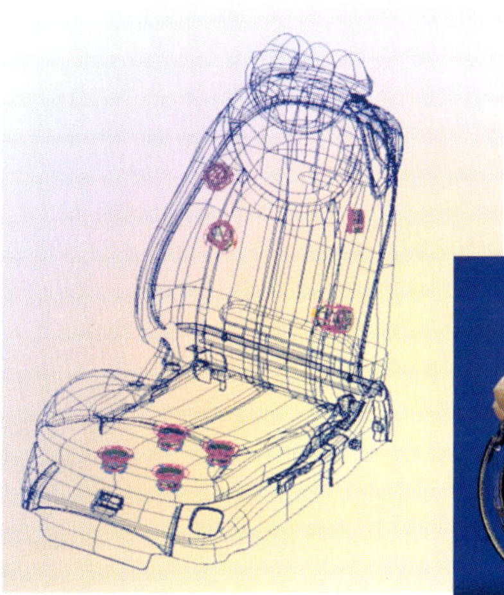

Viele Lüfter fächeln dem Körper Luft zu

Minilüfter für den Sitz

Nahe liegend wäre, die Sitze bei hohen Außentemperaturen mit kalter Luft zu kühlen. Aber die Kaltluft birgt das Risiko von Unterkühlungen und kann auch bereits vorhandenen Schweiß nicht entfernen. Als medizinisch besseres Konzept hat sich erwiesen, stattdessen einen milden Luftstrom durch das

Sitzpolster fächeln zu lassen. Das erledigen kleine elektrische Lüfter in den Sitzkissen und den Lehnenpolstern, welche die Luft unmittelbar unter dem Sitz ansaugen. Dort herrschen selbst bei einem stark aufgeheizten Kraftfahrzeug Temperaturen, die knapp unter der normalen Hauttemperatur von etwa 35 Grad Celsius liegen und deshalb als besonders angenehm empfunden werden. Über das Belüftungsgewebe verteilen die Miniventilatoren die im Bodenbereich angesaugte Luft gleichmäßig über die ganze Sitzoberfläche. Dabei nimmt sie fortlaufend die von den Passagieren abgegebene Transpirations-Feuchtigkeit mit.

Die Wirkung der aktiven Sitzbelüftung ist zwar nicht intensiv zu spüren, aber dennoch überzeugend:

Sitzbelüftung kurz und bündig

Eine aktive Sitzbelüftung kühlt heiße Sitzpolster durch Miniventilatoren in kurzer Zeit ab und trocknet gleichzeitig sogar verschwitzte Hemden und Blusen.

- Binnen weniger Minuten kühlt sie Sitz und Haut auf eine angenehme Temperatur ab – selbst bei einem stark aufgeheizten Fahrzeug.
- Sie trocknet Hemd oder Bluse – selbst wenn die Passagiere vor dem Einsteigen geschwitzt haben.
- Im Winter sorgt sie zusammen mit einer elektrischen Heizung schon kurze Zeit nach dem Einsteigen für angenehme Sitzverhältnisse.

Die aktive Sitzbelüftung lässt sich per Knopfdruck einschalten. Für die Wahl der Belüftungsintensität stehen bis zu drei Stufen zur Verfügung. Um Unterkühlungen zu vermeiden, schaltet die Belüftung automatisch nach etwa zehn Minuten jeweils eine Stufe zurück.

So sinnvoll ist eine Sitzbelüftung !

Eine aktive Sitzbelüftung senkt den Stress beim Autofahren und ist deshalb ein sinnvoller Sicherheitsbeitrag. Allerdings werden solche Systeme derzeit nur in Limousinen der Oberklasse installiert.

Sprachsteuerung (Linguatronic)

Eine Sprachsteuerung ermöglicht es, die wichtigsten Funktionen des Autotelefons, der im Auto installierten Audio-Systeme, des Navigationssystems, der Klimaanlage

So sinnvoll ist eine Sprachsteuerung

!

Eine Sprachsteuerung entlastet den Fahrer, weil er die Hände nicht mehr vom Steuer zu nehmen braucht, und ist deshalb eine sinnvolle Einrichtung. Leider wird sie nur von wenigen Automobilherstellern angeboten und ist nicht nachrüstbar. Zudem ist der Aufpreis relativ hoch.

und anderer Features durch gesprochene Befehle und Eingaben zu steuern. Ein paar Worte des Autofahrers genügen dann beispielsweise, und das Autoradio sucht automatisch einen anderen Sender, wechselt zum nächsten Musiktitel der CD oder schaltet auf Navigationsbetrieb um.
Die Steuerung erfasst die Wünsche per Mikrofon. Zur Sicherheit führt sie dabei mit dem Benutzer einen kurzen interaktiven Dialog. Sie beantwortet den Befehl „Nummer wählen" zum Beispiel mit dem Hinweis „Bitte sprechen Sie die Nummer" und beginnt nach Eingabe der Telefonnummer und dem Befehl „Wählen" automatisch den Wählvorgang. Namen, Rufnummern und Sender können auch aus Speichern aufgerufen werden. Dann zählt das System zunächst beispielsweise die Liste der erreichbaren Radiosender auf und wartet darauf, dass einer gewählt wird. Gleiches gilt für Telefonbucheinträge. Hat der Computer einen Befehl nicht richtig verstanden, bittet er um nochmalige Eingabe.

Software für Hochdeutsch und Dialekt

Die wichtigste Funktion einer Sprachsteuerung übernimmt eine Software, die auf Algorithmen zur Spracherkennung und auf Eigenheiten der menschlichen Stimme programmiert ist. Dadurch kann sich das System sogar auf die individuelle Sprechweise des jeweiligen Benutzers einstellen und versteht neben Hochdeutsch auch Dialekte. Zudem lernt das System im Gebrauch hinzu.

Stadtverkehr-Assistent

Der weiterentwickelte Abstandregel-Tempomat (Active Cruise Control, aktive Geschwindigkeitsregelung, ACC, Distronic → 36) heißt Stadtverkehr-Assistent und verhilft zu geringerem Kraftsstoffverbrauch und gesteigertem Komfort im Stadtverkehr. Das System regelt nicht nur die Geschwindigkeit, sondern – wenn es die Verkehrslage erfordert – auch den Abstand zum Vordermann. Und das nicht nur im fließenden Autobahn- und Landstraßenverkehr, sondern auch im Kolonnen- und Stop-and-go-Verkehr. Dazu wurde ein Nahfeld-Sensor nach dem Prinzip eines Laserscanners entwickelt. Dieser Sensor ist – anders als die Radar-Anlage des Abstandsregel-Tempomats – in der Lage, innerhalb von 40 Metern vor dem Auto alle relevanten Vorgänge zu erfassen. Der Abstandsregel-Tempomat der jüngsten Generation erlaubt es dem Fahrer, sich auch im Stadtverkehr an den Vordermann anzudocken und sich von diesem wie von einem „Follow me"-Fahrzeug auf dem Flughafen durch Verkehrsengpässe lotsen zu lassen. Der Wagen wird dabei gegebenenfalls bis zum Stillstand abgebremst und wieder beschleunigt. Das intelligente Assistenz-System kann von Fahrerin oder Fahrer allerdings jederzeit überstimmt oder ausgeschaltet werden. Folge der ruhigeren und optimierten Fahrweise ist weniger Verbrauch an Kraftstoff und vor allem an Nerven.

Standheizung

Keine eingefrorenen Türschlösser, kein Eiskratzen, keine kalten Füße mehr – das sind die offensichtlichen Vorteile von Standheizungen im Winter. Diese Zusatzheizungen können direkt mit dem Neufahrzeug bestellt oder auch nachgerüstet werden.

Der Einbau ist problemlos und jede Vertragswerkstatt erledigt ihn innerhalb eines Tages. Das Heizgerät wird im Motorraum installiert und erwärmt das Kühlwasser des Motors. Das fahrzeugeigene Gebläse bringt die Wärme ins Innere. Aktiviert wird die Heizung über eine programmierbare Zeitschaltuhr oder direkt per Fernbedienung.

Die Standheizung sorgt nicht nur für freie Scheiben und wohlige Wärme schon beim Einsteigen, sondern hat noch eine Reihe weiterer Vorteile:

- Das Unfallrisiko nimmt ab. Untersuchungen haben bewiesen, dass sich bei niedrigen Temperaturen die Reaktionszeit verlängert. Deshalb passieren die meisten Unfälle im Winter während der ersten fünfzehn Fahrminuten.

Standheizung kurz und bündig

Eine Standheizung ist ein Heizgerät, das seine Energie aus dem Kraftstofftank des Fahrzeugs bezieht und im Motorraum installiert wird. Moderne Standheizungen erwärmen nicht direkt den Innenraum, sondern das Kühlwasser des Motors, das über das Gebläse Wärme nach innen abgibt. Das schont auch den Motor.

- Zur Sicherheit trägt auch bei, dass sich der Fahrer ohne beengende Winterkleidung hinters Steuer setzen kann. Dadurch nimmt der Sicherheitsgurt immer seine optimale Position ein.
- Der vorgewärmte Motor startet williger als ein kalter.
- Die Lebensdauer des Triebwerks verlängert sich, weil es keine verschleißintensive Kaltlaufphase durchstehen muss. Fachleute rechnen durch die Standheizung mit einem geringeren Verschleiß, der etwa 20 000 Kilometern Warmfahrt pro Jahr entspricht.

Klare Scheiben, warmer Innenraum und umweltschonender Start sind die Vorteile der Standheizung

Standheizungen sind kompakt und lassen sich auch nachrüsten

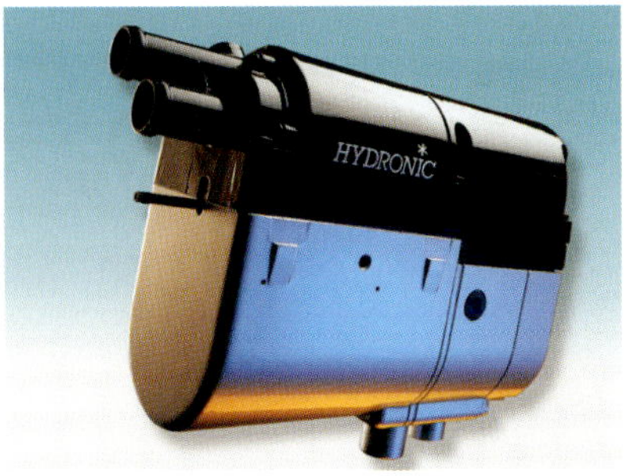

- Weil die Kaltlaufphase wegfällt, produziert der Motor weniger Abgase.
- Aus dem gleichen Grund sinkt auch der Kraftstoffverbrauch. Der Spareffekt entspricht dem Verbrauch durch die Standheizung, sodass der Besitzer trotz vielseitigen Nutzens nicht mit zusätzlichen Kraftstoffkosten rechnen muss.
- Die Standheizung erlaubt es, im Stau den Motor abzustellen, und die Passagiere haben es trotzdem warm. Das ist viel günstiger als den Motor weiter laufen zu lassen, denn die Standheizung verbraucht nur etwa einen halben Liter Kraftstoff pro Stunde – egal ob Diesel oder Benzin –, den sie direkt aus dem Fahrzeugtank entnimmt.

Die Nachrüstung einer Marken-Standheizung kostet etwa 1300 bis 1500 Euro.

Tele-Diagnose

Tele-Diagnose ist ein wichtiger Bestandteil von Telematik-Systemen (→ 100), welche die meisten großen Automobilhersteller derzeit bereits in Ansätzen anbieten und weiter entwickeln (z.B. BMW Assyst). Der Tele-Diagnose-Baustein stellt auf Knopfdruck einen Kontakt zum zentralen Kundendienstzentrum der jeweiligen Marke her. Dort sitzen Fachleute, die über Mobiltelefon ihre Hilfe suchenden Kunden beraten. Gleichzeitig sendet die Anlage eine ganze Reihe von Daten an das Kundendienstzentrum. Dazu können beispielsweise Fahrzeugtyp, Baujahr, Motorisierung, Motortemperatur, Kilometer-

Tele-Diagnose: Anzeige im Instrumentendisplay

stand sowie die genaue Position gehören, damit Service-Techniker schnell und zielsicher an den Pannenort geführt werden. Tele-Diagnose-Systeme sollten eine gebührenfreie Sprechverbindung automatisch herstellen.

Telematik (FCD)

Das neue Kunstwort Telematik setzt sich aus den Begriffen Telekommunikation und Informatik zusammen. Telematikdienste bieten Autofahrern heute bereits interessante Dienste wie beispielsweise dynamische Navigationssysteme (→ 80), Pannenservice oder automatischen Notruf (Teleaid → 45).

Telematik-Dienste werden künftig aber auch die Information der Autofahrer verbessern und außerdem helfen, die Kapazitäten der Autobahnen und Stadtstraßen effektiver nutzen sowie die Verkehrsströme besser organisieren zu können. Beides bedeutet für die Autofahrer komfortableres und Zeit sparendes Reisen.

Sensordaten aus dem Auto

Derzeit werden verschiedene Systeme entwickelt, um Verkehrsströme zu erfassen. Das ist die Grundvoraussetzung für Telematik-Dienste, die um Staus herum auf dem schnellsten und bequemsten Weg zum gewünschten Ziel führen können. Zur Erfassung der Verkehrsdichte

Hilfe auf Knopfdruck

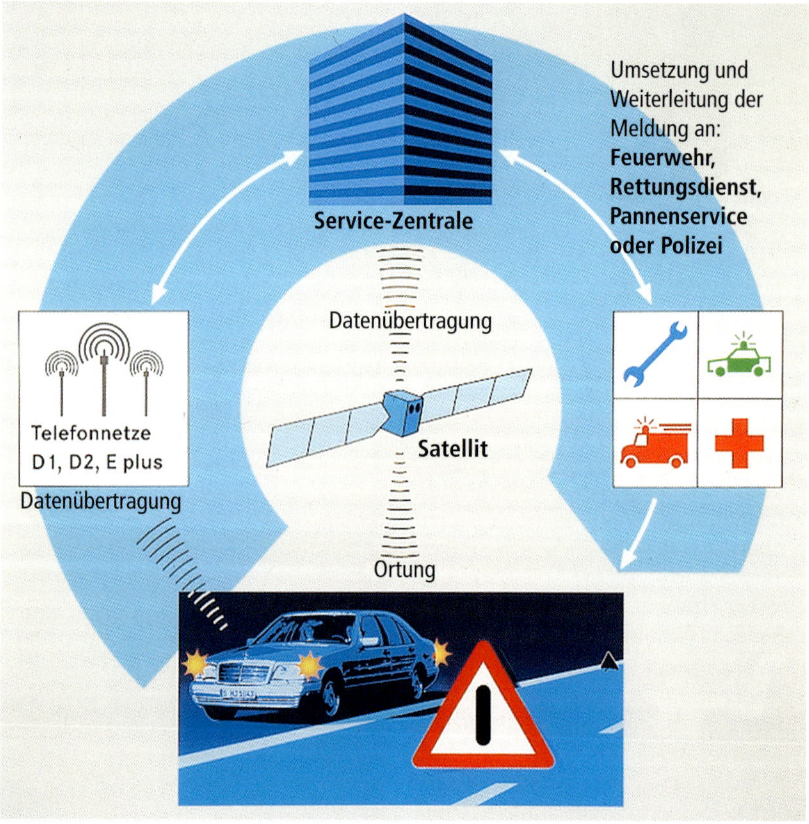

dienen heute vor allem noch Fahrbahnsensoren am Rand der Straßen. Sie liefern aber nur Daten über Autobahnen und große Bundesstraßen. Abhilfe könnte das System Floating Car Data (FCD) bringen, das keine technische Einrichtungen entlang der Straßen erfordert, sondern jedes einzelne Auto für die Sammlung der Verkehrsdaten nutzt und deshalb auch Nebenstrecken erfassen könnte. Damit dieses System funktioniert, müssten Fahrzeuge in Zukunft per Funk fortlaufend Informationen über ihren Standort, ihre Geschwindigkeit, die Wetter- und Lichtverhältnisse sowie den Fahrbahnzustand senden. Ein Teil dieser Daten steht heute bereits über die Messfühler des elektronischen Stabilitätsprogramms, über Regen- und Lichtsensoren, über die Satellitennavigation und andere Assistenz-Systeme zur Verfügung. Zentrale Verkehrsdatenbanken könnten die Funkdaten auswerten, analysieren und die aktuelle Information an alle FCD-Teilnehmer zurücksenden. Ziel muss sein, möglichst viele FCD-Teilnehmer zu gewinnen. Denn je mehr FCD-Fahrzeuge unterwegs sind, desto genauer und flächendeckender arbeitet dieses zukunftsweisende Telematik-Konzept.

Pannen- und Notruf-Service über Funk

Zu den Telematik-Diensten gehören auch automatische Notrufsysteme (Teleaid → 45) wie etwa die Tele-Diagnose (→ 99), die per Funk bei Pannen nicht nur Rat und Unterstützung bietet, sondern auch den Servicetechniker automatisch zum Pannenfahrzeug führt.
Speziell für Taxifahrer gibt es ein Alarmsystem, das sich im Fahrzeug oder per Handsender auch von außerhalb auslösen lässt und mit dem Notruf auch die genaue Position des Wagens übermittelt, die mithilfe der Navigationssatelliten des Global Positioning Systems (GPS) ermittelt und ständig aktualisiert wird. Dieses System soll Taxifahrern bei Überfällen schnellste Hilfe bringen.

Multimedia-Service

Telematik umfasst künftig auch multimedialen Service mit ganz neuen Informations- und Kommunikationsdiensten. Dazu zählen unter anderem spezielle Internet- oder WAP-Dienste, die über besondere Portale an jedem Ort und mit allen modernen Telekommunikationsgeräten zu erreichen sind. Sie bieten beispielsweise umfangreiche Navigationsdienste, Hotelsuche, Shoppingmöglichkeiten, aber auch einen Privatbüro-Service mit persönlichem Adressbuch und Terminkalender, Fax- und E-Mail-Empfang und -Versand.

Tirefit – Ersatz des Ersatzrades (Notrad, Faltrad)

In Mitteleuropa erleben Autofahrer nur durchschnittlich alle 150 000 Kilometer eine Reifenpanne, das bedeutet alle zehn bis zwölf Jahre. Deshalb ersetzen bereits einige Autohersteller das bis zu 20 Kilogramm schwere Ersatzrad durch andere Behelfslösungen. Neben dem Platz sparenden Notrad übernimmt bei einigen Herstellern ein Reifen-Reparaturset die Rolle des Ersatzrades. Dieses Tirefit-Set besteht aus einem umweltverträglichen Latex-Dichtmittel und einem handlichen Luftdruck-Kompressor für das 12-Volt-Bordnetz des Autos. Die Latex-Lösung wird über das Ventil in den Pneu eingefüllt und dichtet die schadhafte Stelle von innen ab. Mithilfe des Luftdruckkompres-

Das Tirefit-System ist kompakt und einfach zu verwenden

sors können Autofahrer den Reifen für die Fahrt bis zur nächsten Werkstatt aufpumpen. Das Dichtmittel lässt sich bei der Mehrzahl aller Reifenpannen einsetzen. Selbst bis zu vier Millimeter große Löcher, die durch Schrauben oder Nägel verursacht werden, können auf diese Weise abgedichtet werden.

Für den Ersatz des Ersatzreifens sprechen aber nicht nur Platz-, Gewichts- und damit Kraftstoffersparnisse, sondern auch zeitliche Vorteile. Ein Radwechsel dauert viel länger als das Reparieren mit einem Tirefit-System und die Hände bleiben sauber. Außerdem sind viele Autofahrer im Umgang mit Wagenheber und Werkzeug nicht sehr geübt.

Wichtig sind aber auch Sicherheitsaspekte. Weil das fünfte Rad am Wagen fast nie gebraucht wird, fristet es im Kofferraum ein Mauerblümchen-Dasein,

Vor- und Nachteile auf einen Blick

Das Ersatzrad und seine Alternativen

	Vollwertiges Ersatzrad	Notrad	Faltrad
Vorteile	Hundertprozentige Mobilität bei einer Reifenpanne. Kein Tempolimit. ABS, ETS und ASR funktionieren.	Geringerer Platzbedarf im Kofferraum und gegenüber herkömmlichem Ersatzrad 40 Prozent Gewichtseinsparung.	Gegenüber Notrad noch geringerer Platzbedarf. Im Vergleich zum vollwertigen Ersatzrad etwa 10 Prozent leichter. ABS, ETS/ASR funktionieren.
Nachteile	Hohes Gewicht und reduziertes Kofferraumvolumen. Werkzeug und Wagenheber erforderlich.	Eingeschränkte Mobilität. Tempobegrenzung auf 80 km/h. Werkzeug und Wagenheber erforderlich. Keine ABS, ESP/ASR-Funktionen.	Eingeschränkte Mobilität. Tempobegrenzung auf 80 km/h. Werkzeug, Wagenheber und Luftdruckkompressor erforderlich.
Praxis-Probleme	Im Einsatzfall zu geringer Luftdruck. Radschrauben nicht lösbar. Reserverad zu schwer.	Im Einsatzfall zu geringer Luftdruck. Radschrauben nicht lösbar.	Radschrauben nicht lösbar.

das ihm an die Substanz geht – der Ersatzreifen altert. Der Kautschuk büßt Elastizität ein, das Stahlgewebe im Pneu korrodiert und die Gummimischung der Lauffläche verhärtet sich.
Ein zusätzliches Risiko ist der Luftdruck. Untersuchungen zeigen, dass Autofahrer den Luftdruck des fünften Reifens nicht regelmäßig kontrollieren, sodass sie bei einer Panne ein Ersatzrad mit zu geringem Fülldruck montieren. Deshalb bei jeder Luftdruckkontrolle auch den Reservereifen berücksichtigen und einen unbenutzten Ersatzpneu spätestens nach sechs Jahren erneuern. Besser und wirtschaftlicher ist es, das Reserverad in den Wechsel- und Austauschturnus der anderen Reifen einzubeziehen.

Alternativen: Notrad oder Faltrad?

Wer auf das fünfte Rad am Wagen nicht völlig verzichten möchte, hat gegenwärtig zwei praxistaugliche Alternativen, die von einigen Autoherstellern angeboten werden:

- Das Notrad besteht aus einer Felge mit verringerter Breite und einem Reifen mit schmaler Lauffläche, der für die Fahrt bis zur nächsten Werkstatt taugt. Es wiegt etwa 40 Prozent weniger als ein vollwertiges Reserverad und ist für eine Höchstgeschwindigkeit von maximal 80 km/h zugelassen. Auch wenn das Notrad nur im Kofferraum liegt, muss sein Fülldruck regelmäßig kontrolliert werden. Ein weiterer Nachteil: Das Antiblockier-System (ABS → 34) oder die Antriebsschlupfregelung (ASR → 150) funktionieren nicht, wenn ein Notrad montiert ist.
- Das Faltrad zeichnet sich durch einen zusammengefalteten Reifen aus, der im Falle einer Panne mithilfe eines bordeigenen Luftdruckkompressors aufgepumpt werden muss. Dabei vergrößern sich Außendurchmesser und Lauffläche des Reifens. Die Tempobegrenzung beträgt aber auch hier 80 km/h, sodass ein baldiger Werkstattstopp unumgänglich ist. Wird ein Faltrad montiert, bleiben die Funktionen von ABS, ETS oder ASR erhalten. Das Faltrad ist um etwa zehn Prozent leichter als ein vollwertiges Reserverad.

Touchscreen

Manche Automobilhersteller bieten Bedienungssysteme für Audio-, Navigations- und Telekommunikationsgeräte fürs Auto an, die ohne oder nur mit einem Minimum von Tasten auskommen. Sie haben einen berührungsempfindlichen Bildschirm (Touchscreen), auf dem die jeweils notwendigen Bedienungsfelder dargestellt und per Fingerdruck bedient werden – beispielsweise die Zahlen von 0 bis 9 sowie die üblichen Symbole zur Bedienung eines Mobiltelefons. Vorteile: Es gibt nur noch wenige Schalter im Innenraum des Fahrzeugs, die ablenken, und die Bedienfelder auf dem Bildschirm können so groß gestaltet werden, dass sie sich auch während der Fahrt zielsicher mit dem Finger bedienen lassen. Nachteil: Verschmutzung des Displays.

Verzögerte Fahrlichtabschaltung

Bei einigen modernen Fahrzeugen kann eine verzögerte Fahrlichtschaltung programmiert werden. Ist sie aktiviert, schalten sich die Frontscheinwerfer erst einige Sekunden nach dem Schließen der Türen aus. Dies hilft beispielsweise, sich in Tiefgaragen, aber auch im Dunkeln im Freien leichter zu orientieren, und verbessert zugleich das Sicherheitsgefühl.

Die sparsamen Kraftwerke

Benzin- und Dieselmotoren werden immer stärker – und gleichzeitig genügsamer. Auch die möglichen Laufleistungen übersteigen häufig lässig die 300 000-Kilometer-Marke. Automatische Getriebe und sequenzielle Schaltungen übertragen die Kraft bequem an die Antriebsräder und erlauben mit einer Vielzahl von Fahrstufen zugleich eine ausgesprochen sportliche Fortbewegung.

Motor gestern und heute

Die Farbe der Vergangenheit ist Rosarot. Doch die Tatsachen beschreibt Vergangenes oft ganz anders. Vor allem wenn es um das Auto geht, verschafft die rosarote Brille keinen klaren Blick. Tatsache ist: Früher war nicht alles besser. Beispielsweise bei Leistung und Verbrauch. 1929 erzeugte etwa der Motor des legendären Dixi, des kleinen, unkomplizierten und deswegen alltagstauglichen und sehr beliebten Autos, zunächst 15, später 20 PS aus weniger als 800 Kubikzentimeter Hubraum. Das erlaubte eine Höchstgeschwindigkeit von 75 km/h. Genug für damalige Straßenverhältnisse, denn geteerte Fahrbahnen waren zu der Zeit noch nicht überall üblich. Bei weitem zu wenig aber für die heutige Zeit.

Mehr Leistung

Gefühlsmäßig erweckt ein technischer Rückblick den Eindruck, dass die Autos danach kontinuierlich stärker geworden seien. Aber es ging nicht stetig aufwärts. Deutliche Leistungssteigerungen waren zwar in den Jahren bis etwa 1960 zu verzeichnen – bei BMW zum Beispiel von 20 PS pro Liter Hubraum beim Dixi 1929 über 25,3 PS pro Liter beim legendären 326er von 1936, über 33 PS pro Liter des 501er von 1952 bis zu den 53,3 PS Literleistung des BMW 1500 im Jahr 1962. Dabei blieb es dann für einige Jahre. Auch 1975 schienen den Ingenieuren 55 PS pro Liter genug. Und heute? Heute sind satte Literleistungen von 100 PS und mehr nichts Ungewöhnliches!

Der spezifische Verbrauch sinkt, die Geschwindigkeit steigt

Am erstaunlichsten ist freilich der jeweils zugehörige Spritverbrauch. Zwar bewegt er sich bei einem flotten Zwei-Liter-Wagen bereits seit Beginn der Sechzigerjahre um und knapp unter 10 Liter pro 100 Kilometer. Der Durst der einzelnen Pferdchen ist allerdings gewaltig zu-

BMW M 2 B 15 „Bayernmotor" – 1920

rückgegangen. Pro 100 Kilometer brauchte jedes der 1929er 15 Dixi-PS noch 0,4 Liter. Die 50 Pferde des BMW 326 waren schon weitaus genügsamer und konsumierten nur noch 0,25 Liter pro PS. Heute genügen im Durchschnitt etwa 0,05 Liter, um eine der zahlreichen Pferdestärken für 100 Kilometer zu mobilisieren. Und moderne Dieselmotoren machen es noch billiger.

Im gleichen Maß wie der spezifische Verbrauch zunehmend sank, stieg die erreichbare Höchstgeschwindigkeit. Dixi-Fahrer übertrafen 75 km/h nur bergab und mit Rückenwind; der Zweiliter-Sechszylindermotor des 326 machte das Auto 115 km/h schnell, ein 1500er von 1962 erreichte 150 Spitze, für heutige Zwei-Liter-Fahrzeuge ist bei geringerem tatsächlichen Verbrauch oft erst deutlich nach 200 km/h Schluss.

Parallel dazu sank der Wert für die Beschleunigung von 0 auf 100 km/h. Beim Dixi wurde vorsichtshalber noch kein Beschleunigungswert angegeben. Das war 1929 noch nicht üblich. Hauptsache, man bewegte sich. Dem 326er wurde 1936 hingegen schon ein Null-auf-hundert-Wert von 34 Sekunden ins Stammbuch geschrieben. Diese Zahl halbierte 1962 der BMW 1500 bereits nahezu auf 16,8 Sekunden. Dank der rasanten technischen Entwicklung spurten Zwei-Liter-Limousinen heute ohne Probleme in weniger als zehn Sekunden auf 100.

Früher üblich: wenig Leistung, viel Verbrauch

Neue Techniken und viel Detailarbeit

Woher kommen die drastisch verbesserten Leistungsdaten der letzten Jahre? Für die Kraft moderner Automobile sind vor

Zeichen des Fortschritts: immer mehr PS

allem zwei Faktoren entscheidend: die ausgeklügelte Motortechnik, die den Kraftstoff wesentlich besser verwertet, und der geringere Luftwiderstand. Und die Motorenbauer schnüren den Automobiltriebwerken immer mehr den Sprit ab. Bereits jetzt wird an 200-km/h-Fahrzeugen gearbeitet, die gerade noch fünf Liter Kraftstoff auf 100 Kilometer konsumieren werden.

Dazu verordnen die Ingenieure den Motoren einen immer höheren Wirkungsgrad. Um den zu erreichen, verwenden sie zum Beispiel variable Ventilsteuerungen und eine Elektronik, die den Motor seiner jeweiligen Betriebsart präzise anpasst.

Zusätzliche Maßnahmen helfen ebenfalls zu günstigerer und flotter Fortbewegung. Dafür rücken die Ingenieure vielen Problembereichen mit akribischer Detailarbeit zu Leibe:

- Gewicht senken – zahlt sich beim Beschleunigen und an Steigungen aus. So kann zum Beispiel das Gewicht eines Motors mithilfe von Leichtbautechniken um 10 bis 20 Prozent gesenkt werden. Gleiches gilt für Karosserie- und Fahrwerkskomponenten.
- Luftwiderstand senken – lohnt vor allem bei schnellen Autobahnfahrten. Moderne Fahrzeuge haben deswegen zum Beispiel einen weitgehend glatten Unterboden, der den Luftwiderstandsbeiwert deutlich senkt, und eine genau ausgeklügelte Kühlluftführung.
- Rollwiderstand senken – bringt viel bei jeder Verkehrssituation. Erreichbar durch Reifen mit auf Sparsamkeit optimierten Laufflächen.
- Verlustenergien ausnutzen – nützlich bei Kaltstart und beim Bremsen. Zum Beispiel kann ein Latentwärmespeicher Abwärme aufnehmen und den Motor beim Kaltstart schneller auf Betriebstemperatur bringen. Das spart Sprit und reduziert die Schadstoffe im Abgas. Die Wärme schafft an kalten Tagen aber auch schnell kuschelige Wärme im Passagierabteil. Mit einem Schwungrad lässt sich überdies Energie, die beim Bremsen sonst verloren geht, speichern.

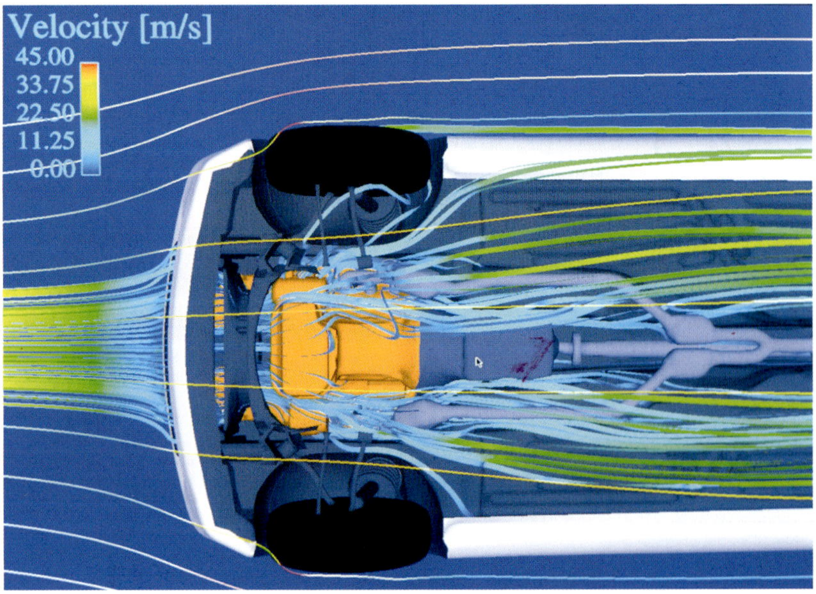

Aerodynamische Entwicklung per Computersimulation

Wasserstoffbetriebener Test-Pkw

Viele dieser Techniken werden heute eingesetzt, in Zukunft werden sie noch stärker genutzt. Die Grenzen markiert häufig allerdings nicht das technisch Machbare, sondern die Wirtschaftlichkeit: Das Auto muss für den Kunden bezahlbar bleiben.

Zukunftskonzepte

Das gilt gleichermaßen für Zukunftskonzepte, die von herkömmlichen Antriebskonzepten Abschied nehmen. Dazu zählen beispielsweise Elektroautos, Hybridfahrzeuge, naturgasgetriebene Automobile und Wasserstoff-Fahrzeuge. Aber auch diese Sparautos werden keine Frugalautos sein. Sie müssen genau so sicher und komfortabel sein wie ein konventionell motorisiertes Fahrzeug. Und die Fahrdynamik muss ebenfalls die heutigen Erwartungen der Käufer erfüllen.

Moderne Motoren halten 300 000 Kilometer

Freilich sind nicht nur Sparsamkeit und Leistungsfreude Kennzeichen moderner Motorenkonstruktionen. Sie sind überdies deutlich ausdauernder als vor dreißig oder vierzig Jahren. Laufleistungen von 300 000 Kilometer und darüber sind keine Seltenheit. Diese enorme Haltbarkeit ließ sich allerdings erst erzielen, als Computertechnik sehr präzise Herstellungsmethoden ermöglichte und die Materialforscher neue, hoch belastbare und abriebfeste Werkstoffe für die Automobilindustrie zur Verfügung stellten.

Der Diesel ist im Kommen

Davon profitierte auch der Dieselmotor, der seine bekannte Langlebigkeit behielt, dabei aber erheblich an Gewicht abspeckte. Moderne Dieseltriebwerke wiegen heute kaum mehr als vergleichbare Benzintriebwerke. Und auch in der Leistung haben sie aufgeholt. Statt behäbigem Charakter zeichnet die modernen Diesel-Direkt-Einspritzer mit Turboaufladung (TDI, CDI, JFD, HDi, TDCi, DTi) fast schon die Nervosität von Renntriebwerken aus. Sie stellen hohe Leistungen und enorme Drehmomente zur Verfügung, mit denen sie Limousinen zu sportwagenähnlichen Fahrleistungen beflügeln, und bleiben im Verbrauch dennoch dieselüblich bescheiden. Direkteinspritztechnik wird auch den Benzinmotoren in den nächsten Jahren noch weitere Sparsamkeit anerziehen, ohne ihr Temperament zu dämpfen.

Abgasnormen

An Abgasnormen herrscht in Europa kein Mangel. Sie sind so kompliziert, dass sämtliche Verordnungen und Definitionen mehrere dicke Bände füllen. Das Wesentliche: Es gibt die Normen Euro 1 bis Euro 4 sowie zusätzlich die deutschen Normen D3 und D4.

Die erste Generation geregelter Katalysatoren begann in den Achzigerjahren mit Euro 1. Der derzeit im gesamten EU-Raum verbindliche Standard ist Euro 3. Jedes verkaufte neue Modell muss mindestens diese Norm erfüllen. Und ab 2006 wird kein Auto mehr zugelassen, das nicht mindestens die Euro-4-Abgasnorm erfüllt.

Katalysatoren lassen sich auch nachrüsten

Die zusätzlichen Normen D3 und D4 sind Mixturen, die ausschließlich in Deutschland existieren. Weil die Deutschen als Vorreiter bei der Katalysator-Technik zügig auf schärfere Abgas-Normen drängten, setzte die Politik die Standards frühzeitig durch, wenn auch unter dem D2-Etikett. So lehnt sich die D3-Norm mit ihren Grenzwerten zwar stark an Euro 3 an, benutzt aber den Prüfzyklus von Euro 2. Das heißt: Die besonders schadstoffreichen ersten 40 Sekunden nach Anlassen des Motors werden nicht gemessen. Extrem aufwändige Elektronik zur Katalysator-Vorheizung ist also noch nicht erforderlich. Analog benutzt D4 weitgehend die Euro-4-Grenzwerte, aber den Prüfzyklus von Euro 3. Der misst die Abgase zwar sofort, aber bei einer Umgebungstemperatur von mehr als 20 Grad.

Naturgemäß werden die Abgas-Vorschriften immer strenger. Eigentlich war die Euro-5-Norm für 2010 vorgesehen, inzwischen prüft die EU die Einführung für 2008. Die bestehende Euro-4-Richtlinie wird durch den Testzyklus weiter verschärft: Es wird bei genau festgelegten minus sieben Grad gemessen.

Unter anderem von der erfüllten Abgasnorm hängt auch die zu zahlende Kfz-Steuer ab. Denn seit dem 1. Juli 1997 orientiert sich die Kfz-Steuer nicht nur am Hubraum, sondern auch an Abgasgrenzwerten (EG-Richtlinien Euro 1–4) und dem Kraftstoffverbrauch (5- beziehungsweise 3-Liter-Autos).

Das dabei verfolgte Prinzip lautet: Weniger Schadstoffe, weniger Steuern. Im Klartext: Für Pkws mit niedrigen Emissionen oder niedrigem Verbrauch müssen weniger Kfz-Steuern bezahlt werden, Fahrzeuge mit einem höheren Schadstoffausstoß werden stärker belastet. Dies soll ein steuerlicher Anreiz für die Herstellung und den Kauf von Pkws sein, die weniger umweltbelastend sind, und außerdem dazu veranlassen, Pkws mit hohem Schadstoffausstoß umzurüsten oder stillzulegen.

Aktuelle Kfz-Steuersätze in Deutschland

Norm	Steuersatz* (in Euro) Ottomotor	Dieselmotor
Euro 3	6,75	15,44
Euro 4	6,75	15,44
3-Liter-Auto	6,75	15,44
Euro 2	7,36	16,05
Euro 1 und vergleichbare	15,13	27,35
Andere, die bei Ozonalarm fahren dürfen	21,07	33,29
(bedingt) schadstoffarme, die bei Ozonalarm nicht fahren dürfen	25,36	37,58
übrige	25,36	37,58

* je angefangene 100 cm³

Der Schlüssel zur Steuer

Welche Norm ein Pkw erfüllt, ist in einer Schlüsselnummer im Fahrzeugbrief ausgewiesen. Sie steht dort in der Rubrik „1. Fahrzeug- und Aufbauart“ an der 5. und 6. Stelle. Zudem können zusätzliche textliche Erläuterungen in der Rubrik „5. Antriebsart“ von Bedeutung sein, zum Beispiel „OTTO/GKAT 51“. Unsere Übersichten auf den folgenden Seiten zeigen für die jeweiligen Schlüsselnummern den Wert einer Steuerbefreiung und die Steuersätze. Die künftige Steuer kann also durch einen Blick in den Fahrzeugbrief oder -schein errechnet werden. Dazu muss lediglich der jeweilige Steuersatz mit der Zahl der angefangenen 100 cm³ Hubraum multipliziert werden.

Die Steuersätze

Für die jeweilige Norm gelten seit 1. Januar 2005 nur noch die Steuersätze der hier abgedruckten Tabelle. Alle bisherigen Sätze sind damit Makulatur. Besonders schadstoffarme Fahrzeuge waren eine Zeitlang steuerfrei, diese Förderung lief nur bis zum 31. Dezember 2005. Bereits ab Erstzulassung 1. Januar 2005 konnte für kein Fahrzeug mehr ein neuer Befreiungszeitraum erwirkt werden.
Die bisherigen Emissionsgruppen D3 und D4 gleichwertig mit Euro 3 und Euro 4. Welcher Steuerklasse ein Pkw angehört, lässt sich aus den beiden letzten Ziffern des sechsstelligen Eintrags im Kfz-Schein (Fahrzeug- und Aufbauart, Ziffer 1) ablesen – Übersicht S. 112.

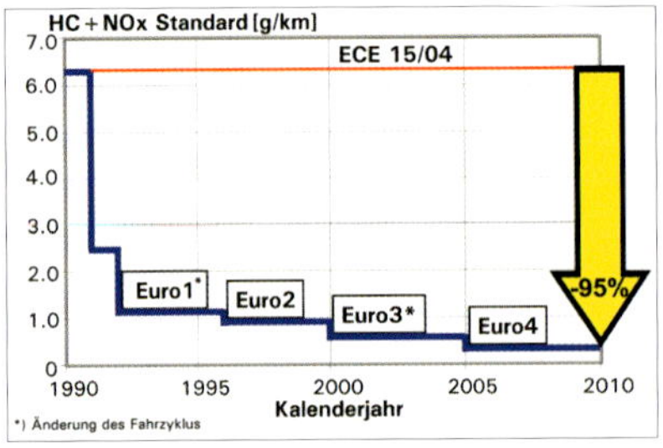

Entwicklung der HC + NOx-Gesetzgebung in der EU seit 1990

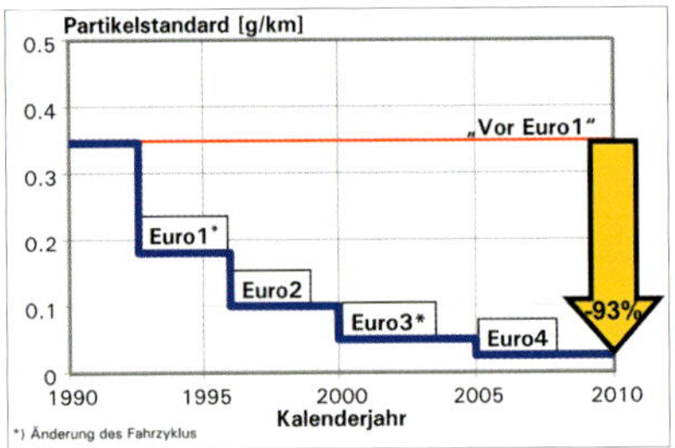

Entwicklung der Partikelgesetzgebung in der EU seit 1990

Steuerersparnis bei Umrüstung

Inzwischen gibt es Nachrüstmöglichkeiten, um älteren Fahrzeugen die Einstufung in eine günstigere Schadstoffklasse zu ermöglichen. Die Umrüstung wird vor allem bei allen Euro-1-Fahrzeugen vorgenommen, um Euro 2 zu erreichen – dies bringt vor allem eine steuerliche Ersparnis. Als besonders preiswerte Lösung hat sich beim Ottomotor der Kaltlaufregler erwiesen. Bei Dieselfahrzeugen kommen prinzipbedingt nur Upgrade- oder Austausch-Katalysatoren in Frage. Sie sind teuer, lohnen aber die Investition wegen der Steuerersparnis und der besseren Chancen für einen Wiederverkauf des Autos. Im Fahrzeugschein wird nach erfolgter Umrüstung die neue Schadstoff-Schlüsselnummer eingetragen.

Alternative Kraftstoffe

Wer sein Fahrzeug mit alternativen Kraftstoffen betreibt (zum Beispiel Erdgas oder Rapsöl), unterliegt ebenfalls den vorgenannten Regelungen für Fahrzeuge mit Verbrennungsmotor (Otto und Diesel). Das gilt auch für Hybridfahrzeuge. Zusätzliche Vergünstigungen sind nicht vorgesehen.

Pkws, die ausschließlich durch einen Elektromotor angetrieben werden, den überwiegend ein mechanischer oder elektrochemischer Energiespeicher speist, sind vom Tag der erstmaligen Zulassung an für fünf Jahre steuerbefreit. Nach Ablauf der Befreiung gelten Steuersätze je angefangene 200 kg zulässiges Gesamtgewicht (bis 2000 kg: 11,25 Euro, über 2000 kg bis 3000 kg: 12,02 Euro, über 3000 kg bis 3500 kg: 12,78 Euro). Die Steuer wird auf die Hälfte des stufenweise berechneten Betrages ermäßigt.

Die Anforderungen der Abgasnormen

Schadstoff-Schlüsselnummern:

Schlüsselnummer	Schadstoffklasse
30, 31, 44, 47, 67, 69	D3 oder Euro 3
34, 35, 50, 52	5-Liter-Auto
32, 33, 53, 56, 58, 60, 62, 65, 73 bis 75	D4 oder Euro 4
40, 41	3-Liter-Auto
36, 37, 45, 48, 68, 70	D3 oder Euro 3 oder 5-Liter-Auto
38, 39, 54, 57, 59, 61, 63, 66	D4 oder Euro 4 oder 5-Liter-Auto
42, 46	D3 oder Euro 3 oder 3-Liter-Auto
43, 55, 64	D4 oder Euro 4 oder 3-Liter-Auto

werden künftig noch weiter steigen. Die Norm steht bereits für äußerst geringe Emissionen (ULEV = Ultra Low Emission Vehicle).

Abgasrückführung
(AGR)

Die Abgasrückführung – vor allem die gekühlte – ist ein Verfahren zur Verringerung von Stickstoffoxiden im Abgas von Dieselfahrzeugen. Ein Teil des Abgases wird dabei über das Ansaugsystem des Motors erneut dem Kraftstoff-Luftgemisch zugeführt. Dies senkt die Temperatur bei der Verbrennung und führt damit zur Reduzierung des Stickstoffoxidanteils. Die Abgasrückführung ist jedoch oft mit einem höheren Kraftstoffverbrauch verbunden. Eine Doppelzündung kann den Wirkungsgrad der Abgasrückführung bei betriebswarmem Motor steigern. Denn sie ermöglicht einen optimalen und gleichmäßigen Verbrennungsprozess, der eine hohe Abgasrückführungsrate zulässt. In diesem Fall ist ein deutlich geringerer Verbrauch zu erzielen.

Alternative Antriebe

Alle Automobilhersteller arbeiten fieberhaft an neuen Antriebskonzepten für die Zukunft. Denn es ist abzusehen, dass die Erdölreserven nicht mehr allzu weit reichen. Zudem belasten Verbrennungsmotoren die Atmosphäre. Als Ersatz tüfteln die Ingenieure an Elektroautos, Hybridfahrzeugen und naturgas- oder wasserstoffgetrieben Automobilen.

Elektroauto

Das Elektroauto hat wegen seiner relativ geringen Reichweite eine Zukunft im Nahverkehr. Sinnvoll ist es allerdings nur, wenn die Batterien kleiner ausfallen und weniger wiegen als bisher, außerdem müssen sie eine höhere Speicherkapazität erhalten als derzeit, länger halten und weniger kosten. Nicht gelöst ist auch das Problem, den Strom umweltschonend bereitzustellen, mit dem die Batterien aufgeladen werden.

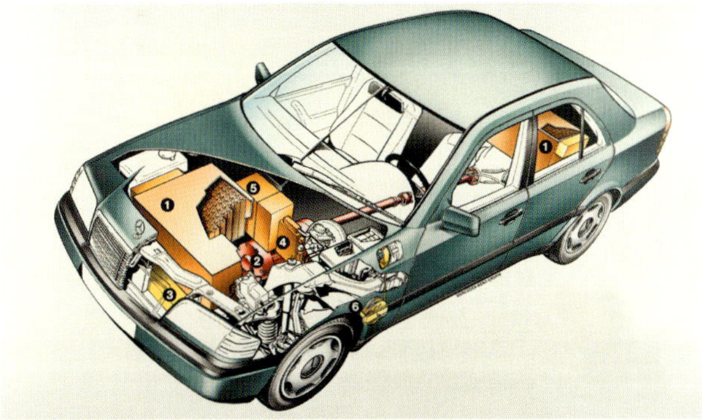

Entwurf für ein Elektro-Fahrzeug.

1. Hochenergie-Batterie
2. Asynchron-Elektromotor
3. Motorsteuerung
4. Batteriemanagement
5. Ladegerät
6. Kabeltrommel

Hybridfahrzeuge

Kombination zweier Antriebsarten (Elektromotor und Verbrennungsmotor) als Antwort auf gesetzliche Erfordernisse aus den USA (Zero-Emission-Fahrzeuge).

Hybridantrieb – Motor mit Getriebe

Unter Hybridantrieb versteht man jedoch nicht nur das bedarfsweise abgasfreie, elektrische Fahren, sondern auch ein intelligentes Energiemanagement im Auto, bei dem Elektroenergie den Verbrennungsmotor unterstützt und beim Bremsen Energie rückgewonnen wird. Zunächst wurde der Hybridantrieb von Technikern und Politikern nur als Zwischenlösung vor dem Einsatz der Brennstoffzelle angesehen; inzwischen gilt er als langfristige Alternative beim Bemühen um umweltfreundlichere Fahrzeuge. Wegen der Abgasgesetze gerade in Japan und in den USA dürfte der Dieselmotor trotz unbestrittener Verbrauchsvorteile (CO^2-Reduzierung) langfristig keine Chance haben, in Hybridfahrzeugen eingesetzt zu werden. Hier versehen vielmehr Benzinmotoren den Job als Hauptantrieb.

Mit dem Prius wurde Toyota zum Vorreiter bei den Hybriden

Mehrere Hybrid-Spielarten sind mittlerweile in Serie oder in Seriennähe. Wegbereiter war Toyota mit dem Prius und dem Lexus RX 400h – beides sind Vollhybride, die in bestimmten Situationen (Anfahren, Stadtverkehr bei langsamem Tempo, Stop-and-go im Stau) tatsächlich vollelektrisch fahren können. Der E-Motor dient gleichermaßen als Generator um Aufladen der Batterie oder unterstützt den Verbrennungsmotor. Zweiter Anwender war Honda mit dem Civic IMA und dem bei uns offiziell nicht vertriebenen Insight. Beide Honda-Typen sind Mild-Hybriden. Auch Ford hat inzwischen in den USA einen ähnlich dem Toyota konzipierten Vollhybrid (Escape Hybrid) im Angebot.
Mercedes-Benz und BMW (in Kooperation mit General Motors) sowie Audi, VW und Porsche arbeiten mit Hochdruck an dieser zunächst geschmähten Technik, weil sie als „Large Manufacturer" in den USA solche Fahrzeuge im Programm haben müssen. Nachteil der Vollhybriden: Mehrgewicht der Elektroausstattung rund 120 kg, dazu hohes Zusatzgewicht der Batterien, erheblicher Kostenaufwand, auf langen, schnellen Strecken ohne Verbrauchsvorteil.

Einfachere Auslegungen sind Mikro- oder Mild-Hybrids (geplant u.a. bei BMW, Citroen, Ford). Hier kommen beispiels-

Ein Mercedes der S-Klasse mit Hybridantrieb. Unter der Motorhaube verbirgt sich ein Benzintriebwerk. An Stelle des Automatikgetriebes befinden sich ein Planetenverteilergetriebe mit Zweimassenschwungrad und ein Generator sowie ein Elektromotor

weise Kurbelwellen-Start-Generatoren zum Einsatz, die als Start-Stopp-Automatik und gleichzeitig als Energiespeicher für zusätzliche Anwendungen (zeitweiliges Betreiben eines externen Notstromaggregats) dienen können.

Naturgasantrieb

Naturgasbetriebene Automobile verwenden entweder komprimiertes oder bei niedrigen Temperaturen von unter minus 160 Grad Celsius verflüssigtes Naturgas (Erdgas, Flüssiggas) zu Verbrennung. Die Vorräte an Naturgas reichen weiter als unsere Erdölvorräte und werden heute oft gar nicht genutzt – auf den Erdölfeldern wird permanent so viel Naturgas als unerwünschtes Nebenprodukt abgefackelt, wie ganz Nordamerika zur Deckung seines Energiebedarfs benötigt. Weiterer Vorteil: Die Abgase enthalten weniger Schadstoffe. Allerdings ist für Naturgas ein besonderer Tank (hoher Druck oder sehr niedrige Temperatur sowie größeres Volumen als bei Benzin, also Platzeinschränkung) notwendig. Weltweit nutzen derzeit bereits etwa eine Million Fahrzeuge die umweltschonende Energie aus dem Boden.

Wasserstoffantrieb

Wasserstoffautos verwenden flüssigen Wasserstoff als Antriebsmittel. Die Qualitäten von Wasserstoff lesen sich wie ein Kapitel aus einem Märchenbuch über Energietechnik. Wasserstoff

- ist unbegrenzt verfügbar, denn jedes Wassermolekül, das hilft, die Meere und Flüsse auf der Erde zu füllen, besteht zu zwei Teilen aus Wasserstoff und zu einem Teil aus Sauerstoff;
- verbrennt ohne die Umwelt belastende Schadstoffe; als Verbrennungsprodukt tröpfelt nur Wasser aus dem Auspuff – kein den Treibhauseffekt anheizendes CO_2 gelangt in die Atmosphäre und trägt zu noch nicht vorhersehbaren, möglicherweise katastrophalen Klimaveränderungen bei;
- kann jeden nur leicht abgewandelten herkömmlichen Ottomotor antreiben;
- funktioniert auch in einer Brennstoffzelle für elektrische Antriebe.

Dieser Opel wird mit Erdgas betrieben und zählt zu den saubersten Fahrzeugen der Welt

Der hochisolierte Tank des in Kleinstserie aufgebauten BMW 750hL (alte Baureihe E 38) erlaubte mit seinem Volumen von 140 Litern Wasserstoff eine Reichweite von bis zu 400 Kilometern

Zwei Prinzipien der Wasserstoffnutzung für Automobile konkurrieren derzeit miteinander – die direkte Verbrennung in einem Ottomotor und die Umwandlung in elektrische Energie in einer Brennstoffzelle, um damit Elektromotoren anzutreiben. Für die direkte Verbrennung muss der Wasserstoff in reiner Form in Tanks mitgeführt werden. Brennstoffzellen können auch mit Methanol oder Benzin betankt werden, die dann erst in einem Reformer in Wasserstoff aufgespalten werden.

Die meisten Automobilhersteller konzentrieren sich derzeit auf die Brennstoffzelle, doch einige, darunter vor allem BMW, haben sich für die direkte Verbrennung entschieden, weil sie temperamentvollere Motoren ermöglicht. Gravierendster Nachteil: Der Wasserstoff muss in reiner Form mitgeführt werden. Und das setzt eine aufwändige Speichertechnik voraus. BMW verwendet flüssigen Wasserstoff von minus 250 Grad Celsius in einem voluminösen, hochisolierten Tank.

Zudem ist die Produktion von Wasserstoff teuer: Er wird vor allem durch Elektrolyse erzeugt – durch die Spaltung von Wassermolekülen mithilfe von elektrischen Strom. Das Wasserstoffkonzept ist aber nur dann sinnvoll, wenn der Strom zur Produktion dieses idealen Antriebsmittels nicht mit fossilen Brennstoffen erzeugt wird, sondern zum Beispiel mit Wasser- oder Solarenergie. Im kanadische Quebec wird Wasserstoff mit Wasserkraftwerken erzeugt und kostet umgerechnet auf einen Liter Benzin etwa 0,80 Euro, Wasserstoff aus Solaranlagen in der kalifornischen Wüste kostet pro Liter-Benzin-Äquivalent etwa 2,50 Euro.

Mittlerweile haben sich eine Reihe von Firmen zusammengetan, die an Wasserstofffahrzeugen arbeiten. So entwickeln BMW, Honda und General Motors gemeinsam eine standardisierte Tankkupplung für Flüssig-Wasserstoff, um den gesetzlichen Forderungen in Deutschland, Japan und den USA zu entsprechen.

Brennstoffzelle

Sehr große Hoffnungen ruhen auf der Brennstoffzelle. Sie kehrt das Konzept der Wasserstofferzeugung sozusagen um: Wasserstoff und Sauerstoff werden in einer Zelle zusammengebracht und es entstehen Wasser und elektrischer Strom, mit dem ein Elektromotor betrieben werden kann. Die neuesten Brennstoffzellen-Fahrzeuge werden mit Methanol betankt und wandeln diesen flüssigen Kraftstoff nach dem Prinzip der Wasserdampf-Reformierung in Wasserstoff um. Aus dem Reformer gelangt das Gas in die Brennstoffzellen, wo aus Wasserstoff und Luft elektrische Energie gewonnen wird; sie dient zum Antrieb des Fahrzeugs.

Während frühere Brennstoffzellen-Systeme mit Wasserstofftanks oder Pufferbatterien zur Stromspeicherung arbeiteten, läuft der gesamte Prozess heute direkt ab. Beim Gasgeben stellt das System innerhalb von nur zwei Sekunden rund 90 Prozent der maximalen Brennstoffzellen-Leistung zur Verfügung. Damit erreicht der Brennstoffzellen-Wagen die Antriebsdynamik eines herkömmlichen Automobils mit Benzin- oder Dieselmotor.

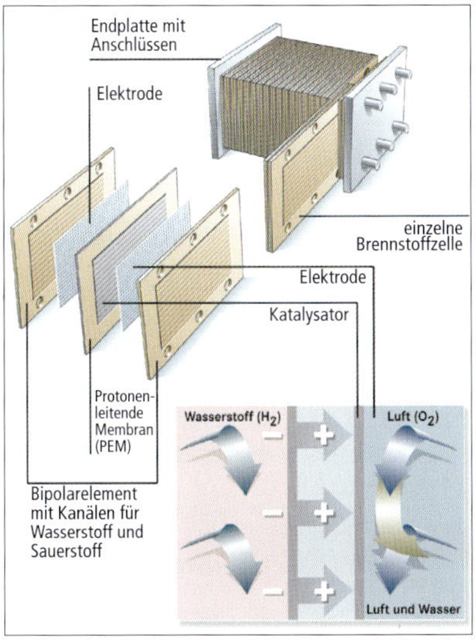

Aufbau einer Brennstoffzelle

Methanol lässt sich genauso leicht tanken wie Benzin – ein großer Vorteil für den flächendeckenden Aufbau eines Tankstellennetzes für diesen Energieträger

Der Verzicht auf Wasserstofftanks und Batterien dient nicht nur der Gewichtseinsparung, er perfektioniert auch die Alltagstauglichkeit des Brennstoffzellen-Fahrzeugs. Methanol erfordert keine besonderen Sicherheitsmaßnahmen und ist ebenso leicht zu tanken wie Benzin oder Diesel.

Denkbar wäre auch der Einsatz von Benzin oder Diesel, allerdings mit geringerem Wirkungsgrad. Für die Einführungsphase denken die Fachleute über ein so genanntes Multi-Fuel-Konzept nach, das die Verwendung verschiedener Kraftstoffe ermöglicht.

Ein Wasserstoffauto wird es also sein, das Auto der Zukunft. Dennoch wird es noch viele Jahre dauern, bis diese Vorstellungen in größerem Umfang in Erfüllung gehen. Es fehlen das Verteilungssystem (Tankstellen) sowie der wirtschaftliche Anreiz durch entsprechende Gesetze – und die Menschen müssen die neuen Techniken erst akzeptieren.

Andere Alternativen

Derzeit stehen als alternative Kraftstoffe lediglich Flüssiggas (LPG), komprimiertes/verflüssigtes Erdgas (CNG/LNG), Methanol und „Bio-Kraftstoffe“ wie Rapsöl zur Verfügung. Ihre Nutzung erfordert aber meist Umbauten an herkömmlichen Ottomotoren. Beim Betrieb eines Diesels mit Rapsöl muss zumindest die Freigabe des Motorherstellers für diesen Kraftstoff erteilt sein.

Antiklopfregelung

Eine automatische Antiklopfregelung ermöglicht ein hohes Verdichtungsverhältnis und vermag somit den Wirkungsgrad der Kraftstoffverbrennung deutlich zu steigern. Denn bei sehr hoher Verdichtung kann sich das Kraftstoff-Luftgemisch unkontrolliert selbst entzünden. Das macht sich als Klopfgeräusch bemerkbar. Es ist auch zu hören, wenn der Zündzeitpunkt nicht stimmt oder die Kraftstoffqualität minderwertig ist. Körperschall-Sensoren können diese Unheil verkündenden Klopfgeräusche erkennen und elektrische Warnsignale an das elektronische Motormanagement schicken. Das wertet die Signale aus, um zu erkennen, ob und wann der Motor klopft. Bei Klopfgeräuschen nimmt der Rechner des Motormanagements den Zündzeitpunkt so lange zurück, bis kein Klopfen mehr auftritt. Moderne Antiklopfregelungen arbeiten zylinderselektiv. Das bedeutet, dass das Motormanagement anhand der Kurbelwellenstellung erkennt, welcher Zylinder klopft, sodass es nur für diesen Brennraum regelnd eingreifen muss.

Ausgleichswelle

Einige Motorbauarten produzieren beim Laufen ungewollte Schwingungen – beispielsweise V-Sechszylinder. Um diese Schwingungen zu eliminieren und für seidenweichen Rundlauf zu sorgen, werden solche Motorkonstruktionen mit Ausgleichswellen ausgerüstet. Bei einem V-Sechszylinder hat sie ihren Platz zwischen den beiden Zylinderbänken im Kurbelgehäuse. Dort rotiert die Ausgleichswelle gegenläufig zur Kurbelwelle mit der gleichen Drehzahl und kompensiert die prinzipbedingten freien Schwingungen.

Zwei geschmiedete, mehrfach gelagerte Ausgleichswellen rotieren gegenläufig mit doppelter Kurbelwellendrehzahl. Der sogenannte Lancester-Ausgleich sorgt wie hier beim 1,8-Liter-Vierzylinder von Mercedes für eine Ausbalancierung freier Massenkräfte

Benzindirekteinspritzer (FSI, CGI, GDI, JTS, IDE)

Ziel der Motorenentwicklung ist es, möglichst viel Energie aus möglichst wenig Kraftstoff zu schöpfen. Das gilt auch für Ottomotoren. Eine Lösung bietet die Benzindirekteinspritzung. Diese Technik ermöglicht bei Benzintriebwerken 5 bis 20 Prozent Kraftstoffersparnis bei vergleichbarer Leistung und verbessert den Wirkungsgrad.

Dem stehen allerdings auch Nachteile gegenüber: Wegen der mageren Verbrennung mit Sauerstoffüberschuss können

Moderner Benzin-Direkteinspritzer von Volkswagen

nicht allein die heute üblichen Dreiwege-Katalysatoren zur Abgasreinigung eingesetzt werden. Denn der relativ hohe Sauerstoffgehalt im Abgas verhindert die Reduktion der Stickoxide (NOx). Neue Konzepte wie die Speicherkat-Technologie sind daher notwendig. Außerdem ist extrem schwefelreduzierter Kraftstoff erforderlich

Mager- contra Homogenbetrieb

Das große Plus der Direkteinspritzung gegenüber der heute bei Ottomotoren meist noch üblichen Kraftstoff-Einspritzung in das Saugrohr ist die Gemischbildung im Brennraum. Durch die Einlassventile wird nur Luft angesaugt und anschließend verdichtet. In den mit komprimierter Luft gefüllten Brennraum kann nun jederzeit – auch erst unmittelbar vor der Zündung – der Kraftstoff eingespritzt werden. Durch gezielte Gestaltung von Brennraum und Einspritzdüse ist es möglich, konzentriertes zündfähiges Gemisch nur in der direkten Umgebung der Zündkerze zu erzeugen (Schichtung).
Im Rest des Brennraumes wird das Gemisch dagegen zur Zylinderwand hin immer magerer. Im Idealfall ist an der Wand nur reine Luft vorhanden. Der hohe Luftanteil bedeutet einerseits eine effizientere Verbrennung, andererseits kann die Drosselklappe wesentlich weiter oder

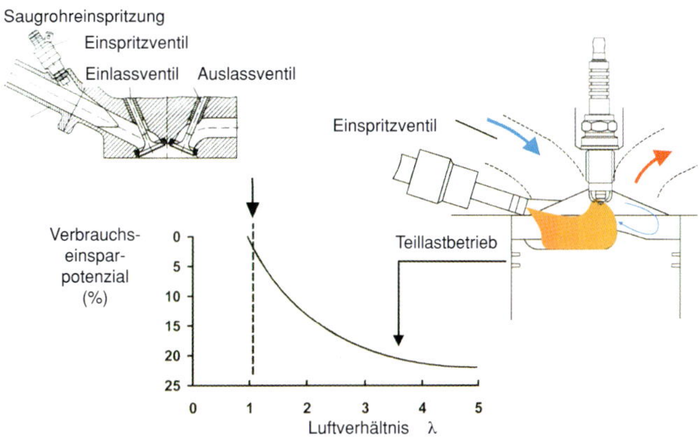

Einsparpotenzial bei einem Ottomotor mit Direkteinspritzung

Luftwege im hochaktuellen 1,4-Liter-TSI von VW mit schräggestellten Einspritzdüsen

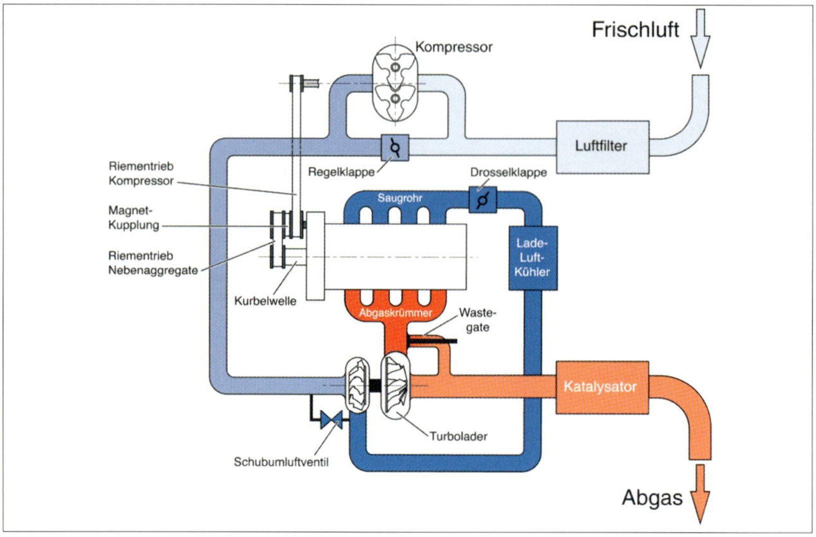

ganz geöffnet werden, was den Motor freier atmen lässt.
Die magere Verbrennung spart Kraftstoff. Bei hoher Last und Drehzahl bringt die Schichtung allerdings keine Vorteile mehr. Dann ist es besser, den Brennraum mit einem zwar mageren, aber weitgehend homogenen Gemisch auszufüllen. Dazu wird bereits während des Ansaugvorganges Treibstoff eingespritzt. Vorteile zeigt das Direkteinspritz-Prinzip aber auch dann: Das Zerstäuben des Kraftstoffs direkt im Brennraum kühlt den Zylinderinhalt ab, die Klopfneigung verringert sich und die Verdichtung kann erhöht werden. Das bedeutet weniger Verbrauch im gesamten Kennfeld des Motors.

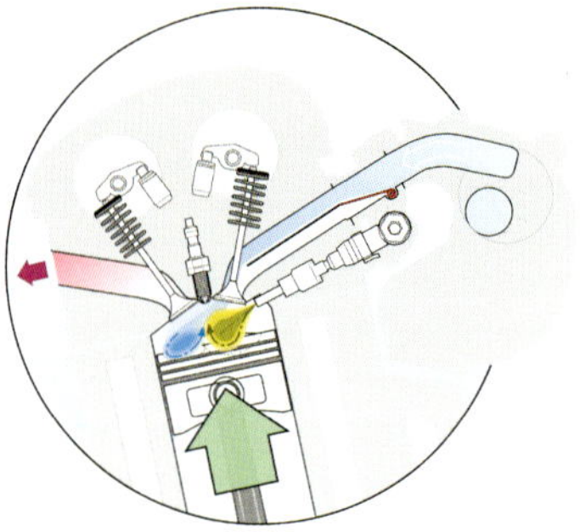

Schichtladebetrieb

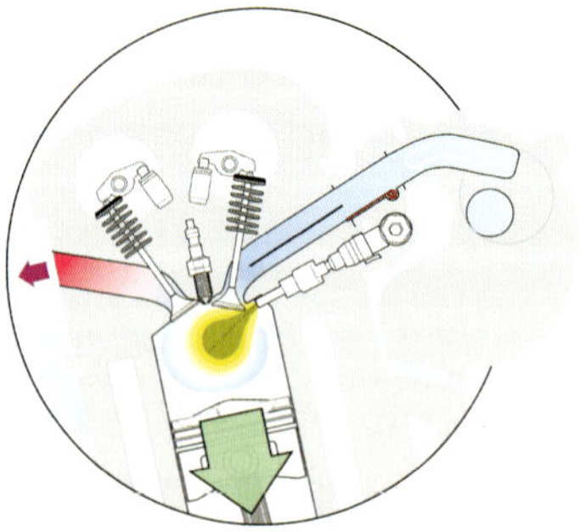

Homogenbetrieb

Hauptbetriebsarten des FSI-Motors von Volkswagen

So sinnvoll ist eine Benzindirekteinspritzung !

Eine Benzindirekteinspritzung senkt den Kraftstoffverbrauch deutlich und ist deshalb eine gute Wahl. Leider bieten noch nicht alle Automobilhersteller Fahrzeuge mit Benzindirekteinspritzung an.

Allerdings hat sich inzwischen herausgestellt, dass der konstruktive Aufwand für den Betrieb mit stark überhöhtem Ansaugluftanteil (Mercedes CGI, VW FSI, Ford, Renault ide) unverhältnismäßig groß ist. Darum gehen die Automobilhersteller derzeit zurück auf den Homogenbetrieb (1 Teil Kraftstoff, 14,7 Teile Luft), kombinieren derartige Direkteinspritzer aber gern mit Aufladung. Der Wirkungsgrad solcher Motoren (Beispiel VW/Audi 2.0 T FSI) ist hervorragend. Er wird in nächster Zeit weiter gesteigert werden – zum einen durch Mehrfachaufladung wie beim VW Golf 1.4 TSI, zum anderen durch neue Einspritzdüsen. Sie formen den Einspritzverlauf so, dass das Gemisch weder Zylinderwand noch Kolbenboden berührt, sondern gleich im Bereich der Zündkerze entflammt (strahlgeführtes System).

Chip-Tuning

Chip-Tuning wird bei modernen Dieselmotoren mit Hochdruckeinspritzung und Turbolader angewandt. Das Angebot klingt verlockend, werden doch ohne gravierende Eingriffe in den Motor für ein paar hundert Euro Leistungssteigerungen von bis über 20 Prozent versprochen. Das scheint auf den ersten Blick auch sinnvoll, denn viele Automobil-Hersteller bieten ihre modernen Dieseltriebwerke bei gleichem Hubraum in zwei oder drei unterschiedlichen Leistungsstufen an – allerdings liegen sie im Preis meist einige tausend Euro auseinander.

Zwar geht durch Tuning per Chip die Werksgarantie verloren, aber die Tuningmaßnahmen können sehr unauffällig durchgeführt werden. Denn ein paar elektronische Bauteile und eine elektronische Schaltung sorgen bereits für mehr Dampf unter der Haube. Diese Elektronik gaukelt dem Motormanagement eine etwas höhere Luftmenge im Brennraum vor, der mit einer größeren Einspritzmenge reagiert. Der Materialaufwand für solche Tuningmaßnahmen übersteigt kaum 20 Euro.

Doch hier liegt ein gravierender Unterschied zum leistungsstärkeren Serientriebwerk: Hubraumgleiche, aber in der Leistung unterschiedliche Serienmotoren unterscheiden sich wesentlich deutlicher als allgemein vermutet – beispielsweise durch einen größeren Ölkühler, größere Einspritzdüsen, einen anderen Lader mit verstellbaren Schaufeln und eine veränderte Einspritzcharakteristik. Oder Ventile mit höherem Nickelgehalt und ein Zylinderkopf mit optimierten Wasserkanälen werden montiert.

Tatsächlich erleiden chipgetunte Motoren viel häufiger Motorschäden als ihre serienmäßigen Pendants. Risiko beim Chip-Tuning: Die Tuningprogramme spritzen zu lange ein, um eine hohe Leistung zu erzielen. Die Einspritzstrahlen prallen dabei auf den Kolben, der im Arbeitstakt nach

Motormanagement mit 32-Bit-Technik

Aufpassen beim Gebrauchtwagenkauf!

Die Tuningmaßnahmen lassen sich mit wenigen Handgriffen wieder rückgängig und damit nicht mehr nachweisbar machen. Fragen Sie deshalb, wenn sie einen gebrauchten Diesel erstehen, unbedingt ausdrücklich danach, ob das Triebwerk je getunt war, und lassen Sie sich das schriftlich im Kaufvertrag bestätigen. Denn bei einem eventuellen Motorschaden können die Vertragswerkstätten oft sehr gut nachweisen, wenn Chip-Tuning die Ursache war. Allerdings gibt es auch Firmen, die Leistungssteigerung per Chip anbieten, dafür aber mit einer eigenen Garantieleistung gerade stehen.

unten gleitet, und detonieren direkt an der Kolbenoberfläche. Das zerstört den Motor. Aber auch das Drehmoment wird durch Chip-Tuning gesteigert. Somit riskiert man nicht nur den Motorexitus, sondern auch noch, dass das Getriebe ruiniert wird, das nur für ein bestimmtesmaximales Drehmoment ausgelegt ist.

Diesel-Hochdruck-direkteinspritzung (TDI, CDI, JTD, HDi, TDCi, DTi)

Die modernen Diesel haben aufgrund ihrer exzellenten Kraftentwicklung, ihres gewaltigen Drehmoments und niedrigerer Verbrennungsgeräusche längst alle gängigen Vorurteile gegenüber diesem Motorenkonzept hinter sich gelassen. Einhundert Jahre nach seiner Erfindung gilt der Dieselmotor als das effizienteste Antriebssystem. Dank fortschrittlichster Technologien ist er heute allen anderen Großserienmotoren in punkto Verbrauch weit überlegen. Zudem haben die Dynamik- und Komforteigenschaften der Selbstzünder ein Niveau erreicht, das vor einigen Jahren undenkbar gewesen wäre. Allerdings wird dem Selbstzünder noch angelastet, dass seine Abgase schädlicher sein könnten als die der Benziner. Vor allem die Rußpartikel geraten immer wieder in die Kritik.

Das Geheimnis der neuen Dieseltugenden beruht auf mehreren technischen Entwicklungen. Die wichtigste Innovation der neuen Dieselgeneration ist die Hochdruckdirekteinspritzung. Während ältere Dieseltriebwerke mit einer konventionellen Einspritzpumpe und ebensolchen Einspritzventilen arbeiten, drücken die neuen Techniken den Kraftstoff unter hohem Druck in die Brennkammern. Das bringt nicht nur mehr Leistung, sondern auch geringeres Laufgeräusch sowie geringere Emissionen. Am dieseltypisch geringen Verbrauch ändern diese Verbesserungen aber erfreulicherweise nichts.

Angeboten werden heute Hochdruckeinspritz-Diesel nach zwei unterschiedlichen Konzepten – Common Rail-Modelle und Autos mit dem Pumpe-Düse-Verfahren. Beide bringen hohe Leistung und Drehmoment im Überfluss. Nur noch wenige Hersteller verwenden Hochdruckeinspritz-Diesel mit Verteiler-Einspritzpumpe.

Common-Rail

Beim Common-Rail-Verfahren setzt eine Hochdruckpumpe den Kraftstoff in einer zentralen Speicherleiste (Rail) unter Druck (zirka 1300 bar). Die Motorelektronik steuert Magnetventile elektrisch an, um den Kraftstoff zum richtigen Zeitpunkt und in der richtigen Dosierung in den Brennpunkt zu schießen. Weil ständig hoher Druck verfügbar ist, sind Einspritzzeitpunkt, -dauer und -menge frei

wählbar. Dadurch ist eine höhere Verdichtung und damit ein höheres Drehmoment möglich.
Der Brennraumdruck und die hohe Geschwindigkeit, mit der dieser Druck während des Verbrennungsvorgangs ansteigt, bewirken beim Diesel-Direkteinspritzer normalerweise ein höheres Geräuschniveau als bei einem Vorkammermotor. Um das Verbrennungsgeräusch auf niedrigem Niveau zu halten, verwendet die Motortechnik die so genannte Piloteinspritzung. Dazu wird eine kleine Spritmenge wenige Millisekunden vor der eigentlichen Haupteinspritzung in die Zylinder eingespritzt. Sie verbrennt sofort und wärmt dabei den Brennraum vor. Bei der Haupteinspritzung entzündet sich anschließend der Kraftstoff schneller und die Temperatur steigt nicht mehr so rapide an. Das reduziert die Verbrennungsgeräusche. Zudem vermindert die Piloteinspritzung die anfallenden Stickoxid-Emissionen.
Künftig soll das Laufverhalten dank Piezotechnik durch weitere Piloteinspritzungen vor dem Hauptverbrennungsvorgang, aber auch danach weiter optimiert werden.

Pumpe-Düse

Das Pumpe-Düse-System erzeugt den Einspritzdruck für jeden Zylinder separat. Vorteil der direkten Druckerzeugung: Es treten nur minimale hydraulische Ver-

Common-Rail-System

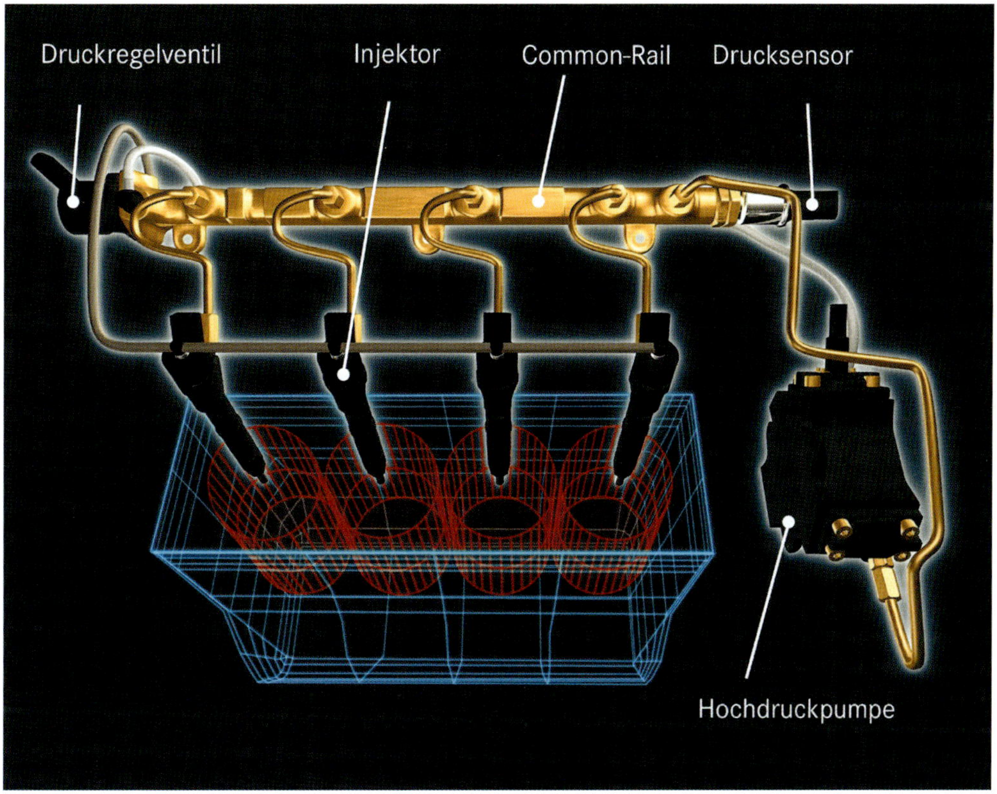

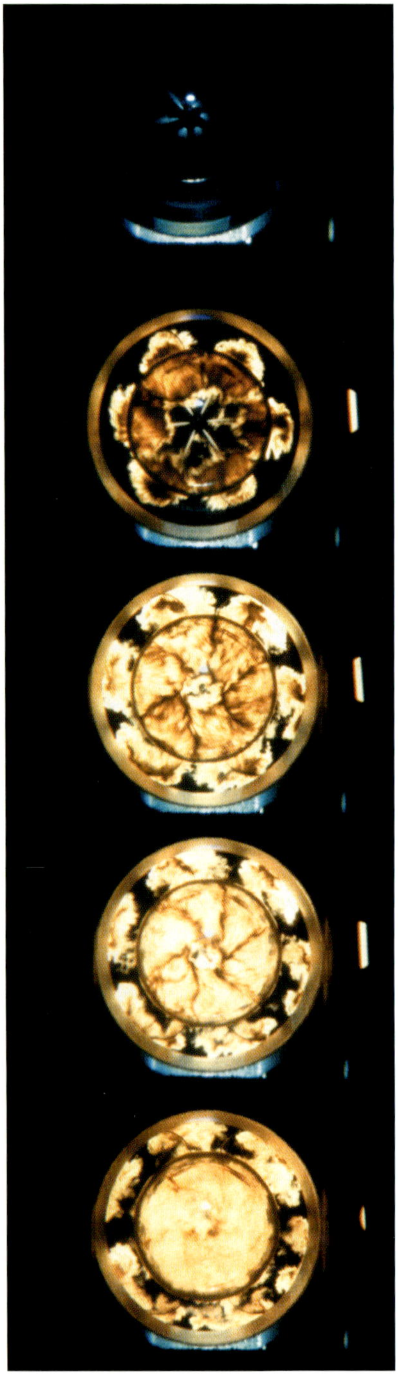

Moderne Analyseverfahren zeigen, wie der Dieselkraftstoff in den Brennraum strömt und sich fast vollständig entzündet

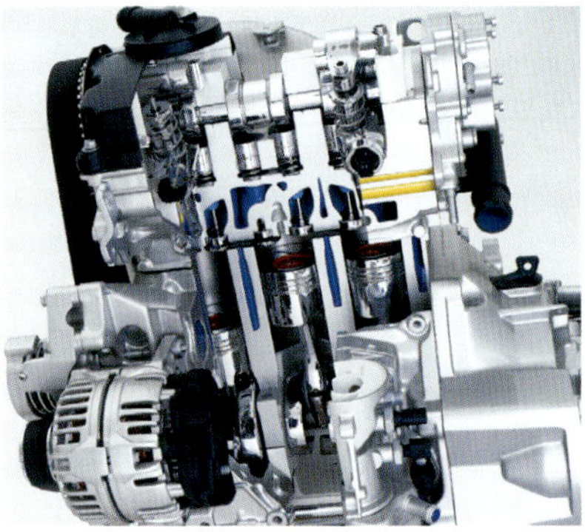

Pumpe-Düse-System von VW

luste auf und sie ermöglicht einen konkurrenzlos hohen Einspritzdruck von über 2000 bar. Aber auch die Common-Rail-Technik wird künftig mit höheren Drücken und noch präziser zu steuernden Einspritzvorgängen arbeiten. Dafür sorgen neue Piezoinjektoren anstelle der Magnetventile, die innerhalb 0,1 Millisekunden reagieren und somit bis zu sechs Teileinspritzungen ermöglichen.

Diesel-Turboaufladung

Die hohe Leistung der modernen Dieselmotoren ist allerdings nicht nur der Direkteinspritzung unter hohem Druck zu verdanken. Dazu verhelfen auch moderne Vierventil-Technik sowie mit Ladeluftkühlern gekoppelte Abgasturbinen zur Aufladung nach dem Kompressorprinzip. Sie sind in vielen Fällen sogar mit einer elektronischen Steuerung versehen, mit der das Motormanagement die Nachschubversorgung mit Verbrennungsluft exakt dem jeweiligen Leistungsbedarf anpasst. Dazu nutzt sie eine variable Turbinen-Geometrie, deren Leitschaufeln verstellbar sind. So kann die Turbine bereits bei niedriger Drehzahl, wenn die Abgasmenge normalerweise noch nicht für den Antrieb der Turbine ausreicht, bereits Luft in die Zylinder schaufeln.

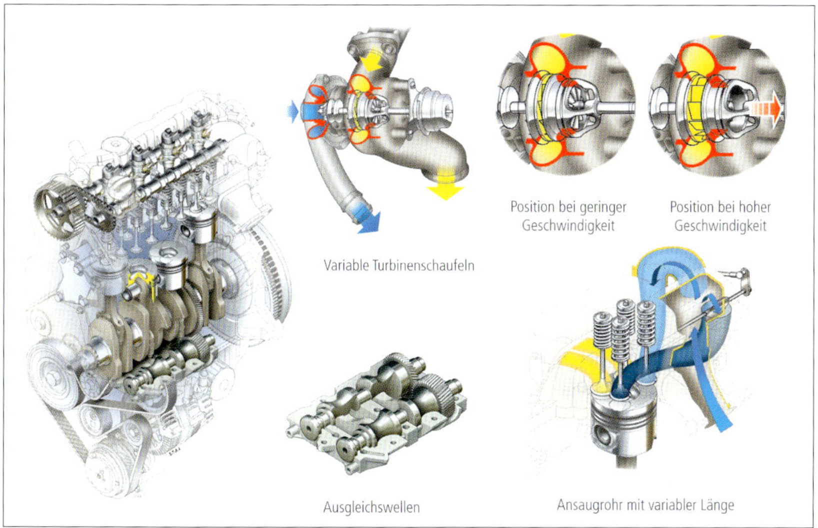

Ein typischer Turbo-Diesel: der 2.2 Hdi-Motor von Citroën

Das so genannte Turboloch macht sich deshalb nicht bemerkbar.

Abgasnormen werden erfüllt

Die Dieselmotoren der jüngsten Generation erfüllen die Abgasnorm E4 (→ 111).

So sinnvoll ist ein Diesel-Hochdruckdirekteinspritzer !

Fahrzeuge, die mit einem Dieselmotor mit moderner Hochdruckdirekteinspritzung ausgerüstet sind, sind eine gute Wahl. Sie sind temperamentvoll, verfügen über ein hohes Drehmoment und verbrauchen vergleichsweise wenig und zudem günstigen Dieselkraftstoff. Allerdings sind Dieselmodelle meistens einige Tausender teurer als vergleichbare Benzinermodelle, sodass sich die Sparvorteile oft erst ab Fahrleistungen von mindestens 200 00 Kilometern an finanziell tatsächlich auszahlen.

Um diese ab 2005 gültige Norm problemlos zu erfüllen, müssen noch neue Katalysatortechniken wie der so genannte DeNOx-Kat weiter entwickelt werden.

Differenzialsperre (ABD, ASD, ESD, Variable Differenzialsperre, Viscosperre)

Die beiden Antriebsräder eines Autos legen bei Kurvenfahrt unterschiedlich lange Wege zurück – das kurveninnere Rad benötigt nicht so viel Weg wie das kurvenäußere Rad. Diesen grundsätzlichen Unterschied gleicht das Achsdifferenzial in der Regel aus.
Eine Differenzialsperre baut bei Bedarf ein Sperrmoment auf – zum Beispiel wenn eines der beiden Antriebsräder durchzudrehen droht, etwa auf rutschigem Untergrund. Differenzialsperren helfen vor allem bei Geländewagen den Vortrieb zu sichern. Aber auch sportliche Fahrer mit Heckantriebs-Fahrzeugen schätzen sie, weil sie das Durchdrehen

der Räder in vielen Situationen auf Straßen mit durchschnittlichem bis hohem Reibwert verhindern und so die positiven Eigenschaften des Heckantriebs unterstützen.
Meistens übernehmen drehmomentfühlende Selbstsperrdifferenziale mit einem Sperrwert von bis zu 25 Prozent und einem konstanten Grundsperrmoment diese Aufgabe. Bei diesen drehmomentfühlenden Differenzialsperren richtet sich das insgesamt übertragbare Antriebsmoment nach dem Moment, welches das Rad auf dem niedrigeren Reibwert übertragen kann. Ist der Reibwert jedoch sehr niedrig, beispielsweise auf Schnee, Schotter oder gar blankem Eis, dann sind die Traktionsvorteile mit diesem herkömmlichen Sperrenkonzept begrenzt.

Variable Differenzialsperre

Abhilfe schafft die variable Differenzialsperre, die beispielsweise BMW in sein sportliches M3-Modell installiert. Diese Sperre baut bei steigender Differenzdrehzahl zwischen den Antriebsrädern sofort ein steigendes Sperrmoment auf. Damit kann ein entlastetes Rad, etwa das kurveninnere Rad, bei forcierter Passfahrt nicht mehr dazu führen, dass das Antriebsmoment völlig einbricht, der Vortrieb bleibt also stets erhalten und es geht weiter zügig voran.

Variable Differenzialsperre

Vierradantrieb mit Differenzial vorn und hinten

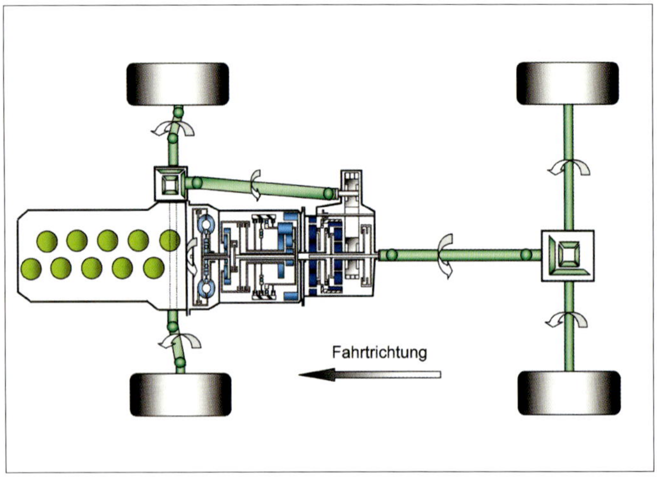

Im Extremfall kann das gesamte Antriebsmoment über das Rad auf der Fahrbahn mit dem besseren Reibwert übertragen werden. Nimmt die Differenzdrehzahl zwischen den beiden Rädern wieder ab, reduziert sich zwangsläufig auch der Pumpendruck, und das Sperrmoment lässt entsprechend nach, die Kraft fließt wieder zu beiden Rädern.
Eine variable Differenzialsperre ermöglicht es also, auf einem Untergrund, der sehr unterschiedliche Reibwerte für die beiden Antriebsräder bietet, wesentlich besser anzufahren als mit einer herkömmlichen Sperre. Außerdem verbessert sie Handling und Fahrstabilität.

Viscosperre

Eine Viscosperre benutzt ein selbstregelndes Pumpsystem, das mit hochviskosem Siliconöl gefüllt ist, dessen Fließzähigkeit sie nutzt. Viscosperren wirken automatisch sowie stufenlos und verteilen ebenfalls bei Bedarf die Antriebskräfte traktionsabhängig zwischen den Achsen. Viscosperren machen aufwändige mechanische Differenzialsperren überflüssig. Selbst einige Geländewagen sind mit Viscosperren ausgerüstet, die allerdings bei harten Geländeeinsätzen durch eine mechanische Vollsperrung mit starrem Durchtrieb zwischen den Achsen des Zentraldifferenzials überbrückt werden. Und wenn das zum Fortkommen immer noch nicht reichen sollte, lässt sich bei einer geringen Geschwindigkeit auch das Hinterachsendifferenzial per Knopfdruck zu 100 Prozent sperren.

ASD – automatisches Sperrdifferenzial

Das automatische Sperrdifferenzial verbessert das Anfahren bei einseitig glatter oder rutschiger Fahrbahn, indem es sich bei Bedarf im richtigen Moment automatisch elektronisch zu- und abschaltet (ESD – elektronisches Sperrdifferenzial). Beim Bremsen wird die Sperre wieder gelöst.

ABD – Automatisches Bremsdifferenzial

Das automatische Bremsdifferenzial bremst bei unterschiedlich griffiger Fahrbahn das Rad ab, das durchzudrehen droht und spiegelt so dem Differenzial eine griffige Fahrbahn vor. Das Differenzial gibt dem Rad auf griffigem Untergrund dann automatisch mehr Drehmoment und eine gute Traktion bleibt erhalten.

Doppelzündung
(Twin Spark)

Zwei Zündkerzen pro Zylinder schaffen kurze Brennwege, entzünden damit das Gemisch fast vollständig und optimieren so die Verbrennung. Resultat ist unter anderem eine Verringerung der Abgas-Emissionen. Wird nur eine einzige zentrale Kerze verwendet, bleiben unverbrannte Kraftstoffreste.
Moderne Doppelzündungssysteme gehen noch einen Schritt weiter, indem sie die Zündkerzen nicht gleichzeitig, sondern zeitlich versetzt ansteuern. Auch die Reihenfolge der Zündung kann sich nach jedem Verbrennungstakt ändern. Mit diesem Trick lässt sich der Druckanstieg in den Zylindern und damit das Verbren-

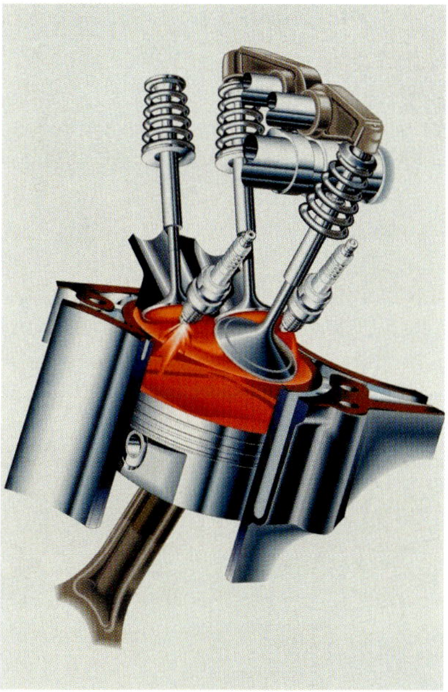

Phasenversetzte Doppelzündung

nungsgeräusch deutlich verringern. Außerdem wird der Kolben nicht mehr durch Spitzentemperaturen belastet. Schließlich steigert die Doppelzündung auch den Wirkungsgrad der Abgasrückführung (→ 103) bei betriebswarmem Motor.

Downsizing

Nutzung kleinerer Motoren mit dem Leistungspotenzial größerer Hubräume, vor allem durch Aufladung, höhere Verdichtung, Mehrventiltechnik, Hybridisierung usw. Vorteil ist zum einen, dass die Basismotoren in der Regel bereits entwickelt worden sind und im Aggregateregal bereitstehen, zum anderen dass in puncto Packaging im Motorraum nur wenig zusätzlicher Aufwand gegenüber den Basismotoren erforderlich ist.Dazu kommt, dass die Downsizing-Motoren ein günstigeres Leistungsgewicht aufweisen als größere Triebwerke.

E-Gas

Eine elektrische Verbindung ersetzt bei modernen Personenwagen das übliche Gestänge vom Gaspedal zur Einspritzanlage. Das E-Gas überträgt die Impulse, die der Fahrer beim Tritt aufs Fahrpedal auslöst, als digitale Signale an die Elektronik der Einspritzsteuerung. Vorteile sind eine Übertragung ohne Verzögerung sowie eine geringe Störanfälligkeit.

EU-Fahrzyklus

Seit Januar 1996 muss der Kraftstoffverbrauch von Personenwagen nach der EU-Richtlinie 93/116/RG gemessen werden. Er basiert auf einem praxisgerechten Fahrzyklus: Der Motor wird in kaltem Zustand bei 20 Grad Celsius gestartet, anschließend wird eine Stadtfahrt von 4,052 Kilometer Länge mit genau vorgeschriebenen Brems- und Beschleunigungsphasen zurückgelegt. Dem schließt sich eine 6,955 Kilometer lange Überlandfahrt an, bei der die Fahrzeuge auf dem Rollenprüfstand in allen Gängen mehrmals beschleunigt und abgebremst werden bei einer Höchstgeschwindigkeit von 120 km/h. Der durchschnittliche Kraftstoffverbrauch errechnet sich schließlich zu 36,8 Prozent aus dem Stadtzyklus und 63,2 Prozent aus der Überlandfahrt. Das Resultat ist der so genannte NEFZ-Gesamtverbrauch (Neuer Europäischer Fahr-Zyklus).

CVT-Getriebe Audi-Multitronic-Gliederkette

Getriebe werden immer komplizierter und sind dennoch einfach zu bedienen

Getriebe

(ASG, Automatikgetriebe, Autoshift, Direktschaltgetriebe DSG, Doppelkupplung, DSP, Dynamisches Schaltgetriebe, Easytronic, Hypertronic, Multitronic, Quickshift, Selespeed, Selectronic, Sequentronic, SMG, Softtip, Speedshift, Sprintshift, Steptronic, Switch-Tronic, Tiptronic)

Seit vielen Jahren haben Autofahrer die Wahl zwischen Schaltgetriebe und Automatikgetriebe. Das Schaltgetriebe galt als sportlich, die Automatikversion als komfortabel, weil sie den Kupplungsfuß entlastet und sogar das Anfahren an einem steilen Berg zum Kinderspiel macht. Gleichzeitig steht die Automatik allerdings berechtigt in dem Ruf, Leistung und Sprit zu kosten.

Dieses fest gefügte Bild haben die Getriebespezialisten in den letzten Jahren gehörig durcheinander gewirbelt und zum Teil sogar auf den Kopf gestellt.

Heute hat man die Wahl zwischen herkömmlichem Schaltgetriebe (mit bis zu sieben Gängen), automatische Schaltgetriebe mit sequenzieller Betätigung oder Schaltwippe am Lenkrad wie in der Formel 1, Schaltgetriebe mit automatischer Kupplung, herkömmlichem Automatikgetriebe mit Wandler mit und ohne Tippschaltung, Doppelkupplungsgetriebe sowie stufenloser Vollautomatik CVT mit Stahlgliederband. Jede dieser Getriebevarianten hat Vor- und Nachteile und sollte nach dem persönlichen Fahrstil ausgesucht werden.

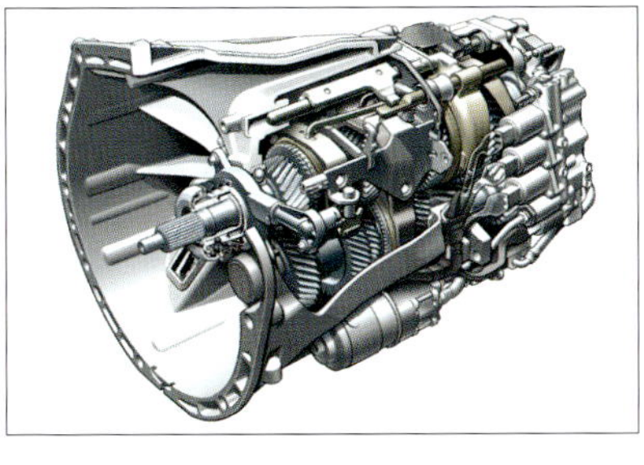

Das Sequentronic-Getriebe besteht im Wesentlichen aus einer so genannten „Add-on"-Einheit am Getriebegehäuse, die mit Ausnahme einer Steuereinheit alle notwendigen Zusatzaggregate enthält

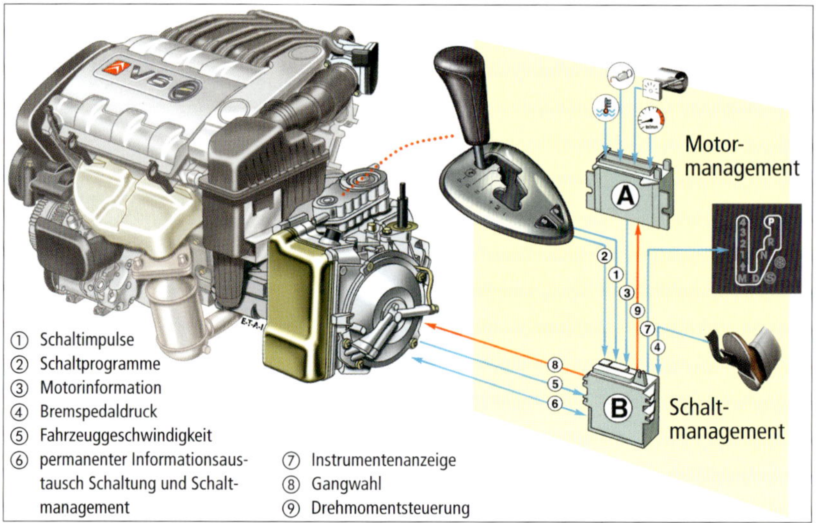

Schaltmanagement und Motorenmanagement arbeiten eng zusammen

Durch leichtes Antippen des Schalthebels wechselt die Sequentronic automatisch den Gang – ohne aufs Kupplungspedal treten zu müssen

Automatische Kupplung

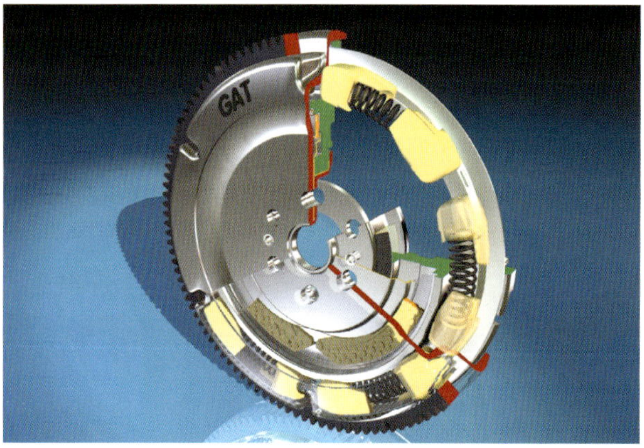

Automatische Kupplung

Einfachste Form der Schaltungserleichterung ist die automatische Kupplung. Sie rückt die Kupplung über einen Elektromotor aus, sobald der Fahrer durch Bewegen des Schalthebels und Zurücknehmen des Gases seinen Schaltwunsch anzeigt. Dieses System (z.B. Easytronic) wurde häufig in günstigen Kleinwagen eingesetzt, für die eine „echte" Automatik zu teuer war.

Automatisiertes Schaltgetriebe

Heute erlebt die automatische Kupplung eine bemerkenswerte Renaissance – allerdings in verfeinerter Form. Sie wird vor allem in sportlichen Fahrzeugen mit einem Schaltgetriebe kombiniert und bildet mit ihm zusammen ein automatisiertes Schaltgetriebe (ASG), das den Bedienungskomfort der Automatik mit dem wegen der vielen Schaltstufen guten Wirkungsgrad eines Schaltgetriebes verbindet. Im Klartext: Abstriche bei der Höchstgeschwindigkeit oder Mehrverbrauch sind nicht zu befürchten.

Schaltung und Kupplung werden bei diesen Getrieben (Autoshift, Quickshift, Selespeed, Sequentronic, SMG, Softtip, Sprintshift, Tiptronic) meist hydraulisch bedient und durch eine Elektronik gesteuert. Sie erlaubt herkömmliches Schaltenin nur einer Schaltebene (über Schalthebel oder Lenkradtasten) oder vollständigen Automatikbetrieb, bei dem der Rechner nicht nur das Ein- und Auskuppeln, sondern auch den Gangwechsel vornimmt. Zusätzlich kann er den Schaltzeitpunkt dem jeweiligen Fahrstil anpassen: Tritt der Fahrer stark aufs Gaspedal, schaltet der Rechner später, bei weniger Gas früher. Auch effektive Sparprogramme sind möglich und einige automatisierte Schaltgetriebe geben beim Zurückschalten sogar Zwischengas, um den Einkuppelruck zu vermindern. Einziger Nachteil: Beim Gangwechsel entsteht immer noch eine Zugkraftunterbrechung, die sich mit einer etwa halbsekündlichen Pause im Vortrieb bemerkbar macht.

Der Aufwand für ein automatisiertes Schaltgetriebe ist viel geringer als bei einer Vollautomatik mit hydrodynamischem Drehmomentwandler. Zudem ist es kleiner, leichter und preisgünstiger.

Vor allem teure und sehr schnelle Sportfahrzeuge wie Ferrari (F1-Schaltung) oder BMW (SMG) nutzen automatisierte Schaltgetriebe. Hier handelt es sich aber nicht mehr um konventionelle Schaltgetriebe mit aufgesetzter Add-on-Steuereinheit, sondern um spezielle konstruierte Hightech-Boxen, die extrem schnelle Gangwechsel ermöglichen.

Doppelkupplung (Direktschaltgetriebe)

Kombination zweier Kupplungen mit einem mechanischen Getriebe, die blitzschnelle Gangwechsel ohne Zugkraftunterbrechung ermöglicht. Erstmals eingesetzt im Rennsport von Porsche (PDK) und Audi, inzwischen in Serie im VW-Konzern bei Pkws mit quereingebauten Motoren als Direktschaltgetriebe (DSG). Ideal für Dieselmotoren aufgrund deren schmalen nutzbaren Drehzahlbands, künftig verstärkt auch in Sportautos zu erwarten. Sowohl automatischer Betrieb als auch manueller Gangwechsel möglich.

Doppelkupplungsgetriebe für Quermotoren des VW-Konzerns

Automatikgetriebe

Aber auch moderne Automatikgetriebe(mittlerweile mit fünf, teilweise sechs oder sogar sieben Gangstufen – 7G-Tronic) warten mit neuen Fähigkeiten auf. Sie stellen sich auf das Temperament des Fahrers ein, bieten ein Winterprogramm, bei dem sie rascher in die höheren Gänge schalten und lassen sich durch einfache

Sechsstufen-Automatik von ZF, Ersteinsatz bei BMW

Tippbewegungen auch sehr leicht manuell schalten. Überbrückungskupplungen am Wandler verhindern schließlich, dass dieser bei normalen Fahrsituationen Leistung frisst und damit den Verbrauch in die Höhe treibt.
Moderne Automatikgetriebe denken in nahezu jeder Fahrsituation mit und entwickeln auf Wunsch sogar ausgesprochen sportliche Züge. Beim Speedshift-Getriebe genügt beispielsweise eine leichte Bewegung des Automatik-Wählhebels nach links, und das Getriebe wählt sofort – je nach Tempo und Motorkennfeld – den optimalen Gang für eine kraftvolle Beschleunigung. Ebenso schaltet die Automatik ab einer bestimmten Bremsverzögerung automatisch zurück und wählt dabei situationsgerecht stets den richtigen Gang. Anderseits bleibt das Getriebe bei schneller Kurvenfahrt im gewählten Gang und vermeidet auf diese Weise etwaige Lastwechselreaktionen.

CVT-Getriebe

Aus dem üblichen Rahmen fällt das CVT-Getriebe (Continuously Variable Transmission, Variomatic, Multitronic). Kernstück ist ein so genannter Variator. Er besteht aus zwei Kegelscheibenpaaren, zwischen denen ein Riemen oder eine Metallgliederkette läuft. Die Distanz zwischen den Kegelscheiben lässt sich hydraulisch verändern, sodass eine stufenlose Übersetzung ohne Zugkraftunterbrechung möglich ist. Es können aber auch viele Gänge fest programmiert werden. Dieses System ist zwar mit einer automatischen Kupplung ausgerüstet, die es aber lediglich zum Anfahren und für den Rückwärtsgang benötigt, weil es sonst keine Schaltstufen gibt.
CVT-Getriebe sind komfortabel und können auch sparsamer als herkömmliche Getriebekonstruktionen sein, weil sie das Motorkennfeld optimal ausnutzen. Dazu ist allerdings eine aufwändige Steuerelektronik Voraussetzung, welche die Anpresskräfte zwischen den Kegelscheiben und der Metallgliederkette stets optimal einstellt.

Wahlweise Automatik oder Handschaltung

Harnstofffilter (SCR)

Filter, der im Verbund mit Partikelfilter und Oxidations-Katalysator (Oxi-Kat) die Stickoxid-Emissionen von Dieselmotoren auf ein Minimum reduziert. SCR steht für selektive katalytische Reduktion: Ausgewählte Reduktionsmittel (ursprünglich Amoniak, aus Umweltschutzgründen inzwischen wasserlöslicher Harnstoff) bindenzusammen mit frischem Sauerstoff das unverbrannte NOx. Das Reduktionsmittel ist so strukturiert, dass nicht etwa Verbindungen mit dem im Abgas enthaltenen Sauerstoff eingegangen werden – sonst würde sich der Stickstoff nicht fremd binden. Das Verfahren wird bereits erfolgreich in Großfeuerungsanlagen und in Lkw eingesetzt. In Kürze zu erwarten ist die Nutzung des SCR-Filters in Pkws.

HFM-Motorsteuerung

Bei Einspritzmotoren müssen Kraftstoff, Luft und Einspritzzeitpunkt genau dosiert werden, damit sich im Brennraum ein zündfähiges homogenes Gemisch bildet. Die wichtigste Steuergröße ist die Ansaugluftmenge. Je nach Umweltbedingungen kann sie sich ändern. Deshalb muss die eingespritzte Kraftstoffmenge diesem Wert angepasst werden. Früher wurden Luftmengenmesser eingesetzt, die aber die Dichte der Ansaugluft nicht berücksichtigen und deswegen zu ungenau sind. Denn die Menge der Ansaugluft ändert sich abhängig von der Temperatur und vom Luftdruck – besonders drastisch beispielsweise bei Passfahrten. Abhilfe schafft die HFM-Luftmassenmessung (Heißfilm-Messung). Ein elektrisch beheizter und mit Keramik beschichteter Film erfasst dabei alle notwendigen Parameter der Ansaugluft. Der Mikro-Computer der Motorsteuerung wertet diese Daten aus und steuert dem entsprechend die Einspritzventile.

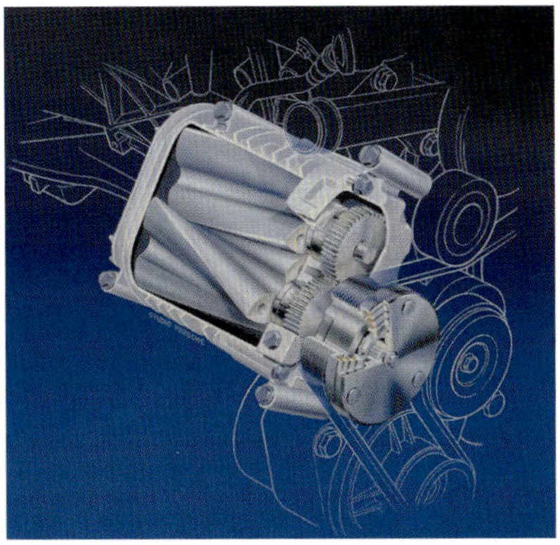

Mechanischer Schraubenkompressor

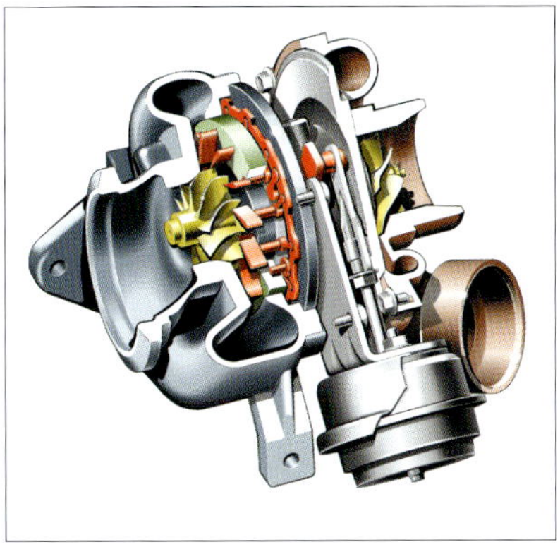

Turboaufladung nutzt die Kraft der heißen Abgase

Kompressor und Turbo

Mechanische Kompressoren wurden vor allem in den Dreißiger Jahren des 20. Jahrhunderts bei Renn- und Sportfahrzeugen zur Leistungssteigerung eingesetzt. Danach verschwanden sie wegen des hohen Aufwands, und später nahmen Abgasturbolader ihre Rolle ein. Das Prinzip der Aufladung ist bei beiden gleich: Sie pressen Luft mit Überdruck in die Brennräume (Ladedruck) und sorgen so für eine effiziente Füllung. Das Resultat ist höhere Leistung als bei einem unaufgeladenen Motor.

Abgasturbolader werden heute in fast allen Dieselmotoren verwendet und verhelfen ihnen zu Leistungen, die denen von Benzinern kaum oder gar nicht nachstehen. Durch elektronische Steuerung und variable Laderschaufeln (VTG, VNT) ist es gelungen, Turboleistung bereits bei niedrigen Drehzahlen bereitzustellen und das verpönte Turboloch früherer

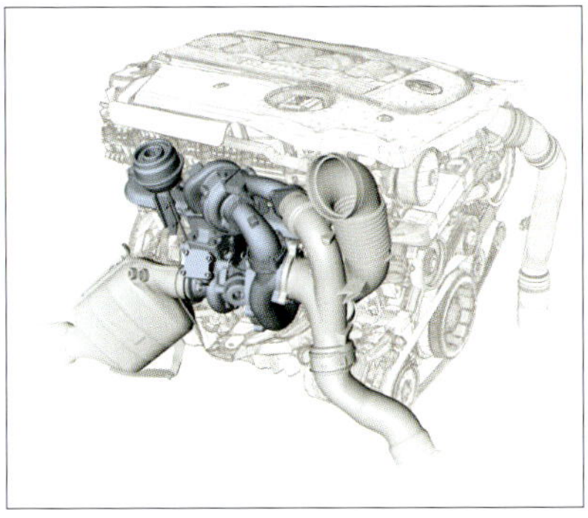

Doppelaufladung für BMW 535d

Tage auszumerzen. Eine noch höhere Leistungsausbeute bringt die Aufladung mittels zweier Turbolader (Registeraufladung, Variable Twin Turbo). BMW bringt sie bereits in Serie, andere Hersteller wie Opel haben ähnliches vor.

Aber auch mechanische Kompressoren werden heute noch vereinzelt verwendet (Mercedes, Mini). Sie komprimieren die Luft bereits im Ansaugsystem mithilfe von schraubenförmigen Rotoren. Solche mechanischen Kompressoren fressen zwar Leistung, andererseits arbeiten sie schon bei niedrigen Drehzahlen mit hoher Förderleistung. Zudem sorgen mechanische Kompressoren für hohe Drehmomente und verringern den Benzinverbrauch und die Abgasemission.

Fachleute sagen dem Kompressor dennoch ein baldiges Ende voraus, weil die Turbolader mittlerweile sehr viel mehr Einsatzbreite ermöglichen. Eine neue Chance könnte er bekommen, wenn sich die Doppelaufladung direkteinspritzender Benziner wie beim VW 1.4 TSI durchsetzt: Hier übernimmt ein Kompressor die Aufladung im unteren Drehzahlbereich und übergibt dann quasi überlappend an einen Turbolader.

Ladeluftkühlung

Ein Ladeluftkühler steigert die Leistung von aufgeladenen Motoren. Denn bei Motoren mit Kompressoren oder Abgasladern wird die Luft durch das Komprimieren sehr stark erhitzt und dehnt sich dabei aus. Wird die Luft nach dem Lader gekühlt, so nimmt sie wieder ein geringeres Volumen ein. Deshalb kommt mehr Luft bei den Einlassventilen an – die Aufladung ist damit effektiver. Meist genügt hierfür einfache Ladeluftkühler, die mit teilweise

Reihenmotor mit Ladeluftkühlung und Abgasturboladung

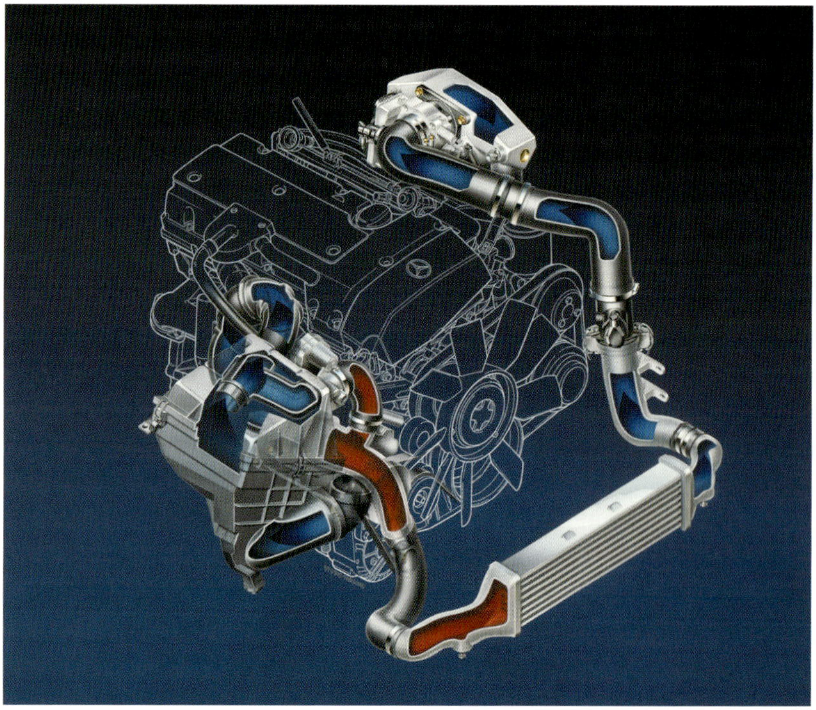

gerippten Leitungen den Lader mit dem Brennraum verbinden. Die Anströmung des Fahrtwinds genügt meist selbst bei sommerlichen Temperaturen, um den gewünschten Temperatursturz zu erzielen. Für sehr leistungsstarke Kompressormotoren (→ 133) sind diese herkömmlichen Luft-Luftkühler allerdings nicht ausreichend. Hier gleichen die so genannten Gegenstrom-Wasserladeluftkühler auch Temperaturspitzen effizient aus.

Motorsteuergerät/ Motormanagement

(DME, Digitale Motorelektronik, Multiplex-Elektronik)

Die Motorsteuerung ist das zentrale Steuermodul für alle Vorgänge rings um das Triebwerk. Kernstück ist ein Rechner, der mit unterschiedlicher Software programmiert werden kann. Daten über Drehzahl, Zündzeitpunkt, Einspritz- und Luftmenge, Lambda-Sonde, Kurbelwellen- und Nockenwellenstellung, Gaspedalstellung, Öl- und Wassertemperatur und viele andere Details laufen dort zusammen und werden vom Rechner ausgewertet. Danach gibt er seine Steuerbefehle an Stellmotoren und Aktuatoren. Beispielsweise setzt er den Zündzeitpunkt früher, wenn der Motor klopft.

In modernen Fahrzeugen ist die Motorsteuerung auch mit der Steuerung für das Getriebe und die Bremsen verknüpft, sodass sie noch wesentlich genauer über den jeweiligen Betriebszustand informiert ist und noch präziser regulierend eingreifen kann.

Onboard-Diagnose

Die elektronische Onboard-Diagnose überwacht die Funktion der Komponenten des Motors und der Abgasanlage permanent. Nur so lassen sich dauernd geringe Abgaswerte erzielen. Die Onboard-Diagnose gehört deshalb zu den Anforderungen der künftigen EU-4-Abgasrichtlinie (→ 110) und muss zum Beispiel den Kat-Wirkungsgrad kontinuierlich überprüfen und die Zündanlage überwachen. Ist eines dieser Systeme gestört, leuchtet im Cockpit ein Warnsignal auf. Gleichzeitig werden die Fehlfunktionen gespeichert, sodass Servicetechniker das Problem sofort erkennen und die Störung beseitigen können.

Partikelfilter

(FAP, DPF)

Das Dieselkonzept lockt viele wegen deutlich gestiegener Leistung und Komfort, vor allem aber wegen des günstigen Verbrauchs und der vergleichsweise niedrigen Kraftstoffkosten. Nachteil: Der Diesel ist nicht so „sauber“ wie ein Benzinmotor. Vor allem Stickoxide (NOx) und Rußpartikel verlassen seinen Auspuff in unerwünschter Menge.

Eine Abgasrückführung (AGR) und selektive katalytische Reduktion (SCR) mindern zwar das NOx, reichen aber nicht aus, um die künftigen Forderungen nach Euro 5 zur Partikelemission zu erfüllen. Dies geht nur mit Filtern, welche die ultrafeinen Rußpartikel auffangen. Solche Filter existieren, aber sie setzen sich schnell zu und müssen deshalb regeneriert werden.

Dieses Filter besteht aus einem Siliziumkarbid-Wabenelement, der Steuersoftware der Hochdruck-Einspritzung und dem Behälter für ein Kraftstoffadditiv. Dieses Additiv ist der eigentliche Trick. Im Betrieb setzt sich die innere Oberfläche des Filters zu. Dies überwacht ein Drucksensor. Nach etwa 400 bis 500

Frühes Partikelfilter-system für Dieselmotoren

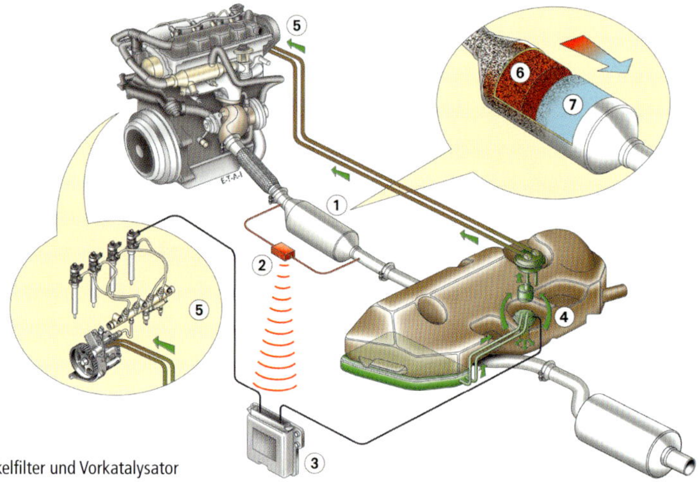

① Partikelfilter und Vorkatalysator
② Temperatur- und Drucksensoren
③ Motormanagement
④ Additive werden in den Tank eingespritzt – falls notwendig
⑤ Informationsaustausch zwischen Tank und Motor
⑥ Vorkatalysator
⑦ Partikelfilter

Kilometern ist das Filter etwa zu 80 Prozent beladen. Dann spritzt die Elektronik zusätzlichen Kraftstoff ein und erhöht damit die Abgastemperatur von etwa 150 auf 450 Grad Celsius. Da die Partikel aber erst bei 550 Grad Celsius abbrennen, wird dem Dieselkraftstoff eine kleine Menge des Additivs beigefügt, das die Verbrennungstemperatur der Partikel auf 450 Grad senkt. Nach etwa 80 000 Kilometern müssen die Verbrennungsrückstände des Filters ausgewaschen und das Additiv aufgefüllt werden.

Mittlerweile werden überwiegend Ruß-Partikelfilter eingesetzt, die ohne Additiv aus-

Partikelfilter ohne Additiv-Nachfüllpflicht

kommen. Die Motorsteuerung sorgt mittels eines kurzzeitigen Temperaturanstiegs dafür, dass das Filter regelmäßig gereinigt wird.
Ein Teil der älteren Diesel soll sich künftig nachrüsten lassen – wobei dies aber bei Euro-1-Fahrzeugen in der Regel gar nicht, bei Euro-2-Autos nur mit sehr hohem Aufwand möglich ist. Bei Euro-3-Pkw kostet die Nachrüstung durchschnittlich 700 Euro. Für die meisten Autofahrer lohnt dies nicht, weil der Gesetzgeber bislang keine steuerliche Förderung der Ruß-Partikelfilter verabschiedet hat. Eine der vielen ergebnislosen Initiativen die rotgrünen Bundesregierung bis 2005 war die Vergabe von „Partikel-Plaketten“ an: Damit gekennzeichnete Autos sollten auch bei Verkehrssperrungen wegen Feinstaub weiterfahren.
Denn es drohen tatsächlich schon bald Fahrverbote in Innenstädten. Hier gelten europäische Richtlinien zur Feinstaubbelastung, die in erster Linie ältere Diesel treffen werden. Statistiker rechnen in Deutschland mit vier bis fünf Millionen Diesel-Pkw bis Zulassungsdatum Dezember 1999, die mit dem Bannfluch belegt werden. Dieser wird nicht mehr nur an Tagen mit besonders hoher Belastung, sondern ganzjährig gelten.

SCC

Eine neue Motoren-Technologie mit der Bezeichnung Saab Combustion Control (SCC) soll für einen niedrigeren Kraftstoffverbrauch und geringere Schadstoffemissionen sorgen. SCC macht es möglich, einen Motor mit einem Gemisch zu betreiben, das sich zu zwei Dritteln aus Abgasen, zu einem Drittel aus Luft und zu weniger als einem Prozent aus Kraftstoff zusammensetzt. Dadurch soll der Kraftstoffverbrauch um acht bis zehn Prozent sinken. Bei den Emissionen von Kohlenmonoxid und Stickoxid verspricht der Hersteller sogar eine Senkung um 50 beziehungsweise 75 Prozent.

Schaltsaugrohr (Varioram)

Zur optimalen Zylinderfüllung gehört je nach Drehzahl eine ganz bestimmte Länge des Saugrohrs. Deshalb können bei modernen Motoren die Saugrohre in der Länge verändert werden – meist allerdings nur in wenigen vorgegebenen Stufen. Die Varioram-Technik erlaubt es, unendlich viele – und damit stets die passende – Längen herzustellen. So stehen bei niedrigen Drehzahlen lange Saugwege zur Verfügung, wie sie für viel Zugkraft benötigt werden, und bei hoher Drehzahl kurze, mit denen die Leistung steigt. Dabei sinken Verbrauch und Schadstoffe, zugleich reagiert der Motor spritziger.

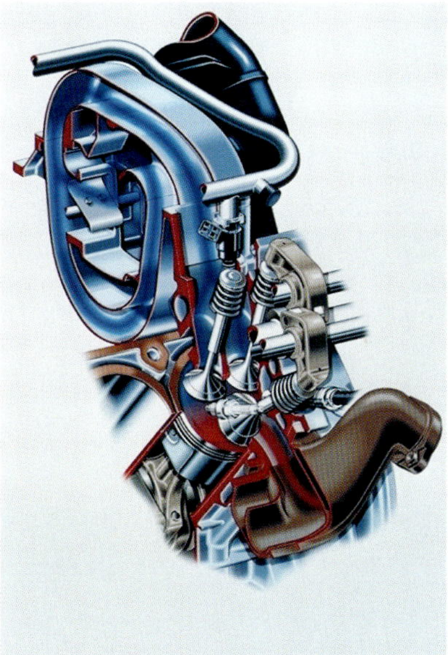

Das Schaltsaugrohr steigert das Drehmoment im unteren Drehzahlbereich

SVC

Die Saab Variable Compression (SVC) stellt ein bislang noch nicht realisiertes neuartiges Antriebs-Konzept dar, das den Verbrauch eines Motors radikal senken soll, ohne seine Leistungsfähigkeit zu mindern.
Um dieses Ziel zu erreichen, verfügt der SVC-Motor über ein variables Verdichtungsverhältnis, denn das festgelegte Verdichtungsverhältnis eines konventionellen Motors ist immer ein Kompromiss zwischen vielen möglichen Betriebszuständen – Stop-and-go, Autobahnfahrten mit konstanter Geschwindigkeit oder Fahrten mit Höchstgeschwindigkeit. Das variable Verdichtungsverhältnis wird dagegen fortlaufend so reguliert, dass es sich den jeweils herrschenden Bedingungen anpasst.
Um das Verdichtungsverhältnis variieren zu können, besteht der SVC-Motor aus einem oberen Teil, der den Zylinderkopf mit integrierten Zylindern beinhaltet, und einem unteren Teil, der aus Motorblock, Kurbelwelle und Kolben besteht. Die Neigung des oberen Teils des Motors kann in Relation zum unteren Teil verändert werden – und damit auch das Volumen des Verbrennungsraums mit dem Kolben am oberen Totpunkt. In Folge dessen ändert sich auch das Verdichtungsverhältnis.
Das variable Verdichtungsverhältnis macht den SVC-Motor gleichzeitig auch sehr tolerant gegenüber der Art des verwendeten Kraftstoffes. Denn es passt den Motor an die Eigenschaften jedes Kraftstoffs optimal an, weil der SVC-Motor stets mit dem für die Kraftstoffsorte optimalen Verdichtungsverhältnis arbeitet.

Variable Nockenwellensteuerung/ Ventilsteuerung (Valvetronic, Variable Valve Action, Velvetronic, Variocam, VANOS, VTEC, VVA, VVC, VVT-i)

Die Steuerung des Gaswechsels ist bis heute ein Kompromiss zwischen Verbrauch einerseits und Drehmoment, Emissionen sowie Komfort andererseits. Die beiden Seiten ließen sich lange nicht miteinander vereinbaren. Moderne Motoren können aber in Verbrauch, Abgasqualität und Leistung durch variable Nockenwellen- und Ventilsteuerung noch verbessert werden. Eine variable Nockenwellensteuerung wie die Doppel-VANOS von BMW schafft hier weitgehend Abhilfe. Sie sorgt dafür, dass die Zylinder je nach Fahrsituation mit Brennstoffgemisch versorgt werden. Mit einer Ausnahme: Der Verbrauch ändert sich nicht. Denn sie steuert zwar Beginn und Ende von Ansaug- und Auslassvorgang, reguliert aber nicht, welche Masse in den oder aus dem Zylinder kommt.

Ohne Drosselklappe weniger Verbrauch: Vollvariable Ventiltriebe

Um den Gaswechsel wirklich situationsgerecht zu steuern, muss die Drosselklappe abgeschafft und durch eine vollvariable Ventilsteuerung auf der Einlassseite ersetzt werden. Eine derartige Steuerung lässt sich auf mechanischem, elektromechanischem oder auch hydraulischem Weg verwirklichen. Der Effekt eines vollvariablen Ventiltriebs ist aber immer gleich: Weil nicht nur der Zeitpunkt des Ansaugens, sondern auch die Menge der angesaugten Luft ohne die Verluste durch die

Das BMW Doppel-VANOS System (variable Ventilsteuerzeiten)

Drosselklappe gesteuert wird, kann der Motor freier atmen. Dadurch sinkt der Verbrauch eines Ottomotors deutlich.
Es gibt zwei Möglichkeiten, mithilfe der Ventile die in den Zylinder gelangende Masse zu steuern: über Dauer der Ventilöffnungszeit oder über den Ventilhub. Beide Verfahren werden heute bereits in Serienfahrzeugen verwendet und haben sich bewährt.

Vorteile auch für den Diesel

Nicht nur Otto-, sondern auch Dieselmotoren können von dieser Entwicklung profitieren. Durch flexible Steuerzeiten für die Ein- und Auslassventile können Kaltstartverhalten und Verbrauch optimiert werden. Durch das homogenere Luft-Kraftstoff-Gemisch werden die Emissionswerte reduziert. Darüber hinaus erhöht sich das Drehmoment im unteren Drehzahlbereich, weil beim Schließen des Ansaugventils mehr Luft in den Zylinder strömt und somit mehr Kraftstoff eingespritzt werden kann.

Verteilergetriebe

Bei mechanischem Vierradantrieb übernimmt das Verteilergetriebe die Aufgabe, die Antriebskraft gleichmäßig oder zu vorbestimmten Prozentsätzen an die Vorder- und an die Hinterachse zu verteilen. Einige vierradgetriebene Fahrzeuge haben auch variable Verteilergetriebe für unterschiedliche Geländesituationen (Low Range).

Vierventiler

Die meisten Motoren sind heute mit jeweils zwei Einlass- und zwei Auslassventilen ausgerüstet. Dadurch vergrößert

Vierventiltechnik sorgt für bessere Zylinderfüllung und deshalb für mehr Leistung

sich die Fläche der Einlass- und Auslasskanäle und schafft so die Voraussetzung für besseren Gasdurchsatz. Ergebnis ist im Wesentlichen eine höhere Leistung bei geringerem Kraftaufwand. Nachteil von Vierventilern: Der Aufwand und damit die Kosten sind höher. Wieder verabschiedet hat man sich von der Fünfventil-Technik, die nur noch vereinzelt zum Einsatz kommt.

Wankelmotor

Der Wankelmotor ist ein Verbrennungsmotor, der anstelle eines hin- und hergehenden Kolbens einen sich drehenden Kolben verwendet. Dieser Kreiskolben ist wie ein gleichseitiges Bogendreieck geformt und rotiert in einem trochoidförmigen Brennraum. Gemeinsam bilden sie allseitig geschlossene Kammern, die periodisch größer oder kleiner werden. Der Motor arbeitet nach dem Viertaktprinzip, benötigt keine Ventile, hat ein geringes Bauvolumen und Gewicht sowie ruhigen Lauf. Erfunden hat ihn in den Fünfzigerjahren des 20. Jahrhunderts Felix Wankel.

Zur Serienreife entwickelt wurde der Wankelmotor von AUDI NSU. Selbst Weltrekordfahrzeuge wurden mit dem Kreiskolbenmotor ausgerüstet. Aber er zeigte auch eklatante Schwächen. Beispielsweise war die Abdichtung der Kammern stets ein Problem und viele Motoren erreichten nur sehr geringe Laufleistungen. Manche Exemplare waren bereits nach 10 000 Kilometer unrettbar defekt. Auch das Abgas- und Verbrauchsverhalten war äußerst problematisch. Deshalb wandte sich die Autoindustrie bald von dem viel versprechenden Triebwerk ab. Heute wird der Wankelmotor nur noch von dem japanischen Autohersteller Mazda als Pkw-Motor angeboten.

Zylinderabschaltung

Eine automatische Zylinderabschaltung dient dazu, den Kraftstoffverbrauch großvolumiger und vielzylindriger Motoren zu reduzieren. Dazu legt sie bei einem V12-Motor eine komplette Zylinderbank still, indem sie den Ventiltrieb und die Kraftstoffeinspritzung dafür deaktiviert, wenn nur ein Teil der maximalen Leistung oder des maximalen Drehmoments benötigt wird. Die Laufruhe und der Geräuschkomfort des V-Triebwerks bleiben wegen des unveränderten Massenausgleichs bei abgeschalteten Zylindern erhalten.
In Serienfahrzeugen eingesetzt wurde die Kraftstoffspartechnik von Mercedes-Benz (ZAS) und General Motors – bei Sechs-, Acht- und Zwölfzylindermotoren. Die deutschen Hersteller stehen der Zylinderabschaltung aber inzwischen skeptisch gegenüber, weil die relativ hohen Kosten den geringen Verbrauchsvorteil kaum rechtfertigen. In den USA nutzt man das System bevorzugt für simple V-Motorkonstruktionen mit zentraler Nockenwelle.

Die automatische Zylinderabschaltung dieses V8-Motors deaktivierte im Teillastbereich vier der acht Brennräume

Audi A6

Eine Frage der Straßenlage

Komfort und gute Straßenlage galten lange als unvereinbar. Die Fahrwerkstechniker beweisen, dass dieser Konflikt lösbar ist. Moderne Autos haben ausgeklügelte Radaufhängungen, um die Bewegung der Räder beim Ein- und Ausfedern genau festzulegen. Damit schaffen sie hohen Fahrkomfort und machen die Automobile dennoch sportlich agil.

Fahrwerk – immer auf dem Boden bleiben

Die wichtigste Aufgabe des Fahrwerks klingt ganz einfach: Es muss die Räder des Fahrzeugs am Boden halten. Denn nur bei Bodenkontakt ist es lenk- und bremsbar. Als zweites soll es Fahrbahnstöße auffangen und Unebenheiten ausgleichen, also für möglichst erschütterungsfreien Transport und den Komfort der Passagiere sorgen. Bei niedrigen Geschwindigkeiten ist das kein Problem. Pferdekutschen genügt dazu eine einfache Aufhängung der Achsen an Blattfedern. Und auch die ersten Automobile nutzten einfache Kutschen-Fahrwerkstechnik, um bei gemächlichem Tempo über Land zu rollen.

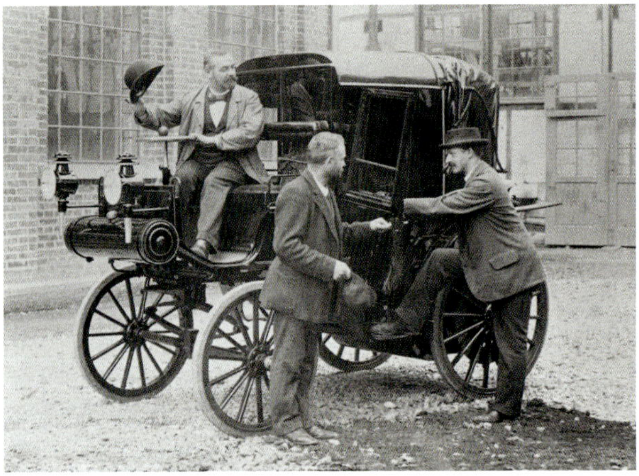

Das erste Taxi, 1897 konstruiert von W. Maybach

Im Konflikt: Straßenlage und Komfort

Sobald die Geschwindigkeit aber das Tempo eines bummelnden Radfahrers überstieg, sprangen die Räder der archaischen Fahrwerke ziemlich unkontrolliert auf und ab und rumpelten mit harten Stößen über die holprigen Wege. Abhilfe brachten Reibungsstoßdämpfer. Sie dämpften zumindest die Schwingungen, die ein Rad dazu veranlassten, nach jedem Einfedern wiederholt auf und ab zu federn. Gleichzeitig aber setzten die Dämpfer dem Einfedern einen Widerstand entgegen, der das Ansprechen der Federung hinausschob und so den Federungskomfort reduzierte.
Zum ersten Mal mussten die Fahrwerks-Ingenieure feststellen, dass es fast unmöglich war, guten Straßenkontakt mit gleichzeitig weicher Federung zu verbinden. Oder einfacher gesagt: gute Straßenlage und guter Komfort standen im Widerspruch. Jahrzehntelang akzeptierten die Ingenieure diesen Umstand als unabänderlichen Zielkonflikt, der Kompromisse erforderte. Sportliche Autos wurden seither hart ausgelegt, komfortable wie die amerikanischen Straßenkreuzer verfügten zwar über lange Federwege, aber oft auch über eine nach der Meinung vieler Fachleute indiskutable Straßenlage, die höchstens auf breiten, geraden Highways zu tolerieren war.

Von Achsen und Antriebswellen

Die Achskonstruktionen waren ebenfalls sehr einfach. Eine Starrachse, an simplen Blattfedern aufgehängt, galt als hinreichende Führung für die Räder, nur an der Vorderachse verwendeten die Automobilbauer eine einfach Einzelradaufhängung. Schwierigkeiten machte vor allem die hintere Radaufhängung, denn da fast durchweg die Hinterräder angetrieben wurden, mussten sie nicht nur Brems- und Seitenführungskräfte aufnehmen, sondern überdies für den Vortrieb sorgen. Das schaffte am einfachsten eine Starrachse, bei der die Kraftübertragung keine aufwändigen zusätzlichen Antriebsachsen erfordert.

Nachteil dieser Einfachkonstruktion: Ihre große Masse ist ungefedert. Damit spricht die Federung träge an, und die Dämpfung muss ein großes Gewicht zähmen. Abhilfe schafften verschiedene Achskonstruktionen wie die DeDion-Achse, die ein leichtes starres Rohr als eigentliche Achse verwendete, die Antriebswellen aber separat zum Differenzial führte und dieses am Fahrzeugboden unterbrachte. Dieser Kunstgriff nahm Antriebswelle und Differenzial aus der ungefederten Masse heraus und verbesserte das Ansprechvermögen der Konstruktion erheblich.

Auch die Pendelachse mit zwei Halbachsen, die zum Differenzial führten, kam aus diesem Grund zum Ruhm und ließ sich mit geringerem Aufwand herstellen. Allerdings war sie mit einem gravierenden Manko behaftet: In schnell gefahrenen Kurven, wenn das kurveninnere Rad entlastet wird und sogar von der Fahrbahn abheben kann, knickte das Rad an der Unterkante nach innen – der Sturz veränderte sich. Die Spur wurde deshalb viel enger. Das Fahrzeug neigte zum Kippen.

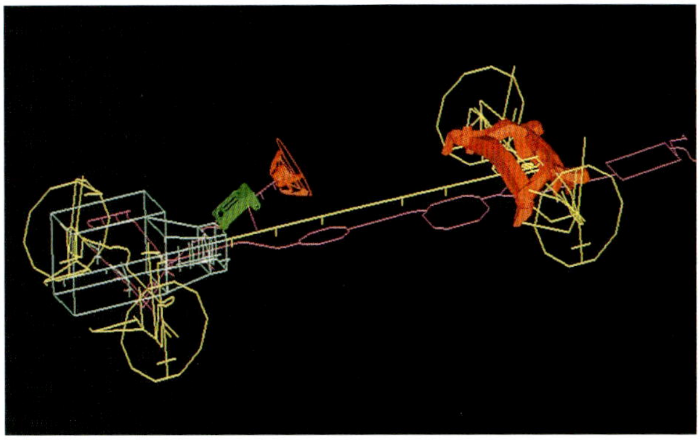

Fahrwerkstest im Computer

Besserung stellte sich erst allmählich und zögernd ein: Ölgefüllte Stoßdämpfer mit besser kontrollierbarem Ansprechverhalten ersetzten die primitiven Reibungsstoßdämpfer, ausgefeiltere Achskonstruktionen begannen den Widerspruch zwischen Straßenlage und Komfort Schritt um Schritt aufzudröseln. Beispielsweise wurden erste Versuche mit Luftfederung unternommen, die heute wieder aktuell werden.

Für moderne Kleinwagen, die mit Frontantrieb ausgestattet sind, setzte sich ein Achskonzept fast überall durch: Vorn

Der Mercedes 170 V/D (Baujahr 1947–1953): noch mit Holzkern

werden die Räder durch Querlenker – meist in Dreiecksform (Dreieckslenker) geführt, Federung und Dämpfung übernehmen Mc-Pherson-Beine. Diese Konstruktion bringt Federbein und Stoßdämpfer in einer Einheit unter. Das spart Platz, außerdem sprechen Federung und Dämpfung sensibel an.

Hinten sind die meisten Kleinwagen mit einer leichten Starrachse mit Schraubenfedern oder Drehstäben ausgerüstet und durch Längslenker präzise geführt. Zusätzliche Stabilisatoren sorgen außerdem dafür, dass sich die Geometrie auch in extremen Fahrsituationen nicht verschlechtert.

Aufwändigere Hinter- aber auch Vorderachsen, die vor allem für Heckantriebsfahrzeuge verwendet werden, bestehen aus einer ausgeklügelten Konstruktion von mehreren Lenker-Elementen. Diese so genannten Mehrlenker- oder Raumlenkerachsen führen die Räder auf präzise vorbestimmten Bahnen. Sie vermeiden nicht nur Sturz- und Spuränderungen, sondern wirken sogar Aufstütz-, und Nickmomenten entgegen wie sie beispielsweise beim Beschleunigen und Bremsen auftreten und greifen zudem dosiert in das Lenkverhalten ein.

Dieser hohe konstruktive Aufwand, der ohne Computerhilfe kaum zu bewerkstelligen ist, erreichte es schließlich, den Zielkonflikt zwischen Sportlichkeit und Komfort nahezu aufzulösen. Aktive Fahrwerke (→ 147) mit dynamischer Dämpfersteuerung, welche die Dämpfer dem Fahrstil und der Fahrbahn anpassen, verbessern das Ergebnis noch einmal.

Auf schwarzen Sohlen

Parallel zur Fahrwerkstechnik durchliefen auch die Reifen eine erstaunliche Evolution. Zwar hatte bereits 1888 der englische Tierarzt John Boyd Dunlop den Luftreifen erfunden (übrigens zum zweiten Mal nach dem Schotten Robert William Thompson, dessen Genie aber nahezu unbemerkt geblieben war), doch nahmen erst 1895 die Gebrüder Michelin am Autorennen Paris–Bordeaux–Paris als Erste auf Luftreifen teil. Und es dauerte weitere zehn Jahre, bis die Continental

Modernes Fahrwerk mit aufwändig geführten Rädern

Mercedes 35 PS von 1901 mit Pressstahlrahmen, Schraubenspindel-Lenkung und simplen Starrachsen

Coutchouc und Gutta-Percha-Companie den ersten Luftreifen der Welt mit Profil entwickelte.

Dabei blieb es zunächst. Bis die Firma Michelin 1948 den ersten Gürtelreifen vorstellte und damit die Reifenentwicklung revolutionierte. Er verbesserte nicht nur den Federungskomfort und war von längerer Haltbarkeit, sondern sicherte überdies besseren Bodenkontakt, weil sich die Aufstandsfläche auch bei dynamischen Fahrmanövern praktisch nicht mehr veränderte. Im Pkw-Sektor hat der Gürtelreifen längst den Diagonalreifen verdrängt. Breit und mit raffinierten Designs für die Lauffläche sorgt er heute für guten Kontakt zum Asphalt – auch bei nasser Witterung. Und er ermöglicht kurze Bremswege – bei vielen Fahrzeugen unter 40 Meter aus 100 km/h. Und das soll künftig noch deutlich unterboten werden. Continental arbeitet an einem Pneu, der ein Auto aus 100 km/h schon nach weniger als 30 Metern zum Stillstand bringen wird.

Solche Werte setzen allerdings vorzügliche Bremsen voraus. Stand der Technik sind heute Scheibenbremsen zumindest an den Vorderrädern, bei schnellen Fahrzeugen sogar innenbelüftet und durchlocht, um die Bremshitze besser abführen zu können. Noch kräftigeres Zupacken, mehr Standfestigkeit und weniger Fading (sinkende Bremsleistung bei starker Beanspruchung) versprechen Bremsscheiben aus Keramik-Material (→ 157), die mit elektronischen Bremshilfen gekoppelt sind, um die Ansprechzeit weiter zu verkürzen.

Active Body Control
(ABC, DRC, IDS Plus)

Die Active Body Control sorgt dafür, dass die Bewegungen der Karosserie bei schlechten Wegstrecken, bei forcierter Kurvenfahrt und auch bei raschen Ausweichmanövern sehr gering bleiben. Diese Aufgabe übernimmt ein aktives Fahrwerk mit eingebauter Hochdruck-Hydraulik, aufwändiger Sensorik und leistungsfähigen Mikro-Prozessoren, das die Federung der Karosserie blitzschnell der jeweiligen Fahrsituation anpasst. Auf diese Weise reduziert Active Body Control die Aufbaubewegungen beim Anfahren, bei der Kurvenfahrt und beim

Schematische Darstellung des aktiv geregelten Fahrwerks

1 Karosserie-Beschleunigungssensor
2 Niveausensor
3 Ölbehälter
4 Querbeschleunigungssensor
5 Längsbeschleunigungssensor
6 Gierwinkelsensor
7 Druckspeicher
8 Ölkühler
9 Ventilblock
10 ABC-Pumpe
11 ABC-Federbein
12 Steuergerät
13 Kompaktblock mit Drucksensor und Druckbegrenzungsventil
14 Rücklaufspeicher

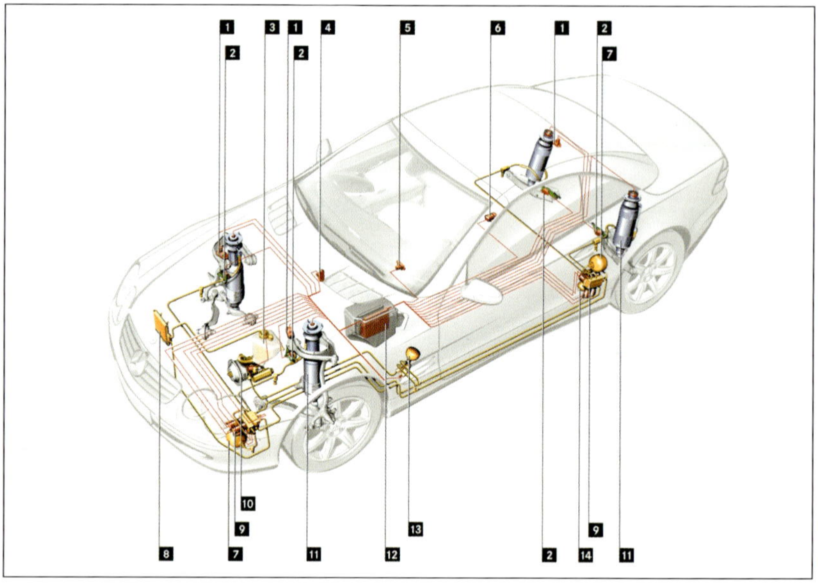

Bremsen um bis zu zwei Drittel. Weil auch Kurven mit wesentlich verminderter Seitenneigung umrundet werden, bieten Fahrzeuge mit ABC und vergleichbaren Systemen bei schnellen Ausweichmanövern ein deutlich höheres Sicherheitsniveau als Automobile mit konventioneller Fahrwerkstechnik. Zum Gewinn an Fahrsicherheit und Fahrdynamik kommt noch ein spürbar besserer Komfort.
Um dieses Ziel zu erreichen, überwachen Sensoren ständig die Niveaulage und die Karosseriebeschleunigung und liefern die aktuellen Daten fortwährend an einen Mikrocomputer zur Auswertung. Er erkennt die Bewegungen der Karosserie schon im Ansatz und korrigiert sie in Sekundenbruchteilen über hydraulisch regelbare Stellzylinder in den Federbeinen. Sie sind zwischen den Schraubenfedern und der Karosserie angeordnet und üben auf Befehl des Computers zusätzliche Kräfte aus, mit denen sie die Federwirkung je nach Karosseriebewegung beein-

Das aktiv geregelte Fahrwerk ist hinten mit einer Raumlenkerachse ausgestattet

So sinnvoll ist ABC !

ABC bringt Sicherheits- und Komfortgewinne, ist aber teuer. Es wird deshalb bislang nur in Fahrzeugen der höchsten Preisklassen eingebaut. Bei der Neuanschaffung eines Fahrzeugs ist ABC nicht das wichtigste Ausstattungsdetail.

ABC kurz und bündig

ABC ist ein aktives Fahrwerk, das Wank- und Neigungsbewegungen der Karosserie entgegenwirkt. Dadurch sind eine höhere Fahrsicherheit und eine bessere Fahrdynamik bei hohem Komfort möglich.

flussen. Ein solcher Regelvorgang dauert lediglich zehn Millisekunden.
Die Active Body Control regelt Aufbaubewegungen bis maximal fünf Hertz. Das sind Schwingungen, die üblicherweise durch Fahrbahnunebenheiten, beim Bremsen oder in Kurven auftreten. Für die höherfrequenten Schwingungen der Räder sind übliche passive Gasdruck-Stoßdämpfer und Schraubenfedern zuständig. Wegen des ABC können diese allerdings betont komfortabel abgestimmt sein. Auch auf Stabilisatoren an Vorder- und Hinterachse kann dank aktiver Fahrwerksregelung verzichtet werden.
Häufig lässt sich durch Knopfdruck eine gewünschte Fahrwerkseinstellung wählen – etwa ein Komfortprogramm oder eine sportwagenähnliche Fahrwerks-Charakteristik. In der sportlichen Einstellung werden Karosseriebewegungen sogar fast vollständig kompensiert.
Nicht nur in der Luxusklasse, sondern auch darunter sind mittlerweile solch aufwendige Regelsysteme zu haben. So setzt Opel im neuen Vectra OPC ein ähnlich ausgelegtes System mit aktiven Dämpfern namens IDS Plus ein.

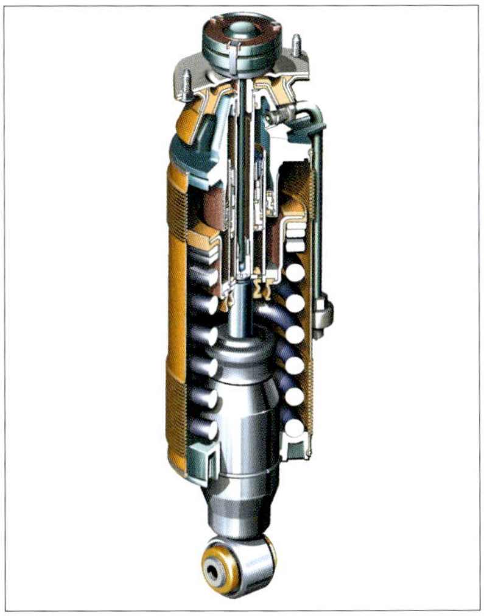

In den ABC-Federbeinen arbeiten hydraulisch verstellbare Zylinder

Adaptives Dämpfungssystem (ADS, CDC, PASM)

Adaptive Dämpfungssysteme passen die Stoßdämpferkraft an Vorder- und Hinterachse dem jeweiligen Beladungszustand, der Fahrbahnbeschaffenheit und der Fahrweise an. Ein Lenkwinkelsensor, Beschleunigungssensoren an der Karosserie, der Geschwindigkeitssensor des ABS sowie der Bremspedalschalter ermitteln während der Fahrt ständig die Quer- und Längsbeschleunigungen der Karosserie. Aus diesen Daten errechnet das ADS-Steuergerät für jedes Rad die günstigste Dämpfereinstellung und erteilt binnen Sekundenbruchteilen den speziellen Schaltventilen an den Gasdruck-Stoßdämpfern entsprechende Befehle. Sie sind in der Lage, verschiedene Dämpferkennlinien einzustellen – beispielsweise komfortables Abrollen bei geringen Aufbaubewegungen und niedrigen Beschleunigungswerten durch weiche Zug- und Druckstufe oder harte Zug- und Druckeinstellung zur Verringerung der Radlastschwankungen bei Kurvenfahrt, sowie alle Zwischenstufen.
Dank der radindividuellen Regelung lassen sich beispielsweise beim Bremsen

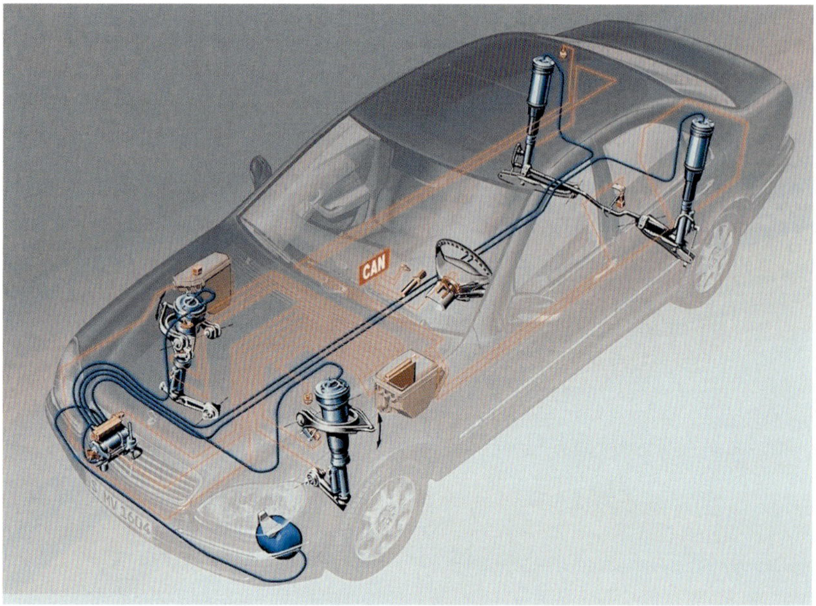

Die Kombination von Adaptivem Dämpfungssystem und Luftfederung sorgt für ausgewogenen Komfort und hohe Fahrsicherheit

die beiden Vorderräder härter dämpfen als die Hinterräder, um auf diese Weise das Einnicken der Karosserie zu reduzieren. Per Schalter kann der Fahrer zusätzlich noch zwischen einem normalen und einem härter abgestimmten Sport-Kennfeld wählen.
Eine Sonderform sind passive variable Dämpfer, beispielsweise in der Mercedes A-Klasse. Sie verändern ihre Härte entsprechend den Anregungen durch Bodenunebenheiten. Einige wenige Hersteller – allen voran GM/Cadillac, aber auch Audi mit einer Sonderversion des TT – setzen ein magnetoelektrisches System ein: Dank einer metallhaltigen Hydraulikflüssigkeit im Dämpfer und umgebender, elektrisch ansteuerbarer Magnetringe ist situationsbedingt eine härtere oder weichere Dämpfung möglich. Problem der Konstruktion war bislang die schlechte Ansprechbarkeit bei sehr tiefen Außentemperaturen.

Antriebsschlupfregelung (ASR, ASC, STC, TC Plus, ASC + T, TCS, TRC)

Die Sensoren des Antiblockiersystems stellen fest, ob sich ein Rad dreht oder nicht. Diese Signale nutzt auch die Antriebsschlupfregelung (ASR), die bei modernen Fahrzeugen als Bestandteil des Electronic Stability Program ESP (→ 50), aber auch einzeln zu haben ist. ASR verhindert das Durchdrehen der Antriebsräder beim Anfahren, Beschleunigen und während des Fahrbetriebs – zum Beispiel bei Glätte. Gibt der Fahrer zu viel Gas, und dreht eines der angetriebenen Räder durch, wird es per ASR so lange abgebremst, bis wieder ausreichend Traktion erreicht ist. Dadurch wirkt ASR wie ein Sperrdifferenzial (→ 125). Zusätzlich reduziert der ASR-Computer je nach Fahrsituation das Mo-

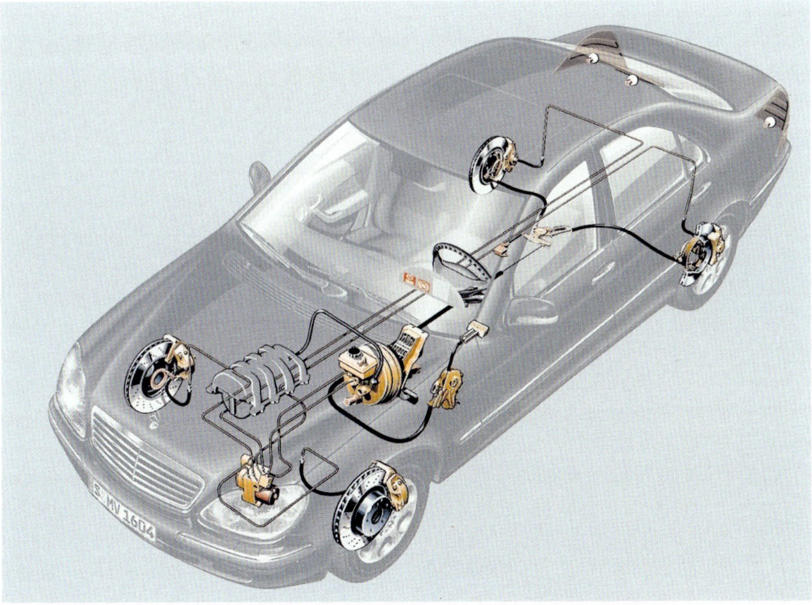

Modernes Bremssystem mit ABS, ESP, Brems-Assistent und Bremskraftverstärker

tor-Drehmoment, um Kraft von den angetriebenen Rädern zurückzunehmen.

Bremskraftverstärker

Hydraulische Bremsen, die heute durchweg in Automobilen üblich sind, benötigen eine relativ große Betätigungskraft, um im Bremszylinder den Druck zu erzeugen, mit dem die Bremsbeläge gegen die Bremsscheibe gepresst werden. Bei leichteren Fahrzeugen ist dafür weniger Kraftaufwand erforderlich als bei schweren. Dennoch sind heute auch die meisten kleineren Automobile mit einem Bremskraftverstärker ausgerüstet. Er vervielfacht den Druck, den der Fahrer aufs Bremspedal ausübt und senkt so die Pedalkräfte auf ein komfortables Maß. Die Kraft für seine unterstützende Tätigkeit bezieht der Bremskraftverstärker durch den laufenden Motor. Daher ist Vorsicht geboten, wenn ein Auto mit abgeschaltetem Motor abgeschleppt wird. Dann arbeitet der Bremskraftverstärker nicht und zum Bremsen sind plötzlich extrem hohe Fußkräfte erforderlich. Das Gleiche gilt auch im Stau, wenn man ohne Motor ein paar Meter vorrollen will. Deshalb unbedingt den Motor einschalten.

Doppelquerlenkerachse

Doppelquerlenkerachsen bestehen auf jeder Seite aus zwei übereinander angeordneten Querlenkern. Stoßdämpfer und Federn sind bei dieser Konstruktion in der Regel getrennt voneinander positioniert. Das ergibt die besten Voraussetzungen für exakte Radführung und damit neutrales Eigenlenkverhalten sowie guten Abrollkomfort. Denn die Stoßdämpfer müssen nicht zusätzlich zu ihrer eigentlichen Aufgabe an der Radführung mitwirken. Die Dämpfung kann deshalb sehr genau abgestimmt werden. Die Radführung übernehmen die beiden Querlenker an jedem Rad.

Querlenker oben und unten führen das Rad

Drehstabstabilisator

Drehstabstabilisatoren zählen zu den Zusatzlenkern, welche die fahrdynamischen Eigenschaften eines Fahrzeugs stark mitbestimmen. Im Gegensatz zu Längs- und Querlenkern übernehmen sie selbst keine Radführungsaufgaben, sondern steuern die elastischen Verformungen und damit Winkeländerungen dieser Aufhängungselemente.

Dynamic Drive

Dynamic Drive ist ein Wankstabilisierungssystem (Reduzierung der Seitenneigung), das auf geteilten Spurstangen an der Vorder- und der Hinterachse basiert, deren Hälften über einen hydraulischen Schwenkmotor miteinander verbunden sind. Abhängig von der Querbeschleunigung verdreht dieser Schwenkmotor die beiden Stabilisatorhälften gegeneinander. Dabei entsteht ein Stabilisierungsmoment, das dem Wanken der Karosserie entgegenwirkt. Dieses System kann jedes Wanken bis zu einer Querbeschleunigung von 3 Metern pro Sekunde kompensieren. Darüber lässt es eine geringe Seitenneigung zu, um den Fahrer vorzuwarnen, dass er sich in unmittelbarer Nähe des fahrphysikalischen Grenzbereichs bewegt. Dynamic Drive wirkt aber nicht den Nickmomenten beim Anfahren und Bremsen entgegen, wie etwa eine Aktive Fahrwerksregelung (→ 147) dies tut.

Elastokinematik

Weil die Fahrwerksteile zur Geräuschdämpfung mittels Gummielementen mit der Karosserie verbunden sind, verursachen Anfahren, Bremsen und Seitenkräfte kleine Richtungsänderungen des Rades (Spurwinkel). Die Gummielemente können gezielt eingesetzt werden, um erwünschte Änderungen der Spurwinkel zu erzielen. Sie unterstützen dann beispielsweise die Richtungsstabilität des Wagens beim Bremsen oder bei der Kurvenfahrt. Diese elastokinematische Auslegung eines Fahrwerks beeinflusst auch das Eigenlenkverhalten eines Fahrzeugs. Es wird zum Beispiel meist so eingestellt werden, dass ein Fahrzeug in Kurven ein leicht untersteuerndes Fahrverhalten aufweist. Das bedeutet, dass das Fahrzeug leicht über die eingeschlagenen Vorderräder zum Kurvenaußenrand drängt und der Fahrer bei steigender Querbeschleunigung die Lenkung kontinuierlich weiter einschlagen muss. Diese Eigenlenkverhalten wirkt einem Ausbrechen des Hecks und damit einem Schleuderimpuls entgegen und gilt daher als sicherste Fahrwerksgrundeinstellung.

Elektronisches Bremsenmanagement
(EBM, EBV, EBD, Adaptive Brake)

Das Elektronische Bremsenmanagement soll für die Bremse neue Regelfunktionen übernehmen. Voraussetzung ist Brake-by-Wire – ein Bremssystem, das die Bremsimpulse elektronisch überträgt. Dabei kann es sich um ein elektrohydraulisches System handeln, bei dem lediglich die Befehlsübertragung vom Bremspedal zum Druckmodulator durch elektronische Impulse ersetzt wird, oder auch um eine rein elektrische Bremse mit elektromechanisch betätigten Bremszangen. Das Elektronische Bremsenmanagement kann dann ABS, ASC (→ 150) und DSC (→ 50) umfassen und weitere intelligente Funktionen bieten wie zum Beispiel:

- gleich bleibende Pedalkräfte unabhängig von der Beladung,
- automatische Feststellbremse,
- automatische Haltebremsung bei Berganfahrt (Hillholder (Anfahrassistent) oder Gefälle (Bergabfahrhilfe HDC) oder Ampelstopp,
- Komfortbremsung ohne Anhalteruck, regelmäßiges, kurzes Anlegen der Bremsen bei Regen zur Vorkonditionierung („Bremsscheibenwischer").

Außerdem könnte das System bei Kurvenbremsungen in jeder Situation den höheren Kraftschluss an den kurvenäußeren Rädern nutzen oder beim Bremsen geradeaus die Hinterachsbremsen stärker heranziehen oder auch die Bremskraftverteilung bei Vor- und Rückwärtsfahrt umkehren (elektronische Bremskraftverteilung EBV, EBD).

Elektronisches Bremsenmanagement im Test

1 Hydraulikeinheit mit SBC-Steuergerät
2 Sicherungen
3 Bestätigungseinheit
4 Drehzahlsensor
5 Hydraulikleitung
6 Steuergerätebox mit ESP-Steuergerät
7 Gierwinkelsensor

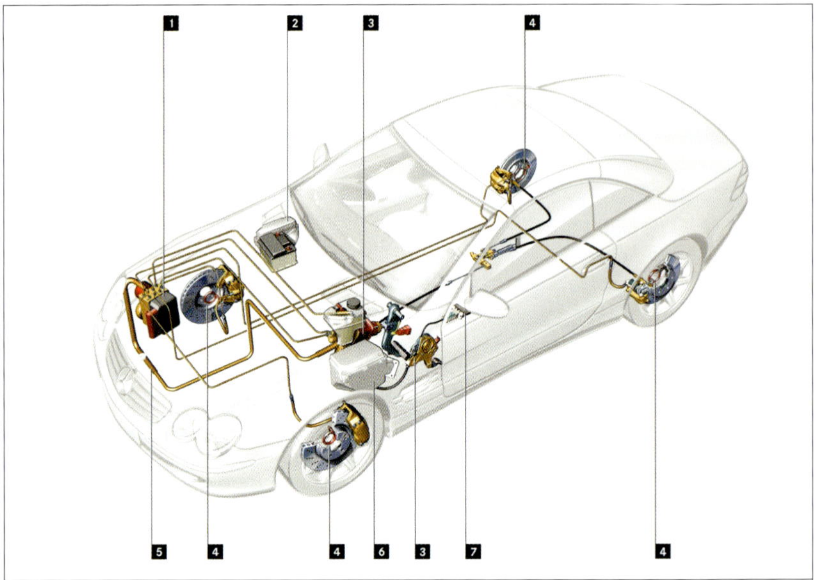

Die elektrohydraulische Bremse reagiert schneller als herkömmliche Bremssystem

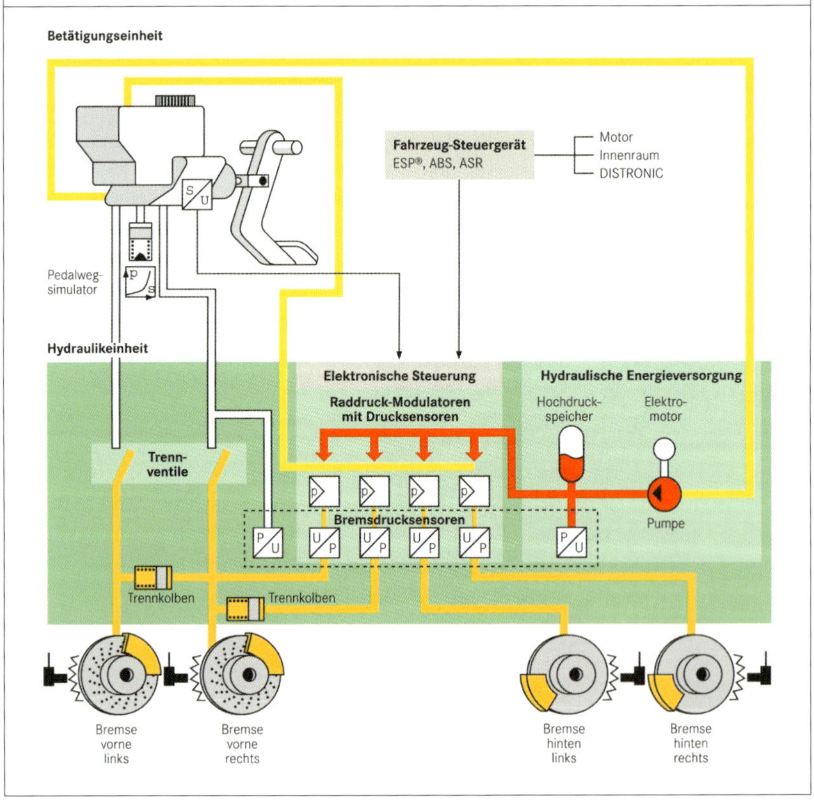

Elektrohydraulische Bremse
(EHB, SBC)

Bei einer elektrohydraulischen Bremse werden die Bremsbefehle nicht mehr mechanisch über eine Kolbenstange und einen Bremskraftverstärker auf den Hauptbremszylinder übertragen, sondern über elektrische Impulse an einen Mikrocomputer. Dieser verarbeitet außerdem die Signale von verschiedenen Sensoren, etwa die Geschwindigkeit, mit der das Bremspedal betätigt wird, und berechnet für jedes Rad den optimalen Bremsdruck. Dazu verwendet er einen Hochdruckspeicher und elektronisch regelbare Ventile an den Bremszylindern.

Beim Bremsen in der Kurve bietet eine elektrohydraulische Bremse mehr Sicherheit als herkömmliche Bremsanlagen, die den Bremsdruck an den kurveninneren und kurvenäußeren Rädern im gleichen Verhältnis dosieren. Die Elektrohydraulik steuert dagegen die Bremskräfte an jedem Rad einzeln und abgestimmt auf die jeweilige Situation. Sie steigert zum Beispiel automatisch den Bremsdruck an den kurvenäußeren Rädern, weil diese durch die höheren Radaufstandskräfte mehr Bremskräfte übertragen können. Gleichzeitig reduziert sie die Bremskräfte an den kurveninneren Rädern, um die für die Spurhaltung wichtigen Seitenführungskräfte zu steuern. Das Ergebnis ist daher ein stabileres Bremsverhalten mit optimalen Verzögerungswerten.

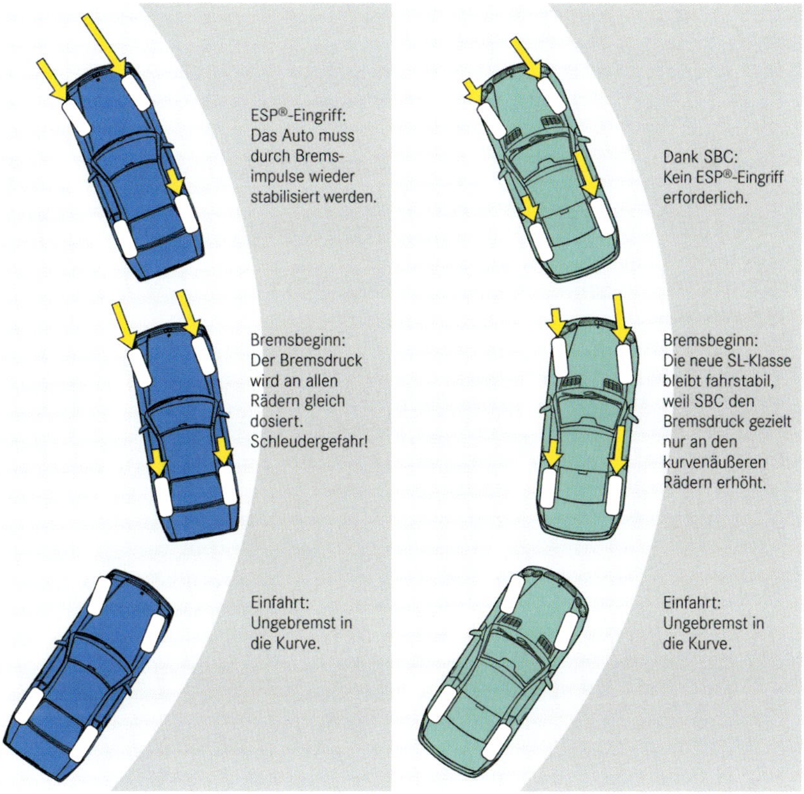

Sicherheitsgewinn dank elektrohydraulischer Bremse

Auch die Bremskraftregelung an Vorder- und Hinterachse lässt sich auf elektrohydraulischem Weg einfach verändern. Beim Bremsen aus hoher Geschwindigkeit wirkt an der Vorderachse der größere Teil der Bremskraft, um gefährliches Überbremsen der Hinterachse und damit Schleudergefahr zu vermeiden. Bei niedriger Geschwindigkeit kann ein höherer Bremskraftanteil an der Hinterachse aber durchaus sinnvoll sein, um das Ansprechverhalten der Bremsanlage zu verbessern und einen gleichmäßigen Verschleiß der Bremsbeläge zu erreichen.

Kürzerer Bremsweg

Außerdem bauen elektrohydraulische Bremsen den Bremsdruck enorm schnell auf und beobachten Fahrer- und Fahrzeugverhaltens ständig durch aufwändige Sensorik. Wechselt der Fahrer schnell vom Gas- aufs Bremspedal, bereitet sich die elektrohydraulische Bremse auf eine Notbremsung vor, erhöht den Druck in den Bremsleitungen und legt blitzschnell die Beläge an die Bremsscheiben an, die dann beim Tritt aufs Bremspedal sofort mit voller Kraft zupacken können. Bei einer Notbremsung verkürzt sich deshalb der Anhalteweg deutlich.
Auch der Brems-Assistent (→ 46) leistet mit elektrohydraulischer Unterstützung mehr und sorgt durch das automatische Vorfüllen der Radbremsen für einen kürzeren Bremsweg.

Höhere Fahrstabilität

Bei Schleudergefahr macht die elektrohydraulische Bremse auch das ESP (→ 50) wirkungsvoller. Mit schnelleren und feiner dosierten Bremsimpulsen kann das Antischleuderprogramm ESP ein ausbrechendes Fahrzeug noch frühzeitiger und zugleich komfortabler stabilisieren.

Bremse mit Gefühl

Auf das gewohnte Bremsgefühl müssen Autofahrer allerdings nicht verzichten. Denn elektrohydraulische Bremsen sind mit einem Tandem-Bremszylinder ausgerüstet, dessen beide Einheiten miteinander gekoppelt sind. Einer führt das Pedal per Federkraft und Hydraulik, der andere erfasst den Bremswunsch und leitet ihn weiter. Nur bei einer Störung oder bei Stromausfall im Bordnetz greift die elektrohydraulische Bremse automatisch auf den anderen Bremszylinder zurück und stellt blitzschnell eine direkte hydraulische Verbindung zwischen dem Bremspedal und den Vorderradbremsen her, um das Auto sicher zu verzögern.
Die Abkopplung des Pedals von der übrigen Bremsanlage hat noch einen angenehmen Nebeneffekt. Das übliche Pulsieren des Bremspedals bei ABS-Regelvorgängen ist nicht mehr zu spüren.

Zusatzfunktionen entlasten

Die elektronische Übertragung des Bremswunsches und die intelligente Elektronik können einer elektrohydraulischen Bremse noch weitere Vorteile verleihen. Sie sorgt beispielsweise dafür, dass

- das Auto besonders sanft und ruckfrei anhält,
- bei regennasser Fahrbahn der Wasserfilm auf den Bremsscheiben durch kurze Bremsimpulse abtrocknet,
- der Fahrer bei Stop-and-go-Verkehr auf Wunsch noch das Gaspedal bedienen muss, weil die Elektronik den Wagen abbremst, wenn er den Fuß vom Gaspedal nimmt,
- der Wagen am Berg nicht unbeabsichtigt vor- oder zurückrollt.

Hydropneumatische Federung von Citroën

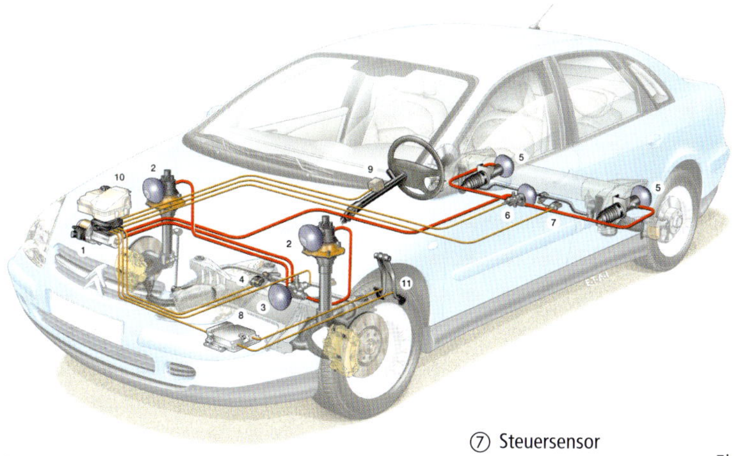

① Hydraulikpumpe
② hydro-pneumatische-Federbeine vorn
③ Zentraldruck
④ Steuersensor
⑤ hydro-pneumatische Federung hinten
⑥ Zentraldruck
⑦ Steuersensor
⑧ Steuergerät
⑨ Anzeigeinstrument
⑩ Hydraulikreservoir
⑪ Pedale

— Elektrik
— Hydraulik

Technische Probleme und die hohen Systemkosten, wie sie bei der Sensotronic Brake Control (SBC) in verschiedenen Mercedes-Typen deutlich wurden, haben eine weitere Verbreitung der elektrohydraulischen Bremse zunächst gestoppt. Die Bremsenhersteller haben es mit viel Elektronikaufwand gleichzeitig geschafft, konventionell hydraulische Bremsen mit besserer Performance (bis hin zum Bremsscheibenwischer) bei vertretbaren Mehrkosten auszustatten. Dennoch hat die Elektrohydraulische Bremse (EHB 2) künftig große Chancen – ganz besonders, wenn das Thema Hybrid an Bedeutung gewinnt.

Hydropneumatische Federung
(Hydractiv-Federung)

Die hydropneumatische Federung wird von Citroën seit über 50 Jahren ständig weiterentwickelt und hat derzeit als Hydractiv 3 die jüngste Ausbaustufe erreicht. Sie bietet die gleichen Vorteile wie andere Luftfederungen (→ 162). Die Hydraulik ist jetzt ausschließlich für das Fahrwerk zuständig, Lenkung und Bremsen werden unabhängig mit Hochdruck versorgt.

Keramikbremse
(PCCB)

Noch gilt die silberglänzende Graugussscheibe verzögerungstechnisch als das Maß aller Dinge. Allerdings zeigen sich ihr jüngst entwickelte Keramikbremsen in vielen Bereichen deutlich überlegen. Keramik ermöglicht höhere Reibwerte, ist leichter, rostet nicht und gibt auch nach vielen Vollbremsungen nicht nach – so lauten kurz zusammengefasst die wichtigsten Vorteile des neuen Materials für Bremsscheiben.

Keramikbremse

Herkömmliche belüftete Scheibenbremse aus Grauguss

Hinzu kommt, dass die Keramikbremse bei niedrigerem Pedaldruck auf den ersten zehn bis 15 Metern schneller anspricht als alle anderen Serien-Bremssysteme. Vor allem bei Nässe. Rein rechnerisch lassen sich allerdings bei Vollbremsungen keine kürzeren Bremswege erreichen, weil dafür die Haftung der Reifen die Grenzen vorgibt.
Neben ungewöhnlich niedrigen Fußkräften überrascht bei Keramikbremsen in der Praxis eine enorme Fading-Stabilität: Während Grauguss-Bremsen nach einigen Bremsmanövern aus hohen Geschwindigkeiten in ihrer Wirkung deutlich, manche sogar drastisch nachlassen, weil ihr Reibwert bei hohen Temperaturen abnimmt und sich gleichzeitig an ihren Oberflächen Wellen bilden, sodass die Bremsbeläge nicht mehr glatt anliegen können, zeigen sich Keramikscheiben extrem standfest.

Die Keramikbremse ist auch von hohen Temperaturen unbeeindruckt

Aber auch zu besserem Abrollkomfort, engerem Straßenkontakt und größerer Feinfühligkeit der Lenkung tragen die Keramikscheiben bei. Denn die neue Technik spart Gewicht und reduziert damit die ungefederten Massen – um rund 50 Prozent oder etwa 16,5 Kilogramm bei vier Scheiben.
Eine Schwäche haben die neuen Scheiben allerdings: Sie sind teuer und sie quietschen gelegentlich. Porsche verlangt beispielsweise etwa 7800 Euro. Eingesetzt werden sie inzwischen auch bei Audi, Ferrari und Mercedes. Dafür haben die Keramik-Scheiben eine Lebensdauer von rund 300 000 Kilometern – sie halten also ein ganzes Autoleben lang.

So sinnvoll sind Leichtmetallräder !

Leichtmetallräder sind vor allem eine Sache der Optik. In der Praxis liefern sie nur kaum messbare Vorteile.

Leichtmetallfelgen gibt es in verschiedenen Design-Ausführungen

Längslenkerachse

Viele Achsen an kleineren, frontgetriebenen Fahrzeugen sind als Längslenkerachsen ausgebildet. Das bedeutet: Ein einziger Achslenker mit quer zum Fahrzeug angeordneten Drehpunkt übernimmt die Radführung. Dämpfungs- und Federungsbauteile haben keine Aufgaben bei der Radführung. Wichtigste Vorteile einer Längslenkerachse sind ihr geringer Platzbedarf und ihre geringe Bauhöhe. Bei vielen Fahrzeugen werden die Achskomponenten komplett unter dem Ladeboden untergebracht und beeinträchtigen so nicht das Platzangebot im Innenraum.

Leichtmetallräder

Leichtmetallräder werden aus einer Aluminium- oder Magnesiumlegierung gegossen oder geschmiedet und meist wegen des äußeren Erscheinungsbilds gekauft. Gegenüber Stahlrädern wiegen sie je nach Herstellungsverfahren aber auch bis zu 40 Prozent weniger. Durch diesen Gewichtsvorteil reduzieren Leichtmetallräder die ungefederten Massen eines Autos. Dazu zählen Teile der Radaufhängung und die Räder. Diese Reduzierung der Massen wirkt sich positiv auf die Bodenhaftung der Räder aus. Der Gewichtsvorteil verbessert zudem das Bremsverhalten und hilft beim Beschleunigen, weil weniger Massen negativ oder positiv beschleunigt werden müssen.

Die bessere, aber auch deutlich teurere Wahl sind geschmiedete Leichtmetallräder. Sie sind insgesamt widerstandsfähiger und zudem etwa 15 Prozent leichter als Gussräder. Gegossene Leichtmetallräder sind in den letzten Jahren durch geänderte Herstellungsverfahren in der Qualität erheblich verbessert worden.

Für welches Leichtmetallrad Sie sich entscheiden, ist in erste Linie eine Kostenfrage. Gravierende Qualitätsprobleme gibt es nicht, weil für alle Leichtmetallräder, die in Deutschland angeboten werden, eine Qualitätsprüfung vorgeschrieben ist. Erst danach wird eine Allgemeine Betriebserlaubnis (ABE) erteilt, welche die Unbedenklichkeit für das geprüfte Rad bescheinigt. Ein geprüftes Rad trägt eine fünfstellige ABE-Nummer. Gelegentlich werden aber ungeprüfte Leichtmetallräder-Kopien von minderer Qualität angeboten, die kaum von den Originalrädern namhafter Hersteller zu unterscheiden sind.

Achten Sie deshalb beim Kauf besonders auf die Allgemeine Betriebserlaubnis und die ABE-Nummer auf dem Rad. Außerdem muss ein Gutachten über die Qualitätsprüfung vorhanden sein.

Leichtmetallräder werden häufig gestohlen und sollten deshalb mit speziellen Schlüsselmuttern gesichert sein. Außerdem muss Leichtmetall mehr gepflegt werden als Stahl, um seine glänzende Optik zu erhalten. Deshalb sollte auch Bordsteinkontakt sorgfältig vermieden werden.

Leichtmetallräder kurz und bündig

Leichtmetallräder verbessern die Optik, außerdem verringern sie die ungefederten Massen. Dies verbessert in geringem Maß die Straßenlage sowie das Brems- und Beschleunigungsvermögen. Die Pflege von Leichtmetallrädern ist aufwändig. Außerdem sind sie diebstahlgefährdet.

Lenkung

In fast jedem Pkw arbeitet heute eine Lenkung nach dem Kugelumlauf- oder nach dem Zahnstangenprinzip. Die servounterstützte Zahnstangenlenkung gilt als modernere und bessere Lösung. Sie spricht direkter und präziser an, ist fast fünf Kilogramm leichter, kommt mit weniger Bauteilen (wie Lenkstockhebel, Lenkstange, Lenkzwischenhebel und Verstärkungsplatte) aus und trägt zum Insassenschutz bei: Während das Getriebe der Kugelumlauflenkung einen starren Block bildet, der beim Frontalaufprall keinerlei Energie aufnimmt, lässt sich die Zahnstangenlenkung in Querlage montieren und steht somit der Energieabsorption nicht im Wege. Eine Zahnstangenlenkung auf dem neuesten technischen Stand hat auch eine variable Verzahnung. Das bedeutet: Im Bereich der Mittellage ist die Lenkung etwas indirekter übersetzt als in den äußeren Positionen.

Ebenfalls eine Zahnstangenlenkung ist die Parameterlenkung – allerdings mit mehr Komfort. Denn sie verringert das Lenkmoment unterhalb von 100 km/h

Zahnstangenlenkung aus dem SLK-Sport-Roadster von Mercedes-Benz

geschwindigkeitsabhängig. Dank eines elektronisch gesteuerten Drehschieberventils, das die Servounterstützung regelt, verringern sich die Lenkkräfte im Stadtverkehr gegenüber der herkömmlichen Servolenkung deutlich. Parkmanöver fallen mit Parameterunterstützung besonders leicht, weil bei dieser Geschwindigkeit die erforderlichen Lenkkräfte nur noch halb so groß sind. Fährt das Fahrzeug schneller als 100 km/h, arbeitet die Parameterlenkung wie jede andere Servolenkung und vermittelt dadurch stets guten Straßenkontakt.

Lenkeinheit

Aktivlenkung

Die Steer-by-wire-Lenkung ist die Synthese einer aktiven hydraulischen Servolenkung und eines Steer-by-wire-Systems (Steuerung nicht über Mechanik oder Hydraulik, sondern über elektrische Impulse). Die aktive Servolenkung Active Front Steering (AFS) gleicht beispielsweise beim Bremsen auf links und rechts unterschiedlich griffiger Fahrbahn das Giermoment durch optimales Gegenlenken aus und stabilisiert das

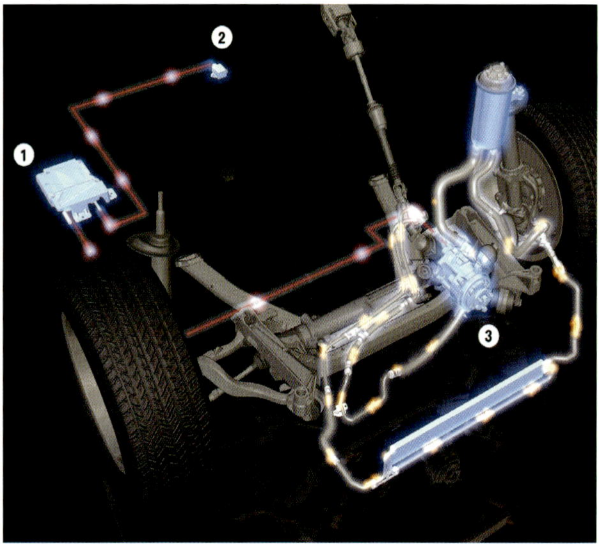

Aktivlenkung im 5er-BMW

Fahrzeug – ohne dass der Fahrer davon etwas spürt. So kann auch mehr Bremskraft übertragen und der Bremsweg um bis zu zehn Prozent verkürzt werden. Bei sportlicher Fahrweise reagiert das Auto außerdem agiler und präziser, im Stadtverkehr und beim Parken reduziert sich die Lenkarbeit auf mühelose Steuerbefehle.

Kernelement des Active Front Steering von BMW ist die so genannte Überlagerungslenkung. Dabei ist in die geteilte Lenksäule ein Planetengetriebe integriert. In dieses Planetengetriebe greift ein Elektromotor über ein selbsthemmendes Schraubradgetriebe ein und erzeugt gegebenenfalls einen zusätzlichen – oder reduzierten – Lenkwinkel der Vorderräder. Eine weitere Komponente ist eine regelbare Servolenkung. Ein Regler übernimmt die Kontrolle von Lenkradmoment und Lenkwinkel der Vorderräder und passt sie an die Fahrsituation an. Dadurch ergeben sich sowohl ergonomische als auch fahrdynamische Vorteile.

Luftfederung
(Airmatic)

Luftfederungen verwenden statt eines herkömmlichen Federungs- und Dämpfungssystems mit Schraubenfedern und Gasdruck-Stoßdämpfern Luftfederung und Dämpfung. Citroën hat bereits in den Fünfzigerjahren des 20. Jahrhunderts mit luftgefederten Pkw-Modellen große Erfolge erzielt und ist diesem System treu geblieben. Mit gutem Grund. Denn Luftfederungen können sich nicht nur dem Fahrverhalten des Fahrers und der Straßenoberfläche anpassen, weil sich sowohl Einfederung als auch Dämpfung variabel steuern lassen. Sie bieten auch einen wirkungsvollen

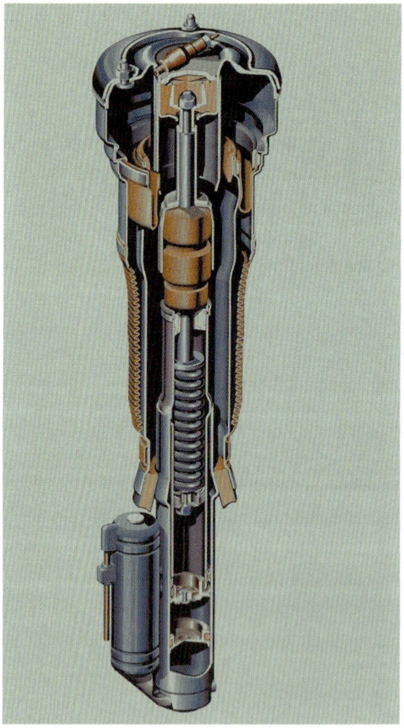

Die Luftfederung gleicht unterschiedliche Beladungszustände automatisch aus und ermöglicht auch ein manuelles Anheben des Fahrzeugniveaus

Luftgefederte Hinterachse

Niveauausgleich bei unterschiedlichen Beladungszuständen und sichern stets einen sehr guten Komfort. Diese Vorteile veranlassten auch andere Automobil-Hersteller, Luftfedersysteme zu entwickeln.
Allerdings ist der Aufwand für eine moderne Luftfederung relativ hoch. Dazu gehören verschiedene Komponenten, die durch Hydraulikleitungen und per CAN-Datenbus (→ 76) miteinander und mit einem Rechner verbunden sind:

- Luftfederbeine an Vorder- und Hinterachse,
- Kompressor,
- Zentralspeicher,
- Luftfederventile,
- Steuergerät,
- Sensoren.

Bei einem offenen System trägt komprimierte Luft, die in den Gummibälgen der

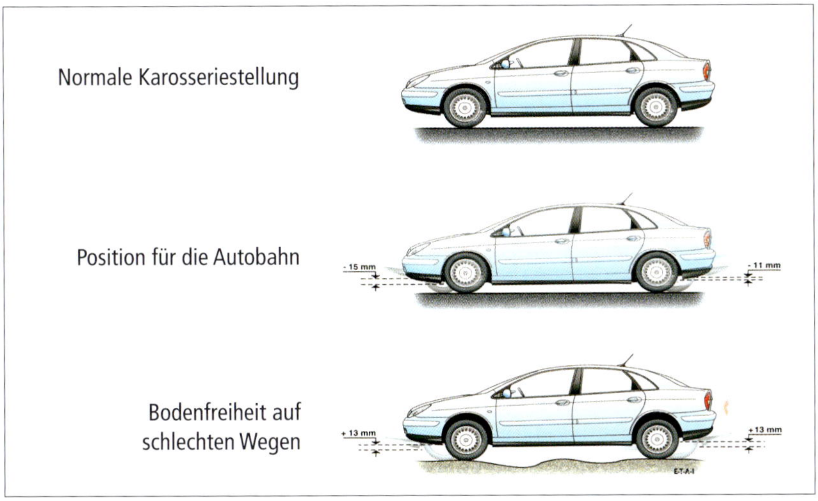

Federbeine eingeschlossen ist, das Fahrzeuggewicht. Die Federung funktioniert durch blitzschnelles und bedarfsgerechtes Zuführen oder Ablassen der komprimierten Luft. Das erledigt an jedem Rad ein schnell arbeitendes Magnetventil. Die Werte dafür liefern Drehwinkelsensoren an der Vorderachse und an der Hinterachse, die das Niveau des Fahrzeugs überwachen.
Ein elektrischer Kompressor baut hierfür den notwendigen Druck von über 15 bar auf und füllt damit gleichzeitig auch einen Druckspeicher im Vorbau der Karosserie. Bei normaler Fahrt versorgt der Kompressor die Federbeine direkt. Bei geringen Geschwindigkeiten schaltet der Kompressor ab und der Speicher liefert den Druck, um beim Anfahren ein geräuschloses Anheben zu ermöglichen. Außerdem schaltet der Zentralspeicher zu, wenn besonders kurze Regelzeiten erforderlich sind – zum Beispiel bei schwerer Beladung.

Auf der Autobahn senkt sich die Karosserie

Eine Luftfederung gleicht aber nicht nur elektronisch gesteuert unterschiedliche Beladungszustände automatisch aus, sondern erlaubt es auch, das Fahrzeugniveau manuell anzuheben – zum Beispiel bei Fahrten auf Feldwegen oder extremen Schlaglochstrecken. Fährt das Fahrzeug mit Autobahngeschwindigkeit, so kann der Rechner die Karosserie ebenfalls automatisch deutlich absenken. Dadurch sinkt der Luftwiderstand und dementsprechend der Kraftstoffverbrauch.

Mechatronik

Mechatronik ist ein neuer Begriff in der Automobilbranche und steht für eine technische Revolution. Mechatronik bringt Mechanik und Elektronik zusammen. In der Praxis bedeutet dies, dass Funktionen, die bisher rein mechanisch und teilweise mit hydraulischer Unterstützung arbeiteten, künftig von Mikro-Computern und elektronisch steuerbaren Aktuatoren geregelt werden. Sie ersetzen oder ergänzen die konventionellen mechanischen Bauteile in ihrer Funktion. Das hauptsächliche Potenzial der Mechatronik liegt in der Verbesserung von Sicherheit und Komfort. Beispielsweise kann sich ein aktiv geregeltes Fahrwerk beim Anfahren, beim Bremsen oder in Kurven blitzschnell der jeweiligen Situation anpassen.

Mehrlenkerachse

Mehrlenkerachsen setzen sich aus mehreren Achskomponenten zusammen, von denen jede eine spezielle Aufgabe übernimmt. Beispielsweise kann der untere Dreieckslenker einer Vorderradaufhängung in einen Federlenker und eine Zugstrebe aufgeteilt sein. Der Federlenker, der sich quer zur Fahrtrichtung befindet, trägt dann das Federbein der Radaufhängung. Die schräg nach vorne gerichtete Zugstrebe übernimmt die Führung der Vorderräder. Daran ist auch der obere Dreieckslenker beteiligt. Stabilisator und Spurstangen ergänzen die Konstruktion. Die Aufteilung des unteren Dreieckslenkers in Federlenker und Zugstrebe wirkt sich positiv auf die Achskinematik aus.

Mehrlenker-Hinterachse

Sie verbessert die Radführung und reduziert die Schwingungen, die durch Reifenunwucht und Schwankungen der Bremskraft verursacht werden. Außerdem stehen bei einem Frontal-Crash größere Deformationswege zur Verfügung, weil die einzelnen Achskomponenten bessere Verformungsfähigkeiten haben als herkömmliche Dreieckslenker und die kinetische Energie deshalb mit höherem Wirkungsgrad absorbieren.

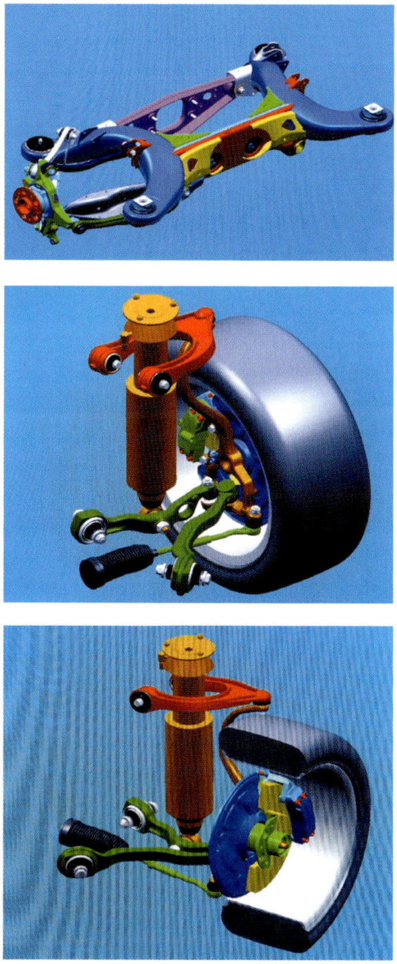

Mehrlenkerachsen führen die Räder immer wie gewünscht

Niveauregulierung

In konventionellen Autos mit Stahlfederung leidet der Fahrkomfort, wenn schwere Lasten im Kofferraum den Federweg verkürzt haben. Hier hilft eine Niveauregulierung, die das zuvor gewählte bzw. das vorgegebene mittlere Höhenniveau der Fahrzeugkarosserie wiederherstellt. Einfach und preiswert ist ein passives System, das die Bewegungen des Aufbaus über Bodenunebenheiten nutzt, um das Heck wieder auf die Ausgangshöhe zu pumpen. Eine solche Technik brachte einst Mercedes in die S-Klasse (Boge-Federbein), heute wird sie u.a. bei Alfa Romeo (Hydropneumat) oder bei Volkswagen verwendet. Technisch aufwendiger ist ein blitzschnell agierendes, automatisches System meist mit zwei hydraulisch justierbaren Federbeinen mit gasgefüllten Druckspeichern, wie es u.a. Mercedes in der E- und S-Klasse verwendet.

Raumlenker-Technik

Auch das Raumlenker-Prinzip beruht auf mehreren Lenkern und soll die Hinterräder eines Personenwagens zu einem optimalen Bewegungsverhalten zwingen. Betrachtet man das Rad im Raum, also losgelöst von jeglicher Achsanbindung, so stehen ihm sechs Bewegungsmöglichkeiten offen: Es kann vertikal oder horizontal schieben oder ziehen und es kann sich in drei Richtungen drehen. Doch ein solches unkontrolliertes kinematisches Eigenleben wollen die Fahrwerksentwickler verhindern und die Freiheit des Rades so einschränken, dass es sich nur auf einer genau festgelegten Raumkurve bewegt. Deshalb befestigen sie das Rad an fünf elastisch gelagerten, voneinander unabhängigen Lenkern, die es in fünf seiner räumlichen Bewegungsmöglichkeiten einschränken. Durch diese aufwändige

Lenkerkonstruktion bleibt jedem Rad der Hinterachse im Prinzip nur eine Bewegungsfreiheit erhalten: das kontrollierte Ein- und Ausfedern.

Reifen

Autoreifen stellen die Verbindung des Fahrzeuges zur Fahrbahn her und gehören damit zu den Bauteilen, die für die Fahrsicherheit größte Bedeutung haben. Nach der Straßenverkehrszulassungsordnung (StVZO) dürfen nur Reifen montiert werden, die in den Fahrzeugpapieren dafür zugelassen sind (Ziffer 20 bis 23 und ggf. Ziffer 33). Entsprechen die montierten Reifen nicht der Eintragung in den Fahrzeugpapieren, erlischt die Betriebserlaubnis und der Versicherungsschutz kann verloren gehen.
Reifen altern, auch wenn sie nicht benutzt werden. Die griffige Gummimischung wird hart, und die Sicherheit nimmt deutlich ab. Reifen, die älter als acht Jahre sind, sollten unabhängig von der Profiltiefe ausgetauscht werden.

Profiltiefe

Das Reifenprofil soll das Fahrverhalten bei Regen oder winterlichen Straßenverhältnissen verbessern. Ausreichend tiefes Profil nimmt so viel Wasser auf, dass sicherer Kontakt zur Fahrbahn besteht. Aber bereits bei einer Profiltiefe von vier Millimetern lässt die Haftung bei Nässe deutlich nach. Der Wasserfilm kann nicht mehr verdrängt werden, das Fahrzeug schwimmt auf, lässt sich nicht mehr lenken und bremsen. Es entsteht Aquaplaning.
Aquaplaning wird begünstigt durch

- die Höhe des Wasserstandes auf der Fahrbahn,
- die Höhe der Geschwindigkeit,
- die Reifenbreite und
- die Tiefe des Reifenprofils.

Fahren Sie deshalb die Reifen nicht bis auf die gesetzlich vorgeschriebene Mindestprofiltiefe von 1,6 mm ab. In Abhängigkeit der Reifenbreite sollten Sommerreifen bei 2,0 bis 2,5 mm Restprofiltiefe erneuert werden. Winterreifen bereits bei 4 mm Restprofiltiefe. Im Profilgrund der Reifenlauffläche befinden sich Abriebsindikatoren (Tread Wear, TWI), die ab einer Restprofilftiefe von 1,6 mm durchgehende Stege im Reifenprofil sichtbar werden lassen und damit anzeigen, dass die Verschleißgrenze erreicht ist.

Größe

Sind verschiedene Reifendimensionen zugelassen, ist die schmalere für die meisten Alltagssituationen die günstigste – zum Beispiel bei Aquaplaning oder schneebedeckten Straßen. Außerdem sind schmalere Reifen preisgünstiger.

Der richtige Druck

Der richtige Luftdruck sorgt für die erforderliche Steifigkeit und notwendige Dämpfungseigenschaft. Ein zu geringer Reifenluftdruck fördert den Verschleiß, beeinträchtigt die Fahrstabilität und bewirkt einen höheren Kraftstoffverbrauch. Außerdem entsteht eine überhöhte Verformung der Reifen und dadurch eine zu starke Erwärmung, die zu Reifenschäden führt.
Prüfen Sie den Luftdruck immer am kalten Reifen. Bei warmgefahrenen Reifen steigt der Druck aus physikalischen Gründen automatisch an. Bei einem Temperaturanstieg der Reifen um 40 Grad Celsius steigt der Reifendruck um ca. 20 Prozent.

Winterreifen

Die Wintereigenschaften von Breit- und Hochgeschwindigkeitsreifen sind häufig unbefriedigend. Deshalb ist in der kalten Jahreszeit Winterbereifung sinnvoll. Diese Reifen verfügen über ein besonders wintertaugliches Profil. Spezielle Gummimischungen, die bei extrem niedrigen Temperaturen elastischer bleiben, sorgen für deutlich bessere Hafteigenschaften. Folgende Geschwindigkeitsbeschränkungen gelten für Winterreifen:

- Kennbuchstabe Q: maximal 160 km/h,
- Kennbuchstabe T: maximal 190 km/h,
- Kennbuchstabe H: maximal 210 km/h.

In Deutschland müssen Fahrzeuge, die diese Höchstgeschwindigkeiten überschreiten können, über einen entsprechenden Aufkleber im Blickfeld des Fahrers verfügen. Aufkleber gibt es bei allen Reifenhändlern.

Geschwindigkeitssymbole

Q	bis 160 km/h
S	bis 180 km/h
T	bis 190 km/h
H	bis 210 km/h
V	bis 240 km/h
W	bis 270 km/h
ZR	über 240 km/h

Der richtige Luftdruck ist besonders bei Winterbereifung wichtig, da ein zu niedriger Luftdruck auch den Selbstreinigungseffekt des Profils beeinflusst. Vorteilhaft ist es, wenn der Luftdruck der

Reifenbezeichnungen

① **205/55 R 16 91W**
- 205 Reifen-Nennbreite (mm)
- 55 Nenn-Querschnittsverhältnis (Die Reifenhöhe beträgt 55% der Nennbreite)
- R Symbol für Radialreifen (Gürtelreifen)
- 16 Felgendurchmesser (Zoll-Code)
- 91 Tragfähigkeitskennzahl. „91" bedeutet, das der Reifen mit maximal 615 kg belastet werden darf
- W Geschwindigkeits-Symbol für zulässige Höchstgeschwindigkeit: W=270 km/h (siehe Kasten)

Der Größe nachgestellt wird: „TUBELESS" bei schlauchlosen Reifen, „REINFORCED" oder 2EXTRA LOAD (XL)" bei verstärkten Reifen mit erhöhter Tragfähigkeit, „M+S" bei Winterreifen.

② **0214338**
Genehmigungsnummer nach ECE-Regelung 30

③ **E4**
Die Reifen sind nach internationalen Vorschriften gekennzeichnet. Dementsprechend tragen sie in einem Kreis ein E und die Nummer des Genehmigungslandes sowie nachgestellt eine mehrstellige Genehmigungs-Nummer

④ **0201**
Produktionsdatum („02" = 2. Woche, „01" = 2001)

⑤ **DOT**
Department of Transportation (USA-Verkehrsministerium).

⑥ **TUBELESS**
schlauchlos
TUBE TYPE-Reifen dürfen nur mit Schlauch montiert werden.

⑦ **TWI**
Kennzeichnung des Profilabnutzungsanzeigers (TWI = Tread Wear Indicator). Über den Umfang des Reifens gleichmäßig verteilte Querstege in den Längs-Profilrillen, die bei 1,6 mm Restprofil auftauchen.

⑧ **Made in ...**
Kennzeichnung des Herkunftslandes

Alle übrigen Bezeichnungen enthalten Angaben für den außereuropäischen Markt und sind für Europa gegenstandslos.

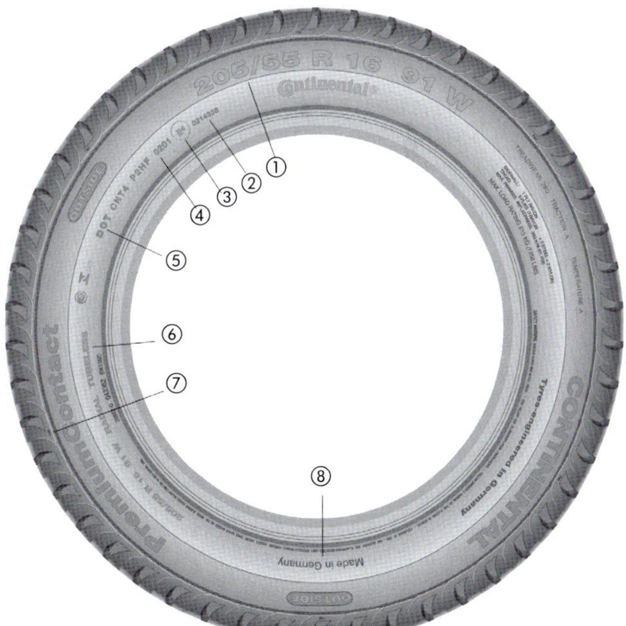

Auf der Reifenflanke findet man neben der Größenbezeichnung viele wichtige Angaben zum Reifen

Winterreifen um 0,2 bis 0,3 bar höher ist als bei den Sommerreifen.
Bei der Winterbereifung kommen auch runderneuerte Reifen in Frage, wenn überwiegend in der Stadt, ansonsten gemäßigt gefahren wird (auch auf der Autobahn). Runderneuerte Reifen schonen die Umwelt, und sie haben zudem einen erheblichen Preisvorteil.

RSS

RSS (Road Sensing Suspension) ist Bestandteil eines Fahrwerks, das seine Dämpfercharakteristik ständig der Fahrbahnoberfläche anpasst. Es handelt sich dabei um ein System von Sensoren, das sowohl die Karosserielage als auch Fahrbahnunebenheiten feststellt und diese Daten zur Auswertung an einen Rechner weitergibt. Der stellt danach alle vier Dämpfer des Fahrzeugs individuell optimal auf die Situation ein. Ergebnis ist hoher Fahrkomfort bei gleichzeitig guter Radkontrolle in schwierigen dynamischen Fahrsituationen.

Runflat-Reifen (RFT)

Die Forderung nach Reifen mit Notlaufeigenschaften, die selbst in luftleerem Zustand noch weiter gefahren werden können, kommt ursprünglich aus den USA. Grund dafür sind die teilweise extrem langen Strecken ohne Pannenhilfe („No service next 100 miles") und die Angst vor Überfällen. Und inzwischen mögen auch die Autohersteller die sogenannten RFT-Reifen, weil sie damit das Ersatzrad einsparen können. Mehrere Reifenhersteller (Michelin, Continental, Bridgestone, Good Year) haben unterschiedliche Lösungen zur Serienreife gebracht.
Die wichtigsten sind pannensichere Reifen mit innenliegendem Stützring wie die PAX-Pneus von Michelin – sie benötigen allerdings spezielle Räder. Und an zweiter Stelle in der Kundenakzeptanz liegen Reifen mit verstärkter Seitenwand; sie nutzen die gleichen Räder wie normalbereifte Pkws. In allen Fällen kann auch ohne Luftdruck im Reifen weitergefahren werden; möglich sind 80 bis 160 Kilometer mit höchstens 80 km/h. Unumgänglich beim Einsatz dieser Reifen ist jedoch ein Luftdruckkontrollsystem, um Unachtsamkeiten ungeübter Fahrer auszuschließen.

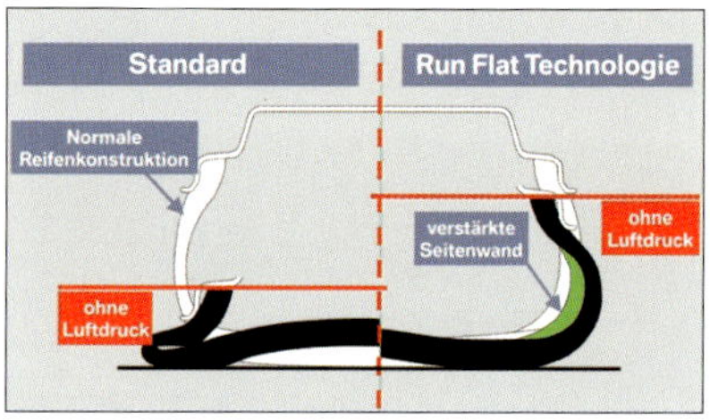

Inzwischen stattet beispielsweise BMW alle seine Fahrzeuge mit Runflat-Reifen aus. Das gelegentlich kritisierte schlechtere Abrollverhalten wegen der härteren Reifenflanken wird inzwischen mit einer geänderten Dämpferabstimmung kompensiert. Selbst das schnellste Serienauto der Welt, der Bugatti Veyron, ist mit RFT-Sicherheitsreifen (in diesem Fall von Michelin) ausgestattet.

Vierradantrieb (AWD, 4ETS, 4Matic, 4Motion, Quadradrive, Quadra Trac, Quattro, Syncro, X-Drive)

Ein Vierradantrieb überträgt die Motorkraft permanent oder nach Zuschaltung der zweiten Achse auf alle vier Räder gleichzeitig. Das hat besonders im Gelände Vorteile, weil alle vier Räder am Vortrieb beteiligt sind und damit alle auch Traktion für den Vortrieb liefern können.

Bei einem Vierradantrieb wird die Kraft nach dem Getriebe zunächst an ein Verteilergetriebe weitergegeben, welches das Antriebsmoment im gewünschten Verhältnis über Wellen an die Vorder- und an die Hinterachse weiterleitet. Auftretende Drehzahlunterschiede gleicht ein Zentraldifferenzial aus.

Vorder- und Hinterachse sind ebenfalls mit je einem Differenzial ausgestattet, um Drehzahlunterschiede zwischen linkem und rechtem Rad in Kurvenfahrten auszugleichen. Bei vielen rein mechanischen Vierradantrieben können sowohl das Zentraldifferenzial als auch die beiden Differenziale an den Achsen durch mechanische Differenzialsperren überbrückt werden, so dass die Antriebskräfte gleichmäßig an alle Räder weitergegeben werden. Das ist sinnvoll, wenn eines oder mehrere Räder auf losem oder glattem Untergrund keine Traktion mehr haben und durchdrehen. Die anderen Räder bleiben dann noch im Eingriff und sorgen für Vortrieb.

Da mechanische Differenziale teure und schwere Bauteile sind, sich auch nur aufwändig variabel steuern lassen und zudem das Lenk- und Bremsverhalten nachteilig beeinflussen, haben die Automobilhersteller neue Wege eingeschlagen, um einen Vierradantrieb auch im Pkw zu verwirklichen. Dabei werden zum Beispiel Verteilergetriebe und Zentraldifferenzial durch eine gut zu variierende, elektronische Lamellenkupplung (z.B. Haldex) ersetzt. Weitverbreitet sind auch Allradantriebe via Visco-Sperre (Syncro) oder Torsen-Differenzial (Quattro). Andere Antriebssysteme verzichten auf mechanische Differenzialsperren und simulieren deren Wirkung durch automatische Bremseingriffe. Hier kommt eine quasi elektronische Traktionskontrolle (EDC, EDS, ETS) zum Einsatz: Dreht ein Rad an der Vorder- oder der Hinterachse durch, bremst es die Elektronik so lange ab, bis es nicht mehr durchdreht, und sorgt dafür, dass gleichzeitig ein entsprechendes Antriebsmoment auf das andere Rad übertragen wird. Ähnliches passiert, wenn beide Räder einer Achse keine Traktion mehr haben. Dann werden diese abgebremst, und das Verteilergetriebe lenkt das Antriebsmoment an die Achse, die noch Grip hat.

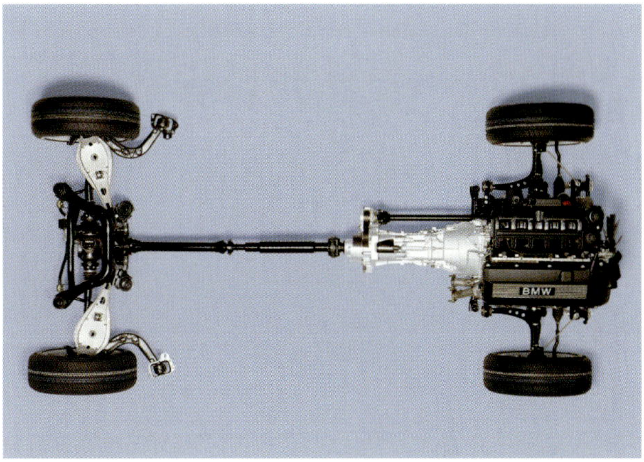

Allradantrieb für die 3er-Reihe von BMW

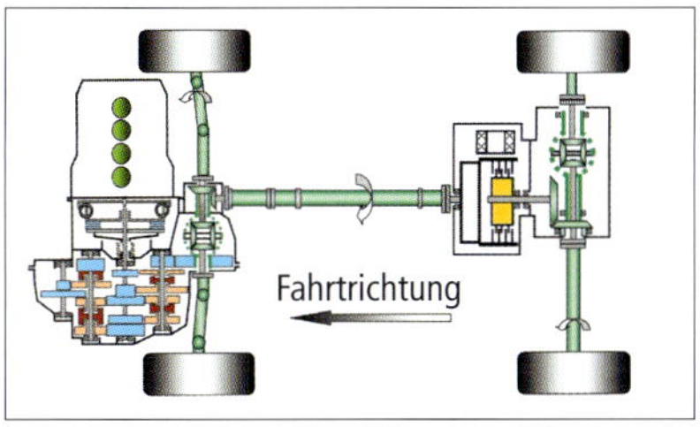

Allradantriebsstrang für Quermotor-Plattformen

Mit Allradantrieb durchs Gelände

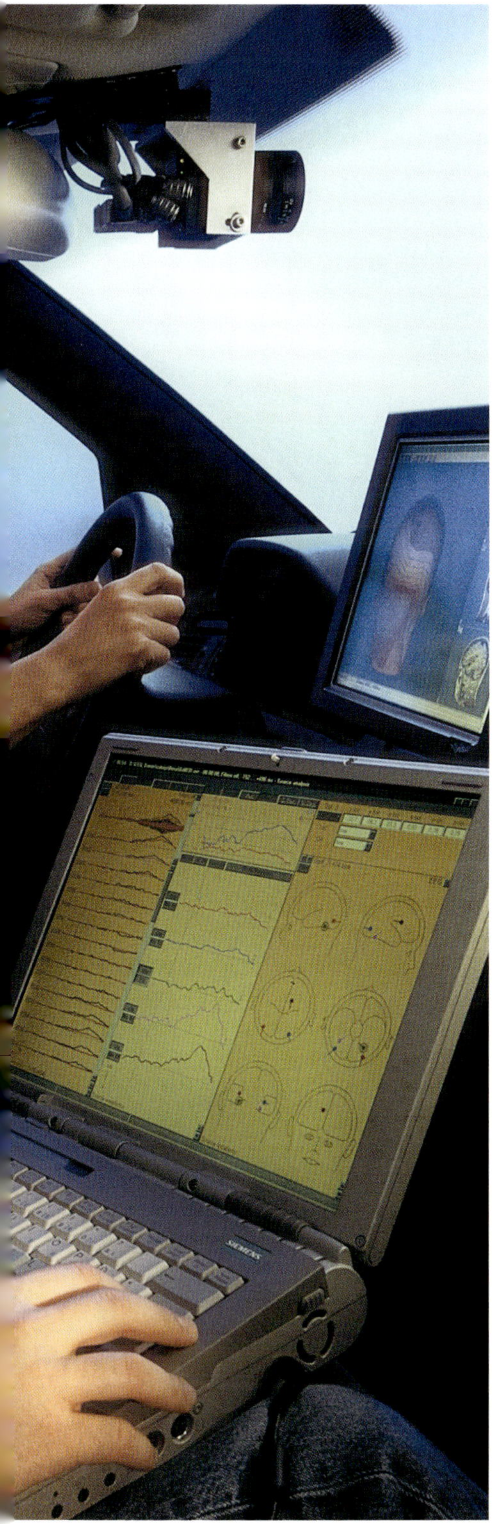

Der Weg zum denkenden Auto

Künftig wird der Fahrer eines Automobils sich nicht mehr um alles selber kümmern müssen. Das Auto lernt, selbst zu denken. Es beobachtet das Umfeld, um Unfälle zu vermeiden, sorgt dafür, dass das Fahrzeug nicht unbeabsichtigt seine Spur verlässt, hilft beim Kraftstoffsparen und sorgt stets für die beste Sicht.

Elektronik

Wichtigster Treiber in der immer komplexeren Automobilentwicklung ist heute die Elektronik. 90 Prozent aller Innovationen entfallen auf diesen Bereich. Die betrifft in erster Linie die Vernetzung des Automobils, die sämtliche Baugruppen einbezieht. Der Kundenvorteil liegt in sparsamen und sicheren Fahrzeugen mit den unterschiedlichsten Infotainment-Austattungen. Klar, dass diese möglichst einfach und sicher zu bedienen sein sollten – am besten durch Sprachbefehle. Heerscharen von Wissenschaftlern arbeiten daran, dass eine ganz normale Kommunikation mit dem Computer möglich wird.

Noch werden die heute gebräuchlichen Assistenzsysteme dem Bereich Komfort zugeordnet, weil man den Autofahrer nicht durch autonome Entscheidungen des Fahrzeugs entmündigen will. Aber der selbsttätige Eingriff einer weitsichtigen Elektronik, um einen Unfall zu verhindern oder dessen Folgen zu minimieren, dürfte schon bald Wirklichkeit werden. So verspricht die Fahrzeug-zu-Fahrzeug-Kommunikation Unfälle zu verhüten – wenn beispielsweise ein Fahrzeug Staus, Hindernissen oder Glatteis sensiert und das nachfolgende Auto entsprechend warnt.

Auch im Hinblick auf die im Durchschnitt immer älteren Fahrzeugnutzer erfordert neue Ansätze. Daraus ergeben sich neue Maßstäbe in der Bedienung des automotiven Infotainments, das ältere Menschen nicht überfordern darf. Gestikerkennung mit speziellen 3D-Kameras, Aufmerksamkeits-Assistent (Liderschlag-Kontrolle), neue Displaytechnologien oder Laser-Projektion sind dabei wichtige Elemente. Eine Erhöhung der Sicherheit wird durch die Einbeziehung von Hilfsfunktionen und intelligentem Informationsmanagement, beispielsweise die Anrufunterdrückung in kritischen Verkehrssituationen, gewährleistet.

Jüngere Kunden drängen darauf, mobile

Noch ist die Fahrer-Sichtfeldkontrolle im Auto „nur" ein Forschungsthema

Consumer-Elektronik-Features wie i-Pod, MP3-Player oder USB-Sticks ins Fahrzeug zu integrieren und über eine entsprechende Steuereinheit – beispielsweise Comand, i-Drive oder MMI – zu bedienen. Vermutlich werden Handy und Autoschlüssel Systembestandteile für Fahrtberechtigung und individuelle Musikauswahl. Gewünscht wird auch der drahtlose Zugang auf Daten und Dienstleistungen – dies erfordert aufrufbare Anzeigen und digital programmierbare Instrumentenböcke, die aber nicht vom Fahren ablenken dürfen. Die Displays selbst bieten noch viel Raum für Verbesserungen: So arbeitet man an besser ablesbaren organischen Polymer-Oberflächen, die besser ablesbar sind als konventionelle LCD-Displays.

Die Automobilindustrie sieht sich längst vor eine riesige Herausforderung gestellt. Denn den Entwicklungszyklen von drei bis vier Jahren und Laufzeiten von sieben und mehr Jahren beim Auto stehen sehr viel kürzere Zeiträume bei der Elektronik gegenüber. Es geht also darum, nicht nur die Software regelmäßig updaten zu können, sondern auch eine ausbaufähige Hardware zu installieren.

Der Speicherbedarf der Fahrzeugelektronik hat sich – ausgehend von einem Megabyte etwa im ersten Audi A8 – binnen zehn Jahren ums Neunzigfache erhöht. 40 und mehr Datenbusse sind heute nötig, damit die Steuergeräte vernünftig miteinander kommunizieren können. Manche Befehle werden redundant (also doppelt) befolgt und mehrfach abgesichert. Dafür unterhalten alle Automobilhersteller eigene, meist ausgelagerte IT-Abteilungen. Weil sich bereits heute – wo die Elektronik noch lange nicht ausgereizt ist – immer wieder Fehler einschleichen und das System Auto stilllegen, arbeitet die Industrie nun an gemeinsamen Standards. Federführend im AUTOSAR-Konsortium sind die deutschen Autohersteller und ihre Zulieferer, angeschlossen haben sich zahlreiche ausländische Unternehmen. Im Jahr 2008 sollen neu-ausgelieferte Autos in puncto Elektronik quasi fehlerfrei sein.

APIA

Active Passive Integration Approach – aktiv-passiver Integrationsansatz nennt Reifenhersteller und Bremsenspezialist Continental sein 2003 vorgestelltes System für Fahrzeugsicherheit und umfassenden Schutz. Hier wurden alle aktiven und passiven Sicherheitssysteme einschließlich einer neuartigen Umfeldsensorik miteinander vernetzt: Abstandsradar und jede Menge Sensoren (Gierrate, Längs- und Querbeschleunigung), elektronisch gesteuertes Bremssystem, aktives Gaspedal mit von APIA beeinflusster Rückmeldefunktion, Türsteuergerät zum blitzschnellen Schließen der Seitenfenster, Schiebdachsteuergerät, reversibler Gurtstraffer, Sitzsteuergerät, Airbagsteuergerät, Umfeldsensierung nach vorn, hinten und zur Seite. Darunter sind viele Bauteile, die bereits in Serie sind (z.B. PRE-SAFE).

APIA strebt nicht weniger als das unfall- und verletzungsvermeidende Fahrzeug an. Die Unfallwahrscheinlichkeit wird im Gefahrenrechner ermittelt, und es werden gestuft Maßnahmen zum Schutz der

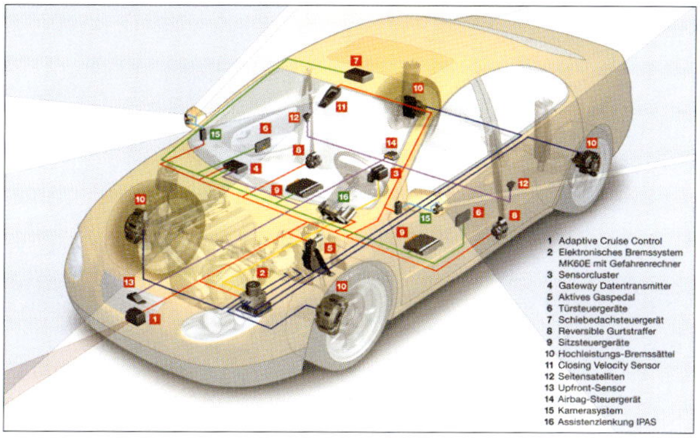

Insassen und anderer Verkehrsteilnehmer bis hin zur selbsttätigen Vollbremsung eingeleitet. Ein wichtiges neues Thema, das sich in einigen Jahren in Serienautos wiederfinden werden, ist die Bildverarbeitung zur Auswertung des Verkehrsgeschehens.

Drive-by wire

Künftig werden Befehle des Fahrers nicht mehr mechanisch, sondern elektronisch übermittelt. Das betrifft heute bereits das Gaspedal (E-Gas) oder das Automatikgetriebe. Lenkung (Steer-by-wire) oder Bremsen (Brake by wire) sind zwar in diversen Versuchsträgern realisiert, werden aber vom Gesetzgeber noch nicht freigegeben. Der verlangt redundante Systeme, die beim Ausfall des elektrischen Systems eine mechanische Rückfallebene haben.

Einpark-Assistent

Der Traum vom selbsttätigen Einparken könnte noch in diesem Jahrzehnt Wirklichkeit werden. Notwendig dafür ist eine sehr schnell agierende Ultraschall/Laser-Sensorik, die während der Parkplatzsuche automatisch seitlich zur Verfügung stehende Parklücken vermisst und bewertet. Ist eine ausreichend große Lücke gefunden, stoppt das Fahrzeug, legt den Rückwärtsgang ein und rollte langsam

und wie von Geisterhand gelenkt auf den Parkplatz. Je nach Bedarf können dabei mehrere automatische Lenkeinschläge erfolgen, bis der Wagen in der richtigen Position steht.

Eine bereits im Versuchsstadium befindliche Lösung ist das Parkraummanagement, wie es beispielsweise BMW in München und Köln exerziert. Dabei ruft der Fahrer die Informationen ab, wo Parkplätze zur Verfügung stehen. Die Ausfertigung des Parberechtigung-Scheins geschieht über Handy (elektronischer Parkschein).

Elektronischer Rückspiegel (LACOS, Lateral Control Support)

Kollisionen beim Abbiegen oder Spurwechsel zählen zu den häufigsten Unfallarten und enden für beteiligte Fußgänger oder Zweiradfahrer oft mit ernsten Konsequenzen. Ursache in den allermeisten Fällen: Der Fahrer hat das Opfer nicht gesehen.

Dagegen entwickelten die Forscher ein Paket aus zwei Assistenz-Systemen, welche die entsprechenden Gefahrenräume mit optischen oder Radarsensoren selbstständig überwachen: Beim Abbiegen schaltet der Fahrer mit dem Blinker gleichzeitig einen Überwachungssensor auf der rechten Fahrzeugseite ein, der den Raum neben dem Fahrzeug in einem Winkel von rund 90 Grad abtastet. Erkennt er ein bewegtes Objekt, wird der Fahrer gewarnt.

Während dieses System auf den typischen Stadtverkehr zugeschnitten ist, kommt die Spurwechselassistenz primär auf mehrspurigen Schnellstraßen zum Einsatz. Dort sensiert sie permanent den seitlichen und rückwärtigen Bereich des Wagens. Hat das System ein aufschließendes Fahrzeug erkannt, auf dessen

Spur der Fahrer wechseln will, erfolgt ebenfalls eine Warnung.
Zusammen ergeben beide Systeme den elektronischen Rückspiegel, der zwei der kritischsten und häufigsten Gefahrenquellen im heutigen Straßenverkehr entschärfen hilft. Allerdings zeigt die Entwicklung, dass Fehlinformationen derzeit noch möglich sind. Das bedeutet, die Systeme sprechen noch nicht in jedem Fall absolut zuverlässig an. Das aber ist unbedingte Voraussetzung für den Einsatz im Alltag des Straßenverkehrs, denn viele Fahrer werden sich dann ausschließlich auf diese Systeme verlassen.

Internet im Auto

Noch ist der unbeschränkte Internet-Zugang im Auto nicht Realität, weil die Aufmerksamkeit des Fahrers zu stark in Anspruch genommen wäre. Technisch ließe er sich aber durchaus umsetzen. BMW als einer der Vorreiter auf diesem Gebiet („mobiles Internetportal") bäckt mittler-

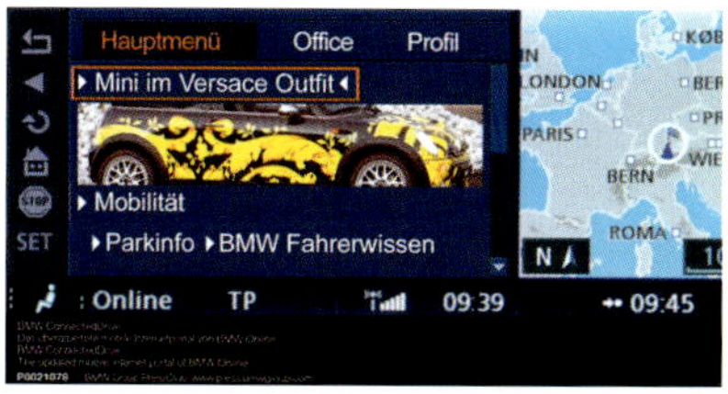

weile kleinere Brötchen und kooperiert nun mit Providern, die nur ausgewählte Informationen weitergeben. Dennoch wird weiter daran gearbeitet, die Datenflut ins Auto zu holen – vielleicht sogar auf große Displays anstelle des konventionellen Instrumententrägers. Ford hat Anfang der 10er-Jahre so etwas gezeigt. Ebenfalls in der Warteschleife ist die Vernetzung von Wohnhaus und Auto – damit können alle Funktionen, die im Haus miteinander verbunden sind über einen Internetanschluss auch vom Auto aus aktiviert werden (Beleuchtung, Heizung, Waschmaschine usw.).

Kurbelwellen-Startgenerator (KSG)

Der stark gestiegene Leistungsbedarf elektrischer Systeme und Komponenten besonders bei Oberklassemodellen fordert das 12-Volt-Bordnetz bereits bis an seine Grenzen. Mit der Einführung weiterer innovativer Systeme zur Komfortverbesserung sowie Verbrauchs- und Emissionsreduzierung werden die heutigen Bordnetze in jedem Fall überfordert sein. Diesen steigenden Energiebedarf soll der Kurbelwellen-Startgenerator decken. Das ist ein robuster Drehstrom-Asynchronmotor, der anstelle des Schwungrades zwischen Motor und Getriebe sitzt und von einer kompakten Hochleistungselektronik geregelt wird. Die elektrische Maschine wird je nach Bedarf als Motor oder Generator eingesetzt. Damit kann sie als leistungsstarker

42-Volt-Bordnetz – mehr Spannung

Anlasser verwendet werden, der geräuschlos und verschleißfrei arbeitet. Außerdem entfällt der riemengetriebene Generator.

Leistungsfähige Stromversorgung

Anders als bei herkömmlichen Lichtmaschinen wird die Baugröße der Maschine und die verfügbare elektrische Leistung nicht vom Riementrieb begrenzt. Heute liegen die Generatorleistungen bei gut ausgestatteten Fahrzeugen zwischen 1,2 kW und 3,1 kW. Ein KSG kann das Bordnetz im Bedarfsfall mit 6 kW und mehr speisen. Der Wirkungsgrad des KSG beträgt bis über 90 Prozent und liegt damit in weiten Bereichen etwa 15 bis 20 Prozent besser als bei üblichen Fahrzeuggeneratoren.

Lautloser Start

Beim Startvorgang erreicht der Motor mit KSG kaum hörbar bereits nach Sekundenbruchteilen die Startdrehzahl und läuft sofort rund. Durch den verkürzten Start werden weniger Emissionen produziert. Zudem schafft der verschleißfreie Anlassvorgang die Voraussetzungen für eine zuverlässige Start-Stop-Automatik. Das heißt, an Ampeln oder im Stop-and-go-Betrieb könnte der Motor nach zirka einer Sekunde Fahrzeugstillstand abgeschaltet werden. Zum Anfahren würde dann nur ein Druck auf das Gaspedal genügen, um den Motor ohne hörbares Anlassergeräusch sofort wieder zu starten. Dieses komfortable Verhalten würde mehr Leute dazu veranlassen, an der Ampel den Motor abzuschalten. Durch das

Abstellen des Motors in den Leerlaufphasen ließe sich im Stadtverkehr der Verbrauch deutlich absenken. Im EU-Fahrzyklus ist mit diesem System eine Einsparung von bis zu fünf Prozent realisierbar. Beim Bremsen kann der KSG zudem einen Teil der Bremsenergie in elektrische Energie umwandeln und in einen Zwischenspeicher, zum Beispiel einen Kondensator laden, der die gespeicherte Energie im Fahrbetrieb wieder an das Bordnetz abgibt.

Nach anfänglicher Euphorie und festen Absichtsbekundungen beispielsweise von BMW und Citroën, den KSG schnell in Serie zu bringen, ist dieser Optimismus stark gedämpft worden. Soergaben sich im Testbetrieb bei sehr tiefen Temperaturen ungeahnte Probleme, außerdem rückt die Einführung des in Aussicht gestellten, teuren 42-Bord-Voltnetzes in immer weitere Ferne. Die derzeit betriebene Forcierung auf den Hybridantrieb dürfte zunächst der pragmatischere Weg sein – er stellt überdies elektrische Energie in verschiedenen Spannungen im Auto bereit.

Keramikventile

Ein- und Auslassventile aus Hochleistungskeramik werden derzeit erprobt. Im Gegensatz zu herkömmlichen Stahlventilen sind die Keramikbauteile bis zu 57 Prozent leichter, sodass sich Gewicht und Reibungsverluste eines Pkw-Motors deutlich verringern. Daraus ergibt sich ein um drei bis sechs Prozent verminderter Kraftstoffverbrauch. Die Keramikventile bestehen aus der chemischen Verbindung Siliciumnitrid und zeichnen sich neben ihrem geringeren Gewicht durch hohe Temperaturbeständigkeit aus.

Ergebnisse von Prüfstands- und Fahrversuchen zeigen, dass Laufleistungen von 300 000 Kilometern bereits erreicht werden. Größtes Hindernis für eine Serienverwendung ist die Preisfrage. Gegenwärtig sind Keramikventile nämlich rund doppelt so teuer wie ihre Konkurrenten aus Stahl.

PoD

Die Individualisierung von Autos scheint vor nichts halt zu machen. So zeigte Toyota 2004 sein PoD-System (Personalization on Demand) in einem sogenannten „Gefühlsauto“. Es kann mehr als zehn unterschiedliche Emotionen zeigen und sich der Gefühlswelt seines Fahrers und seiner Umwelt farblich und lichttechnisch anpassen. Ist der Fahrer beispielsweise im Stress, erklingt im Innenraum gedämpfte Musik. Und behindert ein anderes Fahrzeug das PoD-Auto, bekommt es eine böse Miene gezeigt. Keine wirklichen Serienchancen.

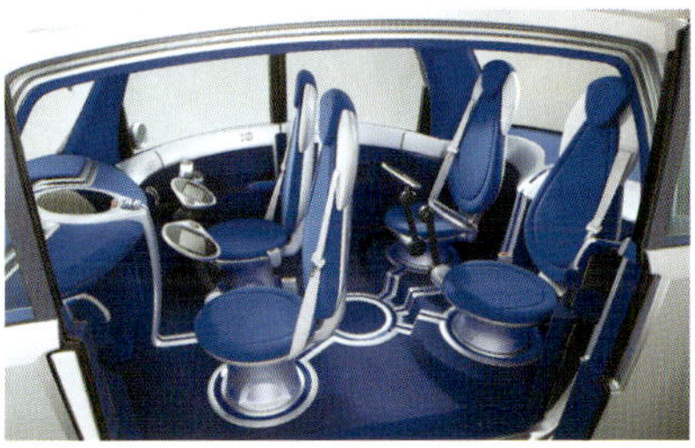

Precrash-Analyse

Die Automobilfirmen entwickeln derzeit Konzepte, die Autofahrer noch wirkungsvoller vor schweren Verletzungen schützen sollen. Der Trick: Die Technik handelt bereits vor einem Crash. Kernstück sind neuartige Schutzsysteme für die Insassen, die ein leistungsfähiger Rechner vor einem Aufprall vorbeugend aktiviert. Die notwendigen Warninformationen liefern zum Teil Sensoren, die viele Autos bereits heute an Bord haben. Dazu zählen beispielsweise der Bremsassistent (BAS, → 46) und das elektronische Stabilitätsprogramm (ESP → 50), die kritische Fahrsituationen wie Vollbremsungen, Schleuderbewegungen oder hohe Lenkgeschwindigkeiten registrieren und notfalls eingreifen, um einen Unfall zu verhindern. Zusätzliche Sensoren werden künftig Art, Masse, Geschwindigkeit und Richtung eines möglichen Unfallgegners genau analysieren und auf diese Weise präzise Aussagen über die zu erwartende Unfallschwere und die wahrscheinliche Karosseriedeformation ermöglichen.

Damit lassen sich situationsabhängig bereits vor einem Anprall herkömmliche und neu entwickelte Sicherheitseinrichtungen aktivieren. Beispielsweise wird der Airbag bei leichten Unfällen frühzeitig und weich gezündet, um Verletzungen durch schlagartiges Öffnen zu vermeiden. Zusätzlich löst ein leistungsfähiger Computer bei steigender Unfallwahrscheinlichkeit unkonventionelle Systeme aus, die ein neues großes Sicherheitspotenzial entwickeln, wie zum Beispiel ausfahrbare Stoßfänger, schaltbare Crashboxen, ausfahrbare Türinnen- und B-Säulenverkleidung. Auch bringt er Lenkrad und Sitz in die am besten schützende Position. Bleibt der Unfall aus, stellen sich diese Systeme sofort wieder in ihre Ausgangsposition zurück.

Die vorausschauende Crashanalyse ist viel versprechend, da sich die Fahrzeuge etwa bei rund 60 Prozent aller Unfälle vor einem Aufprall in einem fahrdynamischen Grenzbereich bewegen, der einen Unfall ankündigt. Ziel ist es aber, mithilfe eines denkenden Autos Unfälle gänzlich zu vermeiden. Die ersten Schritte hierzu sind schon gemacht. So bietet DaimlerChrysler seit längerem den „Lane Departure Warner“ für Nutzfahrzeuge an. Dieser verhindert einen unbeabsichtigten

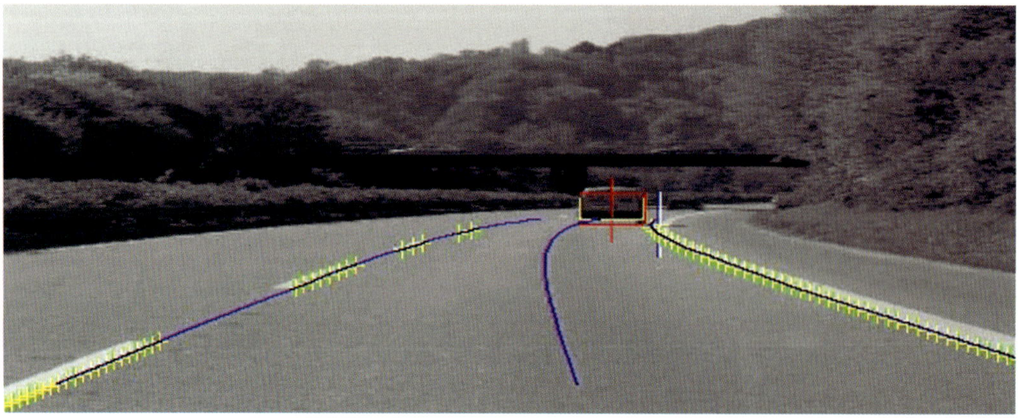

Optische Erkennungssysteme – das Foto zeigt eine Spur- und Fahrzeugerkennung – bilden die Grundlage für Assistenzsysteme, die im Rahmen der Forschungsinitiative INVENT weiterentwickelt wurde

Spurwechsel auf Autobahnen, wie er in Folge einer Übermüdung oder Unachtsamkeit geschehen kann.

Für die Zukunft stehen noch weitere Entwicklungen auf dem Programm:

- Die elektronische Knautschzone PROTECTOR soll mit Radarstrahlen den Abstand nach vorn messen und die Elektronik zu einer automatischen Notbremsung veranlassen, wenn das Fahrzeug einem Vorausfahrenden zu nahe kommt und der Fahrer nicht vorher reagiert.

Forscher von DaimlerChrysler arbeiten daran, dem Auto das Sehen beizubringen. Das Erkennen und Interpretieren der Fahrzeugumgebung sind die beiden entscheidenden Leistungen, mit denen videobasierte Assistenz-Systeme dem Fahrer dort wertvolle Hilfe bieten, wo die Gefahr besteht, dass er etwas Wichtiges übersieht.

In Forschungsfahrzeugen wie UTA II erproben Wissenschaftler von DaimlerChrysler eine Reihe von Assistenz-Systemen, die auf der optischen Erfassung und Interpretation des Fahrzeugumfelds beruhen.

- Das Projekt „PASS" (Position Aware Safety System) soll die Position des Fahrzeugs mithilfe der Satellitennavigation auf der Straße auf wenige Zentimeter genau ermitteln. Damit kann es zum Beispiel feststellen, ob sich ein Fahrer einer Kurve zu forsch nähert, ihn warnen oder notfalls selbst in Bremsen und Lenkung eingreifen.

PRE-SAFE – das neuartige Insassenschutzkonzept für Autos von morgen

Reibwerterkennung

Eine Reibwerterkennung soll den Fahrer zuverlässig über den jeweiligen Straßenzustand unterrichten – wie glatt oder wie griffig die Straße ist – und damit eine verlässliche Basis für eine sichere und situationsgerechte Fahrweise bilden.
Erprobt werden derzeit optische Sensoren, die mit Infrarotlicht arbeiten und im Bereich der Stoßstangen eingebaut sind. Die Strahlen des Infrarotlichts werden dabei in einem bestimmten Winkel auf die Fahrbahn projiziert. Sensoren erfassen den von der Fahrbahn reflektierten Lichtanteil und werten diesen per Computertechnik aus. Die Auswertung orientiert sich dabei vor allem am Grad der Absorption des ausgesendeten Lichts durch den Fahrbahnbelag. Denn je nach Aggregatzustand, Konsistenz und Menge des auf der Fahrbahn befindlichen Niederschlags werden die Infrarotstrahlen unterschiedlich absorbiert.
Der Fahrer kann daraufhin seine Fahrweise an die aktuelle Situation anpassen, die Daten können aber auch von anderen Assistenz-Systemen genutzt werden, zum Beispiel vom ESP (→ 50) oder Bahnführungssystemen.

SAM

SAM steht für „Situationsadaptives Antriebs-Management" und ist ein Assistenz-System, das den Verbrauch um bis zu 20 Prozent senken soll, ohne Einbußen an Komfort und Fahrgenuss. SAM ist gedacht für Fahrzeuge mit alternativen Elektro- und Hybridantrieben, aber auch für Autos mit konventionellem Antrieb.
Über das Navigationssystem erfährt der SAM-Bordcomputer die gespeicherte Reiseroute des Fahrers sowie streckenbezogene Informationen, beispielsweise ortsfeste Geschwindigkeitsbegrenzungen, Steigungen und Gefällestrecken. Informationen zur Verkehrslage erhält SAM über Funk. Der Bordrechner wertet den aktuellen Geschwindigkeitsverlauf sowie zusätzliche Sensorsignale wie Gaspedalstellung oder den Abstand zum Vorderfahrzeug aus. Die Verkehrssituation, in der sich der Fahrer gerade befindet, wird aus der Vielzahl von Daten abgeleitet und bewertet.
Anhand dieser Informationen berechnet SAM Empfehlungen, wie der Fahrer am verbrauchs- beziehungsweise emissionsärmsten fahren kann. SAM handelt dabei als diskreter Assistent, der nur Vorschläge macht, die Verantwortung aber beim Fahrer lässt. Je nach Umsetzungsgrad der SAM-Empfehlungen sind Verbrauchsabsenkungen zwischen fünf und 20 Prozent möglich.

Steer-by-wire

Die Steer-by-wire-Lenkung ist die Synthese einer aktiven hydraulischen Servolenkung und eines Steer-by-wire-Systems (Steuerung nicht über Mechanik oder Hydraulik, sondern über elektrische Impulse). Die aktive Servolenkung Active Front Steering (AFS) gleicht beispielsweise beim Bremsen auf links und rechts unterschiedlich griffiger Fahrbahn das Giermoment durch optimales Gegenlenken aus und stabilisiert das Fahrzeug – ohne dass der Fahrer davon etwas spürt. So kann auch mehr Bremskraft übertragen und der Bremsweg um bis zu zehn Prozent verkürzt werden. Bei sportlicher Fahrweise reagiert das Auto außerdem agiler und präziser, im Stadtverkehr und beim Parken reduziert sich die Lenkarbeit auf mühelose Steuerbefehle.
Kernelement des Active Front Steering von BMW ist die so genannte Überlagerungs-

lenkung. Dabei ist in die geteilte Lenksäule ein Planetengetriebe integriert. In dieses Planetengetriebe greift ein Elektromotor über ein selbsthemmendes Schraubradgetriebe ein und erzeugt gegebenenfalls einen zusätzlichen – oder reduzierten – Lenkwinkel der Vorderräder. Eine weitere Komponente ist eine regelbare Servolenkung. Ein Regler übernimmt die Kontrolle von Lenkradmoment und Lenkwinkel der Vorderräder und passt sie an die Fahrsituation an. Dadurch ergeben sich sowohl ergonomische als auch fahrdynamische Vorteile.

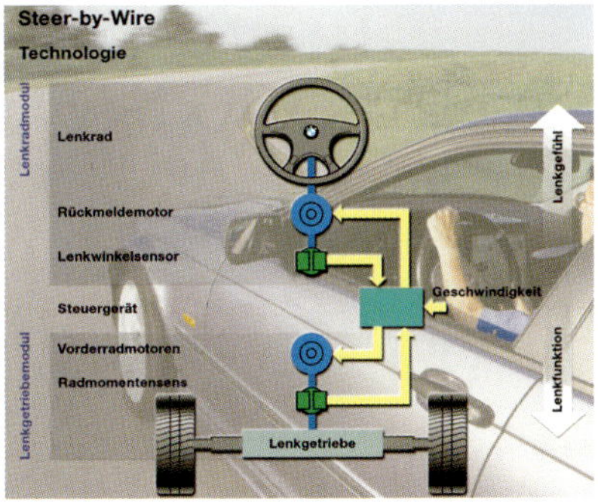

Wird die Lenkung elektrisch gesteuert, trägt sie zur aktiven Sicherheit bei

Umfelderkennung

Nichts soll unentdeckt bleiben, alles wird im Interesse des Fahrers kontrolliert und bewertet: Autos der Zukunft werden eine Art Big Brother an Bord haben. Sensiert wird nicht nur das eigene Fahrzeug, sondern der komplette Verkehr und die baulichen Gegebenheiten sowie Verkehrszeichen und andere Signale rundum. Abstandsradar, Spurhaltekontrolle und Sideassist gibt es seit kurzem; auch Rear-View-Kameras sind keine Utopie mehr.
Mittels kombinierter Laser- und Infrarot-Spektroskopie kann überdies die Fahrbahn abgetastet werden, um zwischen trockner, nasser oder gar vereister Straße zu unterscheiden – und dies auf beiden Seiten des Fahrzeugs. Selbst der unterschiedliche Grip beispielsweise von Beton, Asphalt oder Schotter lässt sich herausfinden (Reibwerterkennung). Dazu kommen intelligente Sensoren, die bei einem Hindernis auf der Fahrbahn wissen, ob eine Vollbremsung oder ein Lenkeinschlag zielführender wäre. Keine Frage, dass diese Systeme selbstlernend ausgelegt sein werden.
Problematisch aus Sicht des Datenschutzes dürfte jedoch die Ablage spezifischer Daten sein: Es könnte ja vom Gesetzgeber verlangt werden, dass auch in Pkws Fahrtenschreiber installiert werden – die ganz nebenbei zur Mauterfassung und zur Berechnung von Ordnungsgeldern dienen könnten. Entsprechende Technologien gibt es bereits heute – man denke nur an die Ortungsmöglichkeit selbst von abgeschalteten Handys.

ZEV

Dieser Begriff steht für „Zero Emission Vehicle“ und bezeichnet ein Fahrzeug, das keinerlei Abgase mehr ausstößt. Das ZEV lässt sich mit herkömmlichen Kraftstoffen nicht verwirklichen. Es stehen aber zwei Alternativen zur Wahl. Das Elektrofahrzeug und das Wasserstofffahrzeug. Das Elektrofahrzeug ist allerdings nur dann emissionsfrei, wenn die Energie dafür ebenfalls ohne Emissionen hergestellt wird. Das ist derzeit nur mit Wasser-, Wind, Wellen- und Sonnenenergie möglich, wenn auch ziemlich kostspielig. Das Gleiche gilt auch für Wasserstoff als umweltschonendem Antrieb. Er ist zwar nahezu unbegrenzt im Wasser vorhanden, muss davon aber unter Energieeinsatz abgespalten werden. Auch dafür wird heute noch Energie verwendet, bei deren Erzeugung Abgase frei wurden.

Wasserstoffauto: Aus dem Auspuff kommt nur Wasser

Moderne Motoren wie dieser Vierzylinder-Benziner mit Twinpulse-System von Mercedes-Benz sind schon wahre Künstler im Spritsparen. Aber erst durch eine entsprechend ökonomische Fahrweise lässt sich ihr Sparpotenzial auch wirklich ausschöpfen

Eco-Training – sparsam Fahren

Durch überlegten und wohldosierten Umgang mit dem Gaspedal kann jeder erheblich Kraftstoff sparen. Energie sparender Fahrstil erfordert keineswegs dauernde Schleichfahrten. Im Gegenteil: Zügiges Anfahren und flottes, konstantes Tempo garantieren geringen Kraftstoffverbrauch. Die Freude am Autofahren bleibt also keineswegs auf der Strecke.

Es bleibt dennoch ein breites Band fahrerischer Maßnahmen, die ohne Beeinträchtigung von Sicherheit, Komfort oder Fortbewegungsgeschwindigkeit zu einer nennenswerten Treibstoffersparnis führen können.

Motor abstellen

Der Gesamtwirkungsgrad des Systems Motor/Antrieb ist bei stehendem Fahrzeug und laufendem Motor am schlechtesten (nämlich gleich Null), am besten ist er bei bewegtem Fahrzeug und stehendem Motor (nämlich unendlich). Konsequent sparen heißt demnach, zunächst bei jedem Fahrzeugstillstand den Motor sofort abzustellen und ihn nur laufen zu lassen, wenn er zur Fortbewegung benötigt wird. Der Mehrverbrauch bei jedem neuerlichen Startvorgang fällt bei modernen Motorkonstruktionen kaum ins Gewicht.

Es entsteht allerdings ein Konflikt mit Fahrsicherheit und Komfort. Denn es ist vom wirtschaftlichen Standpunkt aus zwar durchaus sinnvoll bei Stopps ab

etwa 20 Sekunden den Motor abzustellen, dadurch fällt aber auch ein Teil der Beleuchtungsanlage (Richtungsblinker, Bremslicht) aus, ebenso etwa benötigte Einrichtungen wie Heizung und Gebläse bzw. Heckscheibenheizung.
Auf keinen Fall darf die Zündung bei bewegtem Fahrzeug abgestellt werden, denn dann stellen Lenkhilfe und (nach mehrmaliger Betätigung der Bremse) Bremskraftverstärker ihre Dienste ein. Beides ein großes Sicherheitsrisiko.

Niedere Drehzahl und Volllast

Am meisten Einfluss auf den Verbrauch haben Drehzahl und Drosselklappenstellung. Den günstigsten Verbrauch erzielen moderne Motoren (egal ob Diesel oder Benzin) bei möglichst niedriger Drehzahl und Volllast. Das untere Limit liegt dabei etwa bei 1000 min^{-1}. In jedem Fall muß die Drehzahl so hoch sein, dass der Motor gerade noch ruckfrei läuft. In der Praxis bedeutet das, dass eine gleichbleibende Geschwindigkeit ab etwa 40 km/h immer im höchsten Gang gefahren werden kann, und auch beim Beschleunigen oder Bergauffahren ist oft ein höherer Gang möglich als man gemeinhin annimmt.
Besonders schlecht ist der Wirkungsgrad bei höheren Drehzahlen und wenig Last (also wenig Gas). Wenn der Fuß vom Gaspedal zurückgenommen wird, muß also auf jeden Fall hochgeschaltet werden.

Flott starten

Ein Kapitel für sich ist der Startvorgang. Moderne Einspritzanlagen regeln diese Phase am besten selbst, jede Betätigung des Gaspedals reichert das Verbrennungsgemisch zusätzlich mit Kraftstoff an und verschlechtert den Wirkungsgrad.
Bei Dieselmotoren ist überdies die richtige Brennraumtemperatur wichtig, also ausreichend vorzuglühen. Auch bei Benzinmotoren sollte man nach dem Einschalten der Zündung zumindest zwei bis drei Sekunden warten, damit die Benzinpumpe den nötigen Druck aufbauen kann.
Motoren müssen heute aus thermischen Gründen nicht mehr warmlaufen. Es bekommt ihnen besser und ist wirtschaftlicher, gleich loszufahren. Natürlich sollten höhere Drehzahlen bei kaltem Motor vermieden werden. Berühren Sie deshalb beim Starten das Gaspedal nicht und fahren Sie nach dem Starten gleich los.

Das Messinstrument zeigt, wann mit geringem Verbrauch gefahren wird

Bewegungsenergie erhalten

Sparsames Fahren erfordert möglichst geringe Fahrwiderstände. Meiden Sie hohe Geschwindigkeitsbereiche, um den Luftwiderstand gering zu halten und fahren Sie möglichst gleichmäßige Geschwindigkeit über längere Strecken. Entfernen Sie überdies wegen der Aerodynamik und wegen des Gewichts unnötige An- oder Aufbauten am Fahrzeug und führen Sie keine unnötige Zuladung mit sich.

Leicht rollen

Der Rollwiderstandsbeiwert ist abhängig von der Fahrbahnbeschaffenheit und den Reifen. Bei ihnen spielt in erster Linie der Luftdruck eine Rolle. Richtig liegt man, wenn immer der höchste vom Fahrzeughersteller angegebene Luftdruck gefahren wird, denn bei niedrigerem Druck steigt zwar der Komfort – wenn auch nur um eine Nuance –, die Fahrsicherheit wird aber eher schlechter und der Verbrauch deutlich höher.

Bremsen

Bremsen vernichtet Bewegungsenergie unwiederbringlich und ungenutzt – gleichgültig ob die Fußbremse oder die Bremswirkung des Motors die Geschwindigkeit reduziert. Daraus ergibt sich das weitaus größte Sparpotenzial.
Dabei darf es allerdings nicht zu einem Konflikt mit dem Thema Fahrsicherheit kommen. Die Aufforderung, möglichst wenig zu bremsen, könnte leicht missverstanden werden und zu einer Missachtung von Stopptafeln oder zur Überschreitung von Tempolimits verleiten. Dabei sollte lediglich von vornherein so gefahren werden, dass die Bremse so wenig wie möglich betätigt werden muss. Dazu gehört in erster Linie Vorausblick.
In der Praxis bedeutet dies, bei einem Ampelstart nicht mehr zu beschleunigen, als nötig ist, um bis zum nächsten Stopp zu kommen. Das widerspricht zwar der anfangs erwähnten Theorie des besseren Wirkungsgrades bei Volllast. Tatsächlich haben aber ausgedehnte Fahrversuche unter normalen Verkehrsbedingungen gezeigt, dass es wesentlich effizienter ist, nur zart und kurz zu beschleunigen, dafür aber kaum bremsen zu müssen. Die Forderung nach dem höchstmöglichen Gang bleibt dabei natürlich weiter bestehen.

Spartipps kurz und bündig

Die wichtigsten Tips für intelligenten Umgang mit dem Gaspedal kurz zusammengefasst:

- Den Motor nie unnötig laufen lassen.
- Immer im höchstmöglichen Gang fahren.
- Beim Starten das Gaspedal nicht berühren.
- Nach dem Start gleich losfahren.
- Hohe Geschwindigkeitsbereiche meiden.
- Möglichst gleichmäßige Geschwindigkeit über längere Strecken fahren.
- Unnötige An- oder Aufbauten am Fahrzeuge entfernen.
- Immer mit dem richtigen, keinesfalls mit zu niedrigem Reifendruck fahren.
- Keine unnötige Zuladung mitführen.
- Nie mehr als nötig beschleunigen.
- Vorausschauend fahren und ein Tempo wählen, das auch längere Zeit gehalten werden kann.
- Nie unnötig bremsen.
- Immer die Treibstoffqualität tanken, die der Fahrzeughersteller empfiehlt.
- Das Verkehrsmittel mit Bedacht wählen.
- Örtliche und zeitliche Verkehrsspitzen nach Möglichkeit meiden.

Am deutlichsten sparen Sie aber, wenn Sie sich die Verkehrsführung und -steuerung auf den Strecken einprägen, die Sie häufig fahren. Beispielsweise wenn Sie wissen, wann welche Ampel auf Grün umschaltet. Dann können Sie Ihre Fahrweise so einrichten, dass Sie dort zum optimalen Zeitpunkt ankommen. Vergessen Sie aber nie: An jeder Ampel zügig losfahren. Denn hinter Ihnen warten noch andere, die ebenfalls die Grünphase nutzen und außerdem Sprit sparen wollen.

Gebrauchtwagen-Abkürzungen

Folgende Abkürzungen werden beim Gebrauchtwagenhandel in Annoncen häufig verwendet:

B Sondermod. Grand Slam, rot, Kat, 44kW, EZ 5/95, TÜV 5/02, 3-trg., 2.Hd, von Frau gefahren, Sonderausst., 2xAir, Servo, RC, Alu, SD, 112tkm, 6.500DM VB

1.2, EZ 3/94, 45 PS, türkis, 2trg., TÜV/AU 3/03, SD, 8-f. ber., 2. Hd., SH-gepfl., VHB 6.500DM

B, silber, Bj. 98, TÜV/AU neu, Irmscher-Alu 7x15 neu, 2Air, lack Stoßst., M-Look-Spiegel, Servo, SD, RC, gt. Zst., 73tkm, 2.Hd., SH-gepfl., VHB 10.600DM

A'temp.	Außentemperaturanzeige
A/C	Air Condition = Klimaanlage
ABS	Anti-Blockiersystem
Ahk, K, AHK	Anhängerkupplung (abnehmbar)
Air.	Airbag
Alarm	Alarmanlage
Alkoven	Überbau über Fahrerkabine bei Wohnmobilen
Alu	Aluminiumfelgen
Ant.	Antenne
ASC	Anti Slip Control (Anfahrhilfe)
ASD	Automatisches Sperrdifferenzial
ASR	Antriebsschlupfregelung
ASU (AU)	Abgas Sonderuntersuchung
ATG	Austauschgetriebe
ATM	Austauschmotor
aut.	automatisch, Automatik
Avant	Bezeichnung für Kombis bei Audi
BCM	Bordcomputer
Bj.	Baujahr
Bullf.	Bullfänger
Caravan	Kombi bei Opel
CD	Abspielgerät für Compact-Discs
CD-W	CD-Wechsler
Col.	Color, getönte Scheiben
Coupé	sportlicher Zweisitzer mit zwei Türen
D	Diesel
Dach	Verdeck beim Cabrio
Dachrel.	Dachreling, Längsträger auf dem Dach
Diff.	Differenzial = Achsgetriebe
Dkl.	dunkel
Do	Doppel- (z. B: Do.Air. = Doppel Airbag)
Do'rollo	Doppelrollo, Laderaumabdeckung + Trennnetz
Durchlade	Öffnung in der Rücksitzbank (Ladehilfe)
DWA	Diebstahl Warnanlage
DZM	Drehzahlmesser
e'Sitz	elektrisch einstellbarer Sitz
eFH	elektrische Fensterheber
eGHD	elektrisches Glashubdach
el.	elektrisch
el.Verd.	elektrisches Verdeck (für Cabrios)
eSp.	elektrisch zu verstellende Spiegel
eSSD	elektrisches Stahlschiebedach
etc.	et cetera = und so weiter
Extr.	Extras
EZ	Erstzulassung
FB	Fernbedienung
Finz.	Finanzierung
x-Gang	Anzahl der Gänge des Getriebes
Gar'wg., GW	Garagenwagen
Gar.	Garantie
get. Bank	Rückenlehne der Rücksitzbank ist geteilt
gt. Zust.	guter Zustand
Hardtop	festes Dach für Cabrios
Hd.	Hand = Anzahl der Halter
hi	hinten
Holz	Innenverkleidung teilweise aus Holz
H'wi.	Heckscheibenwischer
Inz.	Inzahlungnahme möglich
JW	Jahreswagen
Kat	Katalysator
Klima	Klimaanlage
Km, tkm	Kilometer (tausend Kilometer)

Schwarzer 323 FGT, m. Kat, EZ 1/93, 123tkm, TÜV/AU 3/02, Klima, Vollausst. 5-trg., 128 PS, WR m. Flg., CD-W., VB 7.500DM.

121 m. Faltdach, gt.Zst., günstig.

323 F, EZ 2/96, 67tkm, 88 PS, rot, tiefer, TÜV/AU neu, Servo, eFH, GW, unffr., 2xAir, 8fach ber., Alu, 13.500DM VB. [redacted]

323 Bj. 89, 159.500km, 63 PS, TÜV/AU neu, VB 2.200DM. [redacted]

121 Comfort, EZ 4/99, 26tkm, 50 PS, 1,3 l, Radio/CD, steuerfrei bis 10/03 (D4-Norm), neue Reifen vo., 25tkm Insp. gemacht, grünmet., 2xAir, Servo, 12.700DM.

KW	Kilowatt (1 KW = 1,359 PS)
Ld.	Leder
LdA	Laderaumabdeckung
Led.	Leder
LM	Leichtmetallfelgen = Alufelgen
MAL	Mittelarmlehne
met.	Metalliclack
Mwst. awb.	Mehrwertsteuer ist ausweisbar
Navi	Navigationssystem
neuw.	neuwertig
NP	Neupreis
NR	Nichtraucherfahrzeug
NSW	Nebelscheinwerfer
Nutzfzg.	Nutzfahrzeug
PDC	Park Distance Control
Quattro	Allradantrieb
R/C	Radio/Cassette
Rdo	Radio
Rel.	Reling = Dachreling
Roadster	Cabrio mit zwei Sitzen
Scheckheft, SH-gepfl.	Das Fahrzeug wurde regelmäßig gewartet
Sitzhzg.	Sitzheizung
Skis.	Skisack. Öffnung in der Rücksitzbank
Sp'sitze	Sportsitze
SperrDiff.	Sperrdifferenzial
Sperre	Sperrdifferential
Spoiler	Luftleitbleche
Sportfahrw.	Sportfahrwerk
(S)SD	(Stahl-) Schiebedach
Standhzg.	Standheizung
SV	Servolenkung
T	Kombi bei Mercedes-Benz
Tacho	Tachometer
TD (Tdi)	Turbodiesel (mit Direkteinspritzung)
Tel.	Telefon
tiefer	Sportliches Fahrwerk
Tiptronic	Besondere Art einer Automatikschaltung
touring	Kombi (Bezeichnung bei BMW)
trg.	türig, z. B. 3trg. = Fahrzeug hat 3 Türen
Trittbr.	Trittbretter
TÜV	Technischer Überwachungsverein
TZ	Tageszulassung
unf'frei	unfallfrei
V (z. B. 16V)	Ventile (16 V = 16 Ventile)
Van	Großraumlimousine
Variant	Kombi (Bezeichnung bei VW)
VB	(VHB, VS, VHS) Verhandlungsbasis, Verhandlungssache
vo	vorn
Vollausstg.	Vollausstattung
WFS	Wegfahrsperre
Wi'reifen	Winterreifen
WR m.Flg.	Winterreifen mit Felgen
Xenon	Besonders helle Scheinwerfer
ZV	Zentralverriegelung
Zyl.	Zylinder
§ 25a (UStG)	Die Mwst. ist nicht ausweisbar
60 : 40	Rückenlehne der Rücksitz bank ist geteilt
4 WD	Vierradantrieb

190 E 2.0 Bj 93, weiß, Klima, 142tkm, uffr., Wurzelholz, elFH vo., Alarm, 9.700DM

190 E, EZ 5/92, 2. Hd., TÜV neu, ABS, eSD, ZV, 122tkm, GW, VB 8.500DM.

2.3, Bj. 90, 135tkm, TÜV/AU neu, Air, AHK, Alu, unffr., GW, s. gepfl., Servo, innen blau, Ausp. u. Kuppl. neu, Bremsen u. -scheiben neu, VHB 6.500DM.

DB 190, Bj. 89 G-Kat, 150tkm, TÜV/AU neu, ZV, RC, SV, gt. Zust., 7.500DM.

190 E 1.8, TÜV/AU 6/02, 190tkm, ABS, Sportfahrw., Alu, 2xeFH, eSSD, Grünglas + Keil, viele Extras mehr, Hagelsch., VB 4.800DM.

190, 2.3l, EZ 88, TÜV/AU 4/03, schw., R-CD, Recaro Sitze el., eSHD, 150tkm, tiefer, Color, s. gepfl., zugel., 5.500DM VB.

Stichwortverzeichnis

Bildnachweis

Audi: S. 17 rechts, 41, 118, 121 unten, 155 unten rechts; **Blaupunkt:** S. 65,82 oben, 82 unten; **BMW:** S. 11 unten, 12 oben, 14 unten, 22, 23, 40 oben, 57, 78 unten, 96, 97 oben, 97 unten, 99,105, 106, 116 rechts, 127, 134,155 oben links, 161,165 oben,165 unten; **Britax-Römer:** S. 45; **Cadillac:** S. 163, **Citroën:** S. 115, 12o oben, 125,144, 150 unten; **Continental:** S. 154; **DaimlerChrysler:** S. 12 unten, 13 oben, 17 links, 19 oben, 19 unten, 20, 21 links, 21 unten rechts, 22 unten, 24, 25, 26/27, 28, 29 oben, 29 unten, 30 oben, 30 unten, 31 oben, 32, 33, 34, 35, 36 oben, 37 oben, 38 rechts, 42, 47, 48, 49, 51, 52, 53 links, 54, 55 links, 54, 55 oben, 55 unten, 56 unten rechts, 58/59, 60 oben, 60 unten, 61, 62, 63 oben, 63 unten, 67 oben, 67 unten, 68, 69, 70, 71 oben, 71 unten, 72 oben, 72 unten, 73, 75 oben, 75 unten, 76, 78 oben, 79 unten, 81, 83, 84 links, 85 links, 85 rechts, 86, 88, 89 unten rechts, 90, 91 oben, 94/95, 98, 104 oben rechts, 104 oben links, 104 unten, 107,109 oben, 113, 114 links, 117, 119 unten, 120 unten, 121 oben, 122 oben, 122 unten, 123, 126, 129, 132, 133 oben, 133 unten, 135, 136 oben, 136 unten, 137, 138, 139 oben, 139 unten, 140, 142, 143, 147 unten, 148 oben, 148 unten, 149, 150 oben, 151, 152, 156/157, 158, 159, 160, 162, 166; **Eberspächer:** S. 89 oben, 89 Mitte; **Fiat:** S. 18 oben; **Ford:** S. 8/9, 21 oben rechts, 44 unten, 111, 119 oben, 128, 145 oben; Opel: S. 17 oben, 57, 115; Peugeot: S. 22; **Porsche:** S. 15 oben, 158; Skoda: S. 69; Smart: S. 10 links; Toyota: S. 10 rechts, 114 oben, 177 rechts; **VDO-Dayton:** S. 74 unten; **Volvo:** S. 38 unten, 40, 94 rechts; **VW:** S. 11 Mitte, 11 oben, 13 unten, 17 unten, 24 oben, 43, 54, 58 rechts, 64 oben rechts, 90, 110, 112, 120,124 rechts, 126 links, 130 unten, 131 oben, 159 oben, 169 Mitte und unten.